美国海军海洋环境数值预报业务系统技术发展

Numerical Marine Environment Operational Forecasting System and Technology Development of United States Navy

张志远　林士伟　刘　厂　编著

中国海洋大学出版社

·青岛·

图书在版编目(CIP)数据

美国海军海洋环境数值预报业务系统技术发展／张志远，
林士伟，刘厂编著. —青岛：中国海洋大学出版社，2021.5
ISBN 978-7-5670-2825-8

Ⅰ.①美…　Ⅱ.①张…　②林…　③刘…　Ⅲ.①海军－海
洋环境预报－保障体系－研究－美国　Ⅳ.①E712.53　②X321

中国版本图书馆 CIP 数据核字(2021)第 086395 号

美国海军海洋环境数值预报业务系统技术发展

出版发行	中国海洋大学出版社	
社　　址	青岛市香港东路 23 号	邮政编码　266071
网　　址	http://pub.ouc.edu.cn	
出 版 人	杨立敏	
责任编辑	矫恒鹏	
电　　话	0532－85902349	
电子信箱	2586345806@qq.com	
印　　制	日照报业印刷有限公司	
版　　次	2022 年 1 月第 1 版	
印　　次	2022 年 1 月第 1 次印刷	
成品尺寸	185 mm×260 mm	
印　　张	15	
字　　数	306 千	
印　　数	1～1000	
定　　价	68.00 元	
审 图 号	GS(2022)49 号	
订购电话	0532－82032573(传真)	

发现印装质量问题,请致电 0633－8221365,由印刷厂负责调换。

序　言

　　海洋环境对海上交通、运输及军事活动等具有直接影响,风、气温、能见度、海温、盐度、密度、海流等海洋环境要素在舰船航行、海上作战以及海上救援等活动的开展中扮演着至关重要的角色,全方位的海洋环境保障更是夺取主动权的关键环节。自冷战时期,美国海军就开始了业务化海洋预报系统的建设,从最初为了反潜作战而进行的海洋热力学预报,到后来发展海洋多要素数值预报和资料同化技术,一直秉承技术和人才同步发展的理念,职能部门相互协作、管理和规划,使得美国海军海洋学的发展一直走在世界前沿。

　　目前,美国海军运维的海洋环境数值预报业务模式主要包括全球大气环境模式NAVGEM、全球海洋混合动力模式 HYCOM、海冰模式 CICE、第三代海浪模式 WW3、陆面模式 NAVGEM-LSM、气溶胶模式 NAAPS 等,并结合耦合海洋资料同化系统NCODA 建立了海气耦合中尺度预报系统 COAMPS 以及大气集合预报系统等,具备海冰耦合、风浪流耦合预报能力。

　　美国海军保障体系大致可分为军事海洋作战业务化保障部门和规划研发部门两大部分,业务化保障部门主要包括海军海洋局(NAVOCEANO)和海军舰队气象与海洋数值中心(FNMOC),总体规划由海军海洋学家负责实施,研发机构主要由海军研究实验室(NRL)和海军研究办公室(ONR)组成。海军气象与海洋司令部(CNMOC)管理海军海洋学计划并直接向美国海军舰队司令部(USFF)报告,确保业务化部门直接服务于美国海军的实战任务。美国海军业务保障部门主要依赖国防部超级计算资源中心(DSRC)提供计算资源,大部分确定性短期预报、确定性长时期预报和概率性长期预报业务由海军海洋局(NAVOCEANO)进行维护管理,舰队气象与海洋数值中心(FNMOC)只维护大气、陆面、气溶胶及海浪的同化系统并运行一个集合预报系统,两个部门之间相互协作,最大化保障效益。

　　本书参考了美国著名海洋学学术期刊 *Oceanography* 的一组论文,围绕美军海洋环境预报保障业务系统的组织构成、系统功能、业务预报、运维保障和军事应用等进行系统介绍,旨在展示和剖析美国海军业务体系的特点和现状,为国内从事海洋环境保障的工作人员和相关学者提供参考,为相关业务保障单位开展新一代海洋环境数值预报系统装备建设、业务部署和运行保障提供借鉴。

本书第1章是美国海军海洋预报业务系统综述;第2章介绍美国海军全球大气模式;第3章介绍美国海军全球海洋预报业务系统;第4章介绍美国海军全球和区域海浪模拟;第5章介绍区域和近岸可重定位海洋现报/预报系统;第6章介绍美国海军近岸海洋预报系统;第7章介绍美国海军海洋—海浪耦合预测系统;第8章介绍热带气旋预报;第9章介绍使用 Biocast 系统预报海洋光学环境;第10章介绍 NAVOCEANO 业务应用;第11章介绍地球系统预报能力的业务应用设计;第12章介绍业务海洋学中的资料同化;第13章介绍业务海洋学中卫星观测;第14章介绍全球和区域海洋预报系统的现状与未来;第15章介绍近岸海洋预报:科学基础与用户利益Ⅰ;第16章介绍近岸海洋预报:科学基础与用户利益Ⅱ。

本书编著内容得益于科学界专业人士对美军海洋环境数值预报系统的大量研究工作,在此表示感谢,不再一一赘述,书末所附参考文献远未涵盖本书涉及内容,感兴趣的读者可以搜索相关期刊和论文进一步学习研究。另外,本书涉及内容为2015年以前的知识状态,供相关人员参考借鉴。

本书的出版得到了多位业内人士的支持。张卫民、段博恒参与了第1章的写作,江伟、邢博参与了第2章的写作,李小勇、赵文静、王静参与了第3章的写作,张学宏、江玮参与了第4章的写作,刘佳、李云波参与了第5章的写作,戴海瑁、姚琪参与了第6章的写作,孙立尹、银富康、谭琳珊参与了第7章的写作,张泽、郝志娟参与了第8章的写作,冷洪泽、樊旭艳参与了第9章的写作,尹建平、李向军参与了第10章的写作,王燕参与了第11章的写作,董源参与了第12章的写作,李斌、杨亮参与了第13章的写作,彭军、何锡玉参与了第14章的写作,朱亚平参与了第15章的写作,张涛、苏戈参与了第16章的写作。

限于专业水平和经验,书中不足和疏漏之处在所难免,恳请读者批评指正。

编　者

2021 年 5 月

目　录

第1章

美国海军海洋预报业务系统综述

1.1 概　述

　　早在 1976 年,针对海洋热层结构的海洋预报结果支撑了美国海军反潜作战(ASW)需要的声呐性能预测,该工作开启了海洋预报在军事行动保障中的新篇章。1976 年 6 月,在加利福尼亚州的蒙特雷举行了第一次海洋预报研讨会,主要评估海军对海洋预报模式的需求,并初步规划了一个长期的海洋预报计划发展蓝图(1977)。研讨会通过了两个需要根本性改善海洋预报效果的紧迫目标:① 开发一个改进的海表温度诊断模式,利用现场数据将海军的海表温度地图更新时效提高到 6～12 小时;② 利用多层、开放的海洋边界环流和热力学模式来预测海洋锋和温度异常区域的海况。基于这些建议,美国海军将主要精力集中在热力学海洋预报系统(TOPS)的开发上,它是一个上混合层热动力学垂直剖面的一维格点模式。

　　1981 年,第二次海洋预报研讨会再次在蒙特雷召开,主要讨论海洋预报取得的进展和未来的发展方向。会议小组建议采用实时的现场数据和遥感数据、采用四维资料同化方法、针对开放和闭合海洋边界环流研制先进的统计和动力模式,理解深海多变性来改善海洋预报。研制一个有效的海洋观测系统以及提供一个高性能计算平台被视为当务之急,并对研究和开发给予了充分的科技支撑。1986 年,第三次研讨会主要就基于最新高科技和海军需求的海洋预报发展进行了讨论。会议目标主要包括利用全球海洋观测系统(卫星高度计、散射计、海色探测以及表层和次表层的现场观测)来开展中尺度海洋预报工作。为了更好地服务海军特别是反潜作战的需求,与会者建议采用高分辨率区域模式和低分辨率全球模式相结合的方式,针对不同尺度采用相应的不同策略提供可计算的预报。

与此同时,海军的海洋学家 RADM J. R. Seesholtz 称:在 1992 年之前要开发一个能够业务化运行的描述中尺度海洋要素特征的全球海洋预报系统。此外,他还为海军海洋学办公室(NAVOCEANO)和舰队数值气象和海洋中心(FNMOC)努力争取到了超算资源,来满足新的数值预报系统对计算能力的需求。

1992 年,Peloquin 提供了一个符合 Seesholtz 预期目标的海军海洋模式。2002 年,Burnett 将大气和海洋模式的发展更进一步,并有效地服务于国防部的业务化运行,海洋预报研讨会所提出的大部分目标已经实现,包括描述中尺度海洋要素特征的全球海洋预报模式,达到了 1986 年海军海洋学家所要求的效果。

1.2　组织结构

海洋预报的两个关键组成部分:技术和人才。技术主要指用于决策信息的处理、传递和应用所需的硬件、软件和系统体系结构。人才则主要指能够通过对观测数据和预报结果进行解译,进而指导决策者进行决策的具备专业技能的人员。海军海洋学计划(NOP)则是联结这两个关键要素的纽带,以满足海军和国防部(DoD)的需求。海军气象学和海洋学司令部司令(CNMOC)管理海军海洋学计划(NOP),并直接向美国海军舰队司令部司令(USFF)报告。这样确保海军海洋学部门的业务化运行能服务于美国海军的实战任务,NOP 的经费是由海军的海洋学家管理。

海军海洋学的使命是为作战部队提供物理战场认知和环境认知。为了服务这一使命,海军的研发部门侧重提高海洋环境的认识和理解。这些努力为美国海军提供了信息化作战能力和在海上自由机动的能力。

自 2002 年以来,美国海军海洋学的基础框架发生了革命性的转变。海军海洋学仍在向外提供来自世界各地分部门和(图 1.1)区域中心的支持。各地分部门和海军舰队司令部一起,由蒙特雷(FNMOC 所在地)和密西西比州的斯坦尼斯航天中心(NAVOCEANO 所在地)的数据中心提供支撑。最近,在很多关键位置设立了数据回访单元。这些单元集中了那些用于反潜战、特种作战和水雷战等作战领域的专家知识。虽然海洋学家仍然为舰队服务,但是数据回访单元相比集中一个海洋学专家组能发挥更大的能力支撑。

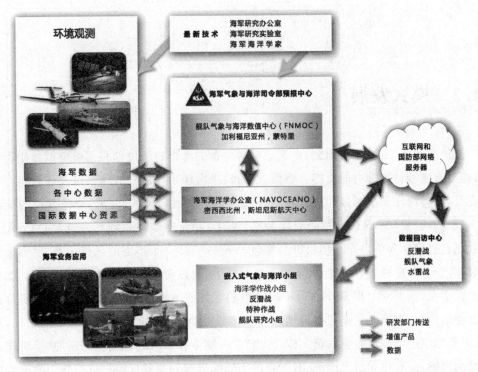

图 1.1　美国海军的气象与海洋业务系统框架

即使有数据回访中心的支持,现场专家的指导仍是必不可少的。海洋学作战小组(SGOTs)组建并部署到航空母舰和两栖船只,为分配到舰船的气象作战指挥军提供服务。此外,移动环境小组的数量在不断增加,以满足舰队中如无人机作战等新型作战任务的需求。2010 年在圣地亚哥和诺福克组建的舰队气象中心主要为航空和航海组织提供支持。他们的任务之一就是与经验丰富的主官和指挥官一起,培训新的高空气象观测员(AGs)和负责提供战场环境预测的军事人员,以方便高空气象观测员快速转型来服务实战。

如今,海军海洋学指挥部(NOOC)为气象学和海洋学(METOC)业务提供直接支持。NOOC 主管舰队气象中心、海洋学作战小组(SGOTs)和其他作战地区指挥部(如海军海洋学水雷战中心和两个海军海洋学反潜作战中心)。NOOC 是一个世界范围内指挥部,侧重于给战斗单位提供合格 AGs,从而确保收集的海洋学资料为决策提供有利的支撑。

FNMOC 和 NAVOCEANO 这两个主要产品中心,使用最新的数据服务继续提供专门的全球天气和海洋预报场,允许海军气象学和海洋学用户使用他们所需的业务数据。NAVOCEANO 一直是位于斯坦尼斯航天中心的国防部超算中心(DSRC)的主要用户,并且借助国防部超级计算资源中心(DSRC)平台进一步提高海洋模式预报的质量和及时性。

1.3　模式发展

美国海军于 1976 年意识到,要真正理解复杂的海洋物理过程和正确模拟海洋动力学,需要有高端计算能力的支持。然而,当时对于海洋物理过程的理解以及计算能力都不充分,使得海洋预报难以实现。在科技(S&T)和研发(R&D)领域,业务部门与美国海军研究办公室(ONR)、海军研究实验室(NRL)和海空作战系统司令部(SPAWAR)的战场态势感知和信息作战项目办公室(PMW-120)建立了牢固的伙伴关系。ONR 和NRL 紧密合作开展基本研究,展示出了新的能力,通过海军 SPAWAR PMW 120 项目的海洋学家,在 FNMOC 和 NAVOCEANO 将系统投入业务运行。通过协调确定可供作战使用的技术,确保它能很好地纳入业务体系结构中,验证在业务环境中的结果,最后,在实际应用中培训业务人员。CNMOC 对关键业务需求进行优先处理,基于对现有资源的理解,向科技和研发组织,对于新的要继续研究的业务目标提供指导。除了需要正常发展,NOP 制订了快速业务转型计划(RTP),该项目目标是在三年之内主要着手将科技和研发的资源处理能力提升到一个新档次。最近的 RTP 例子包括区域热带气旋模式、风暴潮淹没能力和海洋学模式的四维变分资料同化方案。

表 1.1 描绘了在海军业务预报系统中使用的模式和数据同化技术随时间的演化。在 20 世纪 90 年代,早期的业务系统用全球海军分层海洋模式(NLOM)预测涡旋等中尺度海洋要素,采用高精度的 1/32°水平分辨率和六层垂直拉格朗日层,以及采用普林斯顿海洋模式(POM)构建的区域浅层水域分析和预测系统(SWAFS)。随后,一个基于海军近岸海洋模式(NCOM)的全球应用系统被开发出来,采用 1/8°低水平分辨率和较高的41 sigma 和 Z 层垂直分辨率来表示整个深水域和延伸到大陆架的海洋表面的动力学过程。与此同时,海军业务全球大气预报系统(NOGAPS)为许多海军海洋预报系统提供大气强迫,为海洋/大气耦合中尺度预报系统的高分辨率大气组件提供边界条件。全球海浪模式包括 WAVEWATCH Ⅲ(WW3)系统和海浪运动模式(WAM)已经实现了业务化运行,并为海军标准拍岸浪模式(NSSM)提供边界条件信息。

21 世纪的第一个 10 年,为了对全球重点地区提供预报,NAVOCEANO 在 NCOM中,为高分辨率业务开发了快速重定位嵌套的功能,并能在区域和沿海模式中很快实施。近年来,这些嵌套海洋功能与海浪模式 SWAN 和 WW3 一起被纳入 COAMPS,形成了全球任何位置的高分辨率海洋/海浪/大气全耦合预报系统。其大部分的开发是通过与地球系统模式框架(ESMF)合作实现的,ESMF 是一个建立并耦合了天气、气候和相关模型的软件。

目前,业务运行的全球海洋系统是基于水平分辨率 1/12°、垂直采用 32 个混合层的 HYCOM 模式,正在开展的工作是替代成水平分辨率 1/25°和垂直 41 个混合层。Los Alamos 的社区海冰模式 CICE 包含在 ACNFS 中,实现冰的边缘和厚度的预报。 ACNFS 是一个嵌套在全球 HYCOM 模式中的双向耦合系统 HYCOM/CICE。水平分辨率为 1/25°的全球 HYCOM 模式采用了同分辨率的 CICE 模式,包含了潮汐势的高级表示,并表示出了跨大洋盆地传播的内部潮汐的产生。与此同时,全球大气预报已由 NOGAPS 演变为海军全球环境模式 NAVGEM。NAVGEM 包含改进数值方法提升计算效率,增加网格分辨率以及改善重要物理过程参数化方案。正在开展双向耦合全球 WW3 系统和 HYCOM/ CICE,并耦合多种海洋模式方面的工作,首次为海军创建地球系统预报系统,它是更大的国家地球系统预测 N-ESPC(National Earth System Prediction Capability)的一部分。

嵌套系统的最新实现提高了分辨率和精度。COAMPS 提供了灵活选择大气、海洋、海浪或海冰等模块的功能,这些模块在处理当前问题时都是用得到的。NCOM/ SWAN 耦合模块已在分辨率高于 300 m 的业务中心中应用,分辨率 50 m 的情况也已经过测试。

动力预报模块构成了业务预报功能的核心。然而整个预报系统的必要部分包括资料、资料同化和通过集合实现的不确定性预报。这些模块已经取得了很大进展。对于大气和海洋,COAMPS 中的同化方法正由三维变分同化 3DVAR 方法向四维变分同化 4DVAR 方法发展。二者都在 2014 年实现业务运行。此外,COAMPS 中 SWAN 的同化方法正在向 4DVAR 进行过渡,并且适用于所有模块之间耦合的 4DVAR 也在开发中。这些资料同化方法允许使用传感器的全天数据改善模式初始场,而不是仅提供靠近开始时间的可用观测。

新的卫星通道和传感器被持续加入同化系统。NOP 对于大气和海洋状态的信息和两者间的通量,强烈依赖于卫星传感器。此外,高关注区域需要即时传感器。ONR 开创了无人水下航行器 UUVs 的发展,海军的海洋学家发起了濒海战场空间感知融合和集成 LBSFI 计划,这一计划正向业务预报中心 NAVOCEANO 提供 150 架海洋滑翔机以用于海军高关注区域。同样,无人驾驶飞行器 UAVs 和表征海洋大气边界层传感器的开发,将为决定表面雷达通道提供额外的即时重要温度和湿度数据。未来 10 年,将见证使用来自诸如舰载雷达传输、UUV 和 UAV 等非传统来源数据到产品中心,这些资料在平台上的短期分析将使快速更新的短期预报能力得到提高,这些传感器的自动引导和控制是整个系统的关键部分。

通过管理模式监督小组 AMOP,海军对于预报系统的开发和向业务运行的过渡具有一个独特而完善的机制。AMOP 中包括为基础研究、开发研究以及向新一代业务功能过渡过程提供资金的赞助商,还包括来自接受业务指挥部的成员。研究人员和产品中心的工作人员共同创建了一个过渡计划,以确保在功能需求定义、如何实现要求、任务完成时间及新系统如何嵌入业务环境等问题上达成一致。一个由开发人员、产品中心科学家和外部科学专家组成的以科学为基础的验证测试小组被召集在一起,以审查和批准新功能的应用和达到海军需求的技能,这促成了一个全面的验证测试报告(VTR)。开发人员和业务科学家共同将系统集成到了产品中心的业务基础设施上。产品团队接管了新系统并执行了一次业务评估以提供过渡的一个最后审查,以最终确保新系统适用于业务体系、以验证最初要求的满足程度如何,并实现交付业务产品到海军用户的交付。这些行动的结果被记录在一个提交给 AMOP 的报告中。一经批准,该系统就已经达到了里程碑Ⅲ,并宣布开始业务运行。这种独特的 AMOP 式流程确保了研究、业务科学家、赞助商、管理者和用户之间的紧密联系,并促使实现了一个满足海军要求的新的业务系统。见表 1.1。

表 1.1 美军环境预报系统(2002 和 2014 年)

	2002	2014
资料同化	多变量最优插值(MVOI) 模块化海洋资料同化系统(MODAS)	三维变分资料同化(3DVAR) 四维变分资料同化(4DVAR)
洋流	热力学海洋预报系统(TOPS) 海军分层海洋模式(NLOM) 海军近岸海洋模式(NCOM) 普林斯顿海洋模式(POM) 先进的洋流模式(ADCIRC)	混合坐标海洋模式(HYCOM) 海军近岸海洋模式(NCOM)
海浪 拍岸浪 潮汐	海浪运动模式(WAM) WAVEWATCH Ⅲ(WW3) 稳定状态海浪(STWAVE)模式 海军标准拍岸浪模式(NSSM) HYDROMAP PCTides	WAVEWATCH Ⅲ(WW3) 海军标准拍岸浪模式(NSSM) PCTides DELFT3D
海冰	Hibler 海冰模式/Cox 海洋模式	CICE/混合坐标海洋模式(HYCOM)
大气	海军业务全球大气预报系统(NOGAPS) 海洋大气耦合预报系统(COAMPS) 地球物理流体动力实验室海军热带气旋(GFDN TC)	海军全球环境模式(NAVGEM) 海洋大气耦合预报系统(COAMPS) 海洋大气耦合预报系统-热带气旋(COAMPS-TC)

1.4　未来计划

　　海军海洋预报未来的发展包括更多的使用耦合模式并利用集合来定量描述不确定性。一些模式耦合技术(包括海－浪、海－冰、气－浪,以及气－海－冰－浪)预计在未来 10 年得到发展。由于耦合模式(气－海－波－冰－陆)中各组成部分具有不同的动力环境体系并发生重要的物理相互作用,因此 N-ESPC 会确保各组成部分之间能够实现信息反馈(图 1.2)。N-ESPC 是一个国家级别的预报系统研究项目,这个长期国家项目是在 NOAA、美国国防部、NASA、美国科学院和美国能源部的共同参与下进行的。在未来 10 年,N-ESPC 的性能将引入到一个国家多模式集合预报系统,这个新的国家系统将会引入气候模式中的长期预报能力,同时增加系统内集合成员的数量。该系统的优势在于具有耦合的海洋、大气模式,并在不同耦合模式组成部分之间增强了反馈和能量的传输作用。

　　在未来由于使用集合耦合模式所产生的概率性预报产品,会对预报员的知识和技巧产生挑战。从今往后的 5 到 10 年,在这里讨论的模式能力将会在海军海洋业务运行中变为现实。由于地理政治的改变以及技术进步所带来的新挑战,美国海军将会在全球范围发送该预报产品,新的技术将会移植到业务中心使得舰队的预报员为舰队决策提供最好的、及时的建议。

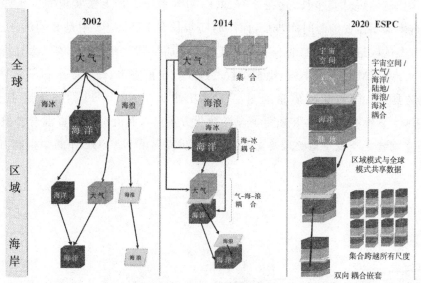

图 1.2　美国海军环境预报系统过去,现在和将来的结构示意图

　　最终,建立一个具有资料同化的、完全耦合的全球大气(NAVGEM)、海洋(HYCOM)、海冰(CICE)、海浪(WAVEWATCH Ⅲ™)、陆地(NAVGEM-陆地表面模式)和气溶胶(海军气溶胶分析和预测系统)预报系统。

第 2 章
美国海军全球大气模式

2013 年 2 月 13 日,海军全球大气模式预报系统(NAVGEM)替换原有的海军业务全球大气预报系统(NOGAPS)开始进行业务化的全球大气数值预报,这是美国海军全球预报系统的一个新里程碑。新的业务系统 NAVGEM 采用了半隐式半拉格朗日动力框架与次网格尺度的水汽、对流、臭氧和辐射等先进的参数化过程。NAVGEM 动力框架突破了时空分辨率与时间步长相互制约的约束条件,在实现高空间分辨率的情况下不需要等比例缩短时间步长,这在原有 NOGAPS 系统中是无法实现的。允许更高的空间分辨率却不需要缩短时间步长,而小时间步长在 NOGAPS 中是必须的。此外,并行优化方案的改进解决了未来 NAVGEM 版本增加时空分辨率带来的巨大计算瓶颈问题。在 NAVGEM 过渡版本中,物理过程改进使云中液态水、云中冰水和臭氧等成为完全可预报要素。随着新的质量通量方案成功测试,2013 年 11 月 6 日系统升级到 NAVGEM1.2 版本,该版本将质量通量参数化方案加入涡流扩散垂直混合参数化方案中,改进了海洋上空低空对流层冷温偏差,进一步提高了 NAVGEM 的预报能力。

2.1　概　述

在舰队数值气象和海洋中心(FNMOC)业务运行的海军高分辨率全球大气预报系统,是海军大气预报能力的关键组成部分。该全球模式每 6 小时提供一次高分辨率 180 小时的预报,使用 20 个成员的全球集合为许多海军和陆战队用户提供每天两时次 16 天预报产品。每天产生近 150 000 份全球产品,为国防部(DoD)许多重要的环境和应用数模系统提供初始、边界和强迫条件。在这些应用中,比较著名的有:海军大气－海洋耦合中尺度预报系统(COAMPS®),COAMPS-TC(COAMPS 的热带气旋预报版本),军队中尺度战役尺度预报系统(BFM),海军气溶胶分析和预报系统(NAAPS),海军海浪模式(WAVEWATCH® Ⅲ),海军全球混合坐标海洋模式(HYCOM)和北极Cap 现报/预报系统,海军热带气旋预报系统——地球物理流体力学实验室海军(GFDN)模式,海军观测台有效大气角动量函数(EAAMF)计划,以及海军的飞机和船舶航线系统。对于这些海洋模式,最主要的产品有气压、风场、温度、地形拖曳、潜热、感热和辐射通量。图 2.1 显示了在海洋预报中使用的海军全球大气模式(NAVGEM)的三种产品:2 m 温度、10 m 风速和向下短波辐射场。

从 1982 年 8 月到 2013 年 2 月,海军全球天气预报模式使用的是海军的业务全球大气预报系统(NOGAPS)。虽然 NOGAPS 进行了很多分辨率方面的提升和次网格物理过程参数化方面的改进,但其欧拉谱动力框架阻碍了模式的进一步扩展,在计算能力制约下其网格配置为水平分辨率 42 km 和垂直分层 42 层。为满足增加的全球分辨率和更先进物理参数化方案的需求,美海军研究实验室研发了半拉格朗日半隐式(SLSI)动力框架。使新的 SLSI 动力(绝热)框架提高了计算效率,使得增加分辨率、增添新的种类和改进物理过程在业务计算上成为可行。因此促进了新全球 SLSI 模式 NAVGEM 的诞生。

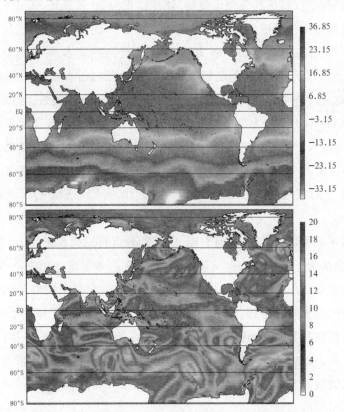

图 2.1 2012 年 8 月 12 日,美海军全球大气数值模式(NAVGEM)的全球平均场

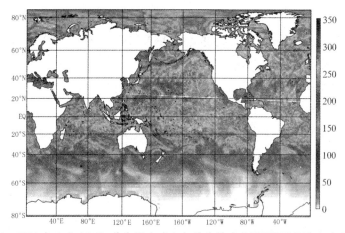

图 2.1　2012 年 8 月 12 日,美海军全球大气数值模式(NAVGEM)的全球平均场

NAVGEM 1.1 版本的初始配置为:水平分辨率 37 km,垂直方向 50 层,包含臭氧化学和云中液态水和云中冰水的预报,以及新的积云、湿度和辐射传输方案。在经过大量测试之后,NAVGEM 1.1 版本移植到了 FNMOC,这期间完成了 NOGAPS 与 NAVGEM 1.1 版本之间的对比业务测试,其模拟时间为 2012 年 11 月 6 日至 2012 年 12 月 18 日。基于 1 000 hPa 和 500 hPa 位势高度的距平相关和 16 个不同场和不同观测类型的均方根误差(包括热带气旋轨迹、浮标位置的 10 米风场、无线电探空位置的风场和温度),通过分配一个正加权分数给统计上明显占优的预报模式,FNMOC 的全球记分卡评估了模式的相对能力。各方面的改进最终使得技能分总分达到＋24,而 NAVGEM 1.1 版本为＋14,这是在 FNMOC 做过的测试所有全球模式中的最高得分。历史上,全球模式改进引起的技能改良分数为＋2。基于这些正效应结果,在 2013 年 2 月 13 日,NAVGEM 1.1 作为海军的全球大气数值预报模式正式开始业务化运行。

NRL 计划对 NAVGEM 模式可分辨物理过程进行常规升级。新的涡流扩散质量通量(EDMF)方案在 NAVGEM 1.2 版本中进行了测试,FNMOC 业务化测试得分为＋3,具有总体上的正效应。在 2013 年 11 月 6 日,NAVGEM 1.2 版本成为业务运行系统。

在资料同化方面,NAVGEM 与 NRL 大气变分资料同化系统(NAVDAS-AR)进行了耦合,该同化系统于 2009 年在 NOGAPS 中成为业务系统。但在 NAVGEM 中,辐射偏差订正方法是用一个变分方法进行改进的,该方法在每个资料同化周期中将偏差预报估计与大气分析同时进行。NAVGEM 中的 NAVDAS-AR 每 6 小时运行一次,该系统同化上百种资料类型,处理上千万个观测资料,包括:来自无线电探空仪、船舶和飞行器的常规资料;来自全球导航卫星系统无线电掩星的弯曲角资料;来自卫星散射计和轨迹特征的风资料。

2.2 NAVGEM 1.2

NAVGEM 综合了格点和谱(球谐)模式两种动力框架的优点。在半拉格朗日 (SL)平流和所有物理参数化过程中执行网格计算,对风的不同分量、虚位温和表面气压进行半隐式(SI)修正时执行谱空间计算。该方法的优点是在谱空间中 SI 四阶扩散椭圆方程的解变成了简单的代数方程;其缺点是格点空间和谱空间之间的正变换和逆变换会引起较大计算量。

NAVGEM1.1 版本和 1.2 版本的水平计算网格是 1 080×540 格点的二次高斯网格,对应 T359 和水平格点分辨率 37 km。模式垂直分层为 50 层,顶部 0.04 hPa,大约为海平面以上 70 km。垂向采用混合气压坐标,在对流层是地形跟随的,在 85 hPa 附近平滑过渡到纯气压坐标,在 85 hPa 至 0.04 hPa 区间取 20 个等压层。与 NOGAPS 一样,NAVGEM 中的时间差分采用 3 时间层蛙跳格式。大气动力学变量有表面气压、东/西和南/北风、虚位温、比湿、臭氧、云中液态水和云中冰水。涡度和散度的谱表示由水平风计算得出。假定满足静力近似(在低至 10 km 水平分辨率时仍是精确的),并用其计算位势高度和垂直运动。另外,从层云和积云参数化中计算雨/雪比率。假定云水是存在的,对于层云,可以基于相对湿度、垂直运动和温度垂直梯度来计算云量;对于积云,可以基于到达地面的累计降水量和参数化云基质量通量来计算云量。其他的大气变量,如冠层温度、地面温度、地面液态水、地面冰水,在低至 2 m 处进行计算。海表温度(SST)和海冰量可从 FNMOC SST 和海冰分析中获得,且在 180 小时预报内保持不变。基于 Winton(2000)的 1.5 m 混合海冰厚度的相关工作,可计算海冰温度。时间步长为 360 秒(3 倍于 NOGAPS 中的时间步长)。

实际上,NAVGEM 1.2 版本对源于 NOGAPS 的每个物理参数化方案都进行了修正或替换。这一组方案中包括:地形重力波和流阻拖曳,EDMF 垂直混合,简化的 Arakawa-Schubert 积云参数化,浅层积云参数化,基于云基质量通量 Slingo 方案缩放修正后的对流云量参数化,层状云量参数化,用于日光和长波辐射通量的通用循环模式中快速辐射传输模式,陆面参数化,臭氧光化学方案。采用与 NOGAPS 中相同的方式将物理过程耦合到动力框架中。除了辐射(每两小时被调用一次且倾向在整个期间保持不变)外,参数化方案依次修正风、温度、湿度、臭氧以及云水。特别地,重力波拖曳 (GWD)调整了在伴有辐射倾向的动力框架中计算场,EDMF 调整了 GWD 计算场,积云参数化方案则校正了这些场,最后,在执行下一时间步前或启动辐射方案前动力框架调用云物理过程、陆面参数化和臭氧光化学等方案。

2.3   动力框架

NAVGEM 1.2 动力框架是关于运动和热力学第一定律的静力学方程组三时间层 SISL 数值积分。动力学变量包括东西风、南北风、虚拟位温、比湿、表面气压、臭氧、云中液态和冰态水。Ritchie 和 NAVGEM 方案之间的主要区别在于 NAVGEM 使用的是位温而 ECMWF 使用的是温度。NAVGEM 延续了 NOGAPS 的方式使用位温,因此 NOGAPS 中的 SI 方案可直接应用到 NAVGEM 中。

拉格朗日数值技术的基本思想是寻找终止于某个特定位置的流体运动的轨迹,并沿该轨迹对动力方程组进行积分。对于半拉格朗日技术,选择一个轨迹使得它在有效预报时间到达模式网格点,因此对于三时间层方案,轨迹回溯两个时间步;对于两时间层方案,轨迹回溯一个时间步。SL 方法去除了传统的风的平流在时间步长上的 CFL (Courant Friedrichs Lewy)限制,然而,由于原始方程组仍然允许高速重力波的存在,SL 方法必须与重力波的隐式处理结合在一起,也即常说的半隐式(SI)方法。因此,NAVGEM 动力框架中的三个主要部分分别是轨迹出发点的计算、SL 方程中各项的插值计算以及 SI 方案。

出发点是质点在早些时间的轨迹位置,质点在当前预报时间到达指定网格点。这是一个简单的迭代计算,因为 NAVGEM 1.2 版本的 SL 算法是三时间层方案且前一时间步的速度是已知的,因此实现比较简单。由于出发点基本不会在网格点上,因此使用线性插值执行 3 次迭代来定位轨迹中间点,然后通过反向积分回初始时刻的轨迹来给出初始点位置。最后执行一次轻微修正来确保出发点对应的是由地球半径确定的大圆上的点。

一旦初始点位置被计算出来,关于 u、v、位温、湿度、表面气压、臭氧和云水的动力(绝热)方程组可沿着该轨迹进行时间积分。这要求分别在 $t-2\Delta t$ 时刻的出发点和在 $t-\Delta t$ 时刻的中点对各项进行插值。对于如臭氧等示踪剂的水平运动来说,其场(混合比率)沿着轨迹是守恒的,因此沿着轨迹的积分将导致

$$q(\lambda_a,\varphi_a,\eta_a,t)=q(\lambda_d,\varphi_d,\eta_d,t-2\Delta t) \tag{2.1}$$

式中,$(\lambda_a,\varphi_a,\eta_a)$ 是到达点(模式网格点),$(\lambda_d,\varphi_d,\eta_d)$ 是出发点。对于方程(2.1),除了位温之外的右端项可以通过在水平方向使用三次多项式、在垂直方向使用三维插值方法得到。对于虚拟位温和低于 200 hPa 的气压,使用加权线性/三次插值,其中垂直插值使用了 75% 的三次插值和 25% 的线性插值。加权的插值方法,被用来降低在完全三次插值中出现的平流层冷偏差,这将被固定在 NAVGEM 的未来版本中。完整的三次

插值需要 64 个点,但在格点区的边缘部分可以使用线性插值,这就将插值简化到 32 个点上。信息传递和插值过程是 SL 计算中最耗时的部分,对于目前 8 个三维 SL 变量来说,这些简化掉的点降低了总的约 25% 的墙钟时间。

非示踪项(non-tracer-like terms)的计算是更加复杂的。对于风来说,气压偏差和科氏项必须在 $t-\Delta t$ 时刻求出,而虚拟位温项在 SI 计算时是必须的;对于虚拟位温,存在关于 SI 的垂直运动项;对于表面气压,存在垂直平流和 SI 散度项。为了减少 SL 的计算量,在中间点的计算将由出发点和到达点的平均值给出:

$$\psi(\lambda_m,\varphi_m,\eta_m,t-\Delta t)=\left(\frac{\psi(\lambda_a,\varphi_a,\eta_a,t-\Delta t)-\psi(\lambda_d,\varphi_d,\eta_d,t-\Delta t)}{2}\right) (2.2)$$

式中,$(\lambda_m,\varphi_m,\eta_m)$ 表示轨迹的中点。使用方程(2.2)可以显著地减少三时间层的计算量,使得三时间层与两时间层在相同的时间步长上效率相当。在未来的 NAVGEM 版本中,两时间层方案将替代三时间层方案,使得更密的时间步长成为可能。使用动量方程的向量形式来积分水平风方程。由于积分结果使得变换后的风偏离了球面网格,在 SL 积分之后需要将风变换回球面网格。最后,我们发现,表面气压的 NAVGEM 标准 SL 积分(标记为 π),在陡峭地形所在区域之上将导致很大的高度误差,尤其是在南极洲。因此,仿效 ECMWF,表面气压的 SL 积分使用修正后的变量 π^*,定义如下:

$$\pi^*=\pi+(p_sg/RT_s)z_s(\lambda,\varphi) \qquad (2.3)$$

式中,z_s 是地形高度,p_s 是恒定的标准地表气压 1 000 hPa,g 是重力加速度,R 是气体常数,T_s 是恒定的表面温度 300 K。

SL 通过风来处理场的显式平流(explicit advection)。原始方程组支持高速重力波的传播,而这在隐式方案中必须得到控制(减慢那些暂时未求解的波)以允许更大的时间步。在 NAVGEM 中与位温、风、表面气压有关程序,与 NOGAPS 中的算法是相同的。SI 是偏离中心向前的,80% 的权重偏向前向变量。最后,时间积分方案使用三时间层的时间滤波方法,系数 0.05,应用到所有的预报场(在参数化方案的非绝热修正被加入之后)以压缩计算模式。

2.4 物理过程参数化

2.4.1 积云对流方案

NAVGEM 1.2 版本中的积云对流方法包括简化的 Arakawa-Schubert(SAS)积云参数化方案和国家环境预报中心(NCEP)全球预报系统的浅积云(GFS/SC)参数化。

这些参数化替代了在 NOGAPS 中使用的 Emanuel 积云方案。在 SAS 方案中,假定对流产生于当云功函数(cloud work function)大于给定的气候云功函数值时,从云功函数和给定的气候值之间的差异可以确定积云质量通量,该通量依赖于为测试质量通量而计算的稳定性比率。而温度、湿度、降水是基于温度和湿度与输入输出率一致的收支方程来计算的。在 SAS 方案中进行了可容许的最大简化:此处仅有一种云的类型,而不是一系列云。假定只有当一个从最大潮湿静态能量层提升上来的气块到达了在特定范围 120~180 hPa 内的自由对流层时,积云对流才会发生,这依赖于大尺度的垂直速度。SAS 也有一个复杂的积云动量传输方案,该方案包括积云导气压梯度力的影响。

在深度对流的计算之后,调用了 GFS/SC 参数化,该参数化与 SAS 同时运行。与 SAS 一样,GFS/SC 方案也是质量通量方案,伴随着基于特定输入输出率来描述在温度和湿度中的云收支模式。该方案包括降水过程参数化表示以及对流动量传输的处理。在该方案中,云基质量通量是作为对流湍流速度尺度的分量来计算的,该速度范围是行星边界层(PBL)高度和表面浮力通量的函数。与 SAS 类似,GFS/SC 使用自由对流层作为云底。在该方案中,云顶最大值限制在地表气压 30% 的气压范围内。

2.4.2　云水和云冰参数化

NAVGEM 1.2 版本中云水和云冰的预报表示是通过在 NCEP 的 GFS 中的单体云水变量方案(在 NAVGEM 中是作为云的选项之一来实现的)的双类型扩展来完成的。NAVGEM 1.2 的这种双类型处理方案改进了潜热能量的守恒性。

原始的 GFS 方案,包含了主要的云相变换过程的参数化表示。一种冷凝方案被用来约束冷凝的比率,使得能够表示局部多云,且可帮助维持云动力与环境的平衡。降水是假定立即降到地面的,对数值天气预报应用具有很高的效率。

NAVGEM 1.2 版本中的双类型方案在很多方面只是 GFS 云方案的一个简单扩展,包括参数化云相变过程和降水的大部分情况。但在两者之间也有一些重要的不同。比如,两种方法都执行了一种在云水和云冰之间假定依赖于温度的划分。在双类型方案中,每时间步进行的参数化划分与预报云水云冰混合比例之间的区别导致了潜热的交换,该交换将修正参数化划分(假定在此情形下是一种在水和冰之间的线性变换)。在 NAVGEM 1.2 版本双类型云方案中对凝聚和蒸发的处理,也包含相同的特征。指定凝聚的相对湿度阈值,该值与云层有所不同。采用这种处理是因为 NAVGEM 1.2 版本中的云层方案不像凝聚方案中指定的那样,且该方案在模式中被设计来提供凝聚和云层之间更大程度的一致性。与 GFS 方案一样,在垂直单柱体中移除了降水。与 GFS 方案不同的是,假定云水的蒸发过程是以一个有限的比率进行,而非瞬间发生的。在对流云的情况下,假定比率随着云层量而变化。相比热带降水测量任务云液态水反演,该处理方式改进了在主要对流区域的云水预报分布。通过溢出提升凝聚层和自由对流层间的云凝结,该方案的这个特性在 NAVGEM 1.2 版本中进一步得到了加强。

2.4.3　辐射参数化

由大气环境研究公司开发的高级辐射参数化方案 RRTMG 已在 NAVGEM 1.2 版本中实现。在短波辐射 820 到 50 000 cm^{-1} 中的 14 个谱带和长波辐射 10 到 3 250 cm^{-1} 的 16 个谱带中,它将吸收与双束散射进行了参数化,并使用 k-相关方法来有效地和精确地计算辐射通量和加热率。k-分布的吸收系数资料可以从详细的逐行辐射传输模式中获得,这通过观测已经广泛得到验证。在效率方面,在伪谱区间减少了 50% 的计算量,与 RRTM 中全区间相关的每个波带都融合了吸收和消亡过程。模式化分子吸收器和消亡源是水蒸气、二氧化碳、臭氧、氧化氮、甲烷、氧气、氮气、气溶胶、几种卤烃和瑞丽散射。它包含一个 McICA(蒙特卡罗独立圆柱近似)效力来表示次网格云可变性,以及云重叠的随机、最大随机、最大可选性。作为云等价半径和云质量含量的函数,水云和冰云的最优属性在每个谱带均被参数化。由 RRTMG 计算的辐射通量与在所有层次 1.0 W/m^2 以内逐行辐射模式计算的结果是一致的,且计算的冷却率一般与对流层的每天 0.1 K 和平流层的每天 0.3 K 是相同的。

2.4.4　涡流扩散/质量通量参数化

作为湍流混合参数化的一部分,在 NAVGEM 中加入了一个质量通量计算作为 NAVGEM 1.2 版本的一部分。非沉降垂直涡流通量参数化如下:

$$w'\varphi' = -K\frac{\partial \varphi}{\partial z} + \sum_{i=1}^{N_{updrafs}} M_i(\varphi_i^{up} - \varphi) \qquad (2.4)$$

式中,w 是垂直速度;φ 表示虚拟位温、特定湿度或水平风,是上升气流和下降气流区域的加权和;$M_i = a_{up}w_{up}$ 是给定上升气流的向上质量通量(a_{up} 是上升气流的分部区域,设为 7%;w_{up} 是在上升气流区域的向上垂直速度);φ^{up} 表示在上升气流区域中的变量。右端首项表示涡流扩散(ED)的局部混合,在 NAVGEM 中这是使用 Louis 类型方案来参数化的。第二项是 PBL 中湍流的向上气流引起的质量通量(MF)作用,使用 Sušelj 等 (2012)方法来进行参数化。垂直 MF 剖面是从湍流动能预算方程(动能 $w_{up}^2/2$ 的改变是浮力与湍流能量耗散间的偏差)和垂直方向的风、位温、湿度的卷入卷出方程(计算 φ_i^{up} 的卷入卷出)计算得来的。质量通量开始于单一干燥上升气流的正向浮力通量,单个气流随后分裂成 10 个水汽饱和上升气流。这些饱和上升气流的周期是使用泊松分布随机数来计算的,以给出一个在 PBL 中可能加热剖面的广阔范围。这些在 NAVGEM 1.2 版本中的整体改进是减少了在海洋上空较低层的冷偏差,以及进一步提升了通过位势高度的均方根误差和距平相关来衡量的预报能力。

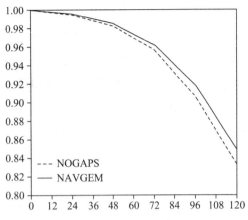

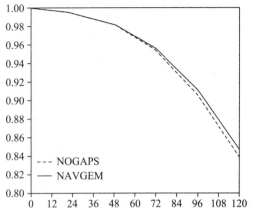

图 2.2　NOGAPS 和 NAVGEM 系统的 500 hPa 高度距平相关得分对比,预报时间为 2012 年 7 月 1 日～2012 年 10 月 31 日

图 2.3　NOGAPS 和 NAVGEM 系统的 500 hPa 高度距平相关得分对比,预报时间为 2012 年 12 月 1 日～2013 年 2 月 12 日

2.5　NOGAPS 对比检验

选取夏季和冬季两个阶段,将运行带有资料同化和预报时长为 120 小时的 NAVGEM 1.1 版本(水平分辨率 37 km)结果与业务 NOGAPS(分辨率 42 km)在相同区域内的预报结果进行对比。使用标准检验统计量来进行衡量,NAVGEM 预报准确度优于 NOGAPS 预报效果。图 2.2 显示了 2012 夏季期间(2012 年 7 月 1 日至 2012 年 10 月 31 日)北半球 500 hPa 位势高度的距平相关,图 2.3 显示了 2012 秋季/冬季期间(2012 年 12 月 1 日至 2013 年 2 月 12 日)的距平相关(在 2013 年 2 月 13 日,NAVGEM 1.1 成为业务系统)。在所有的重要数值天气预报中心均使用此基本衡量标准——AC,该指标是预报和分析场相对气候态偏差的归一化相关,取值 1.0 时表示完美预报。从本实验和其他(1 000 hPa AC 和无线电探测仪)检验分数可以得出结论:NAVGEM 的 120 小时非静力(NH)预报在 2012 年夏季期间相对 NOGAPS 有 6 小时改进,在 2012/2013 冬季期间有 3 小时改进。在南半球 500 hPa 高度距平相关也有类似的结果。

热带气旋(TC)路径预报对于美国海军的船只、飞机和人员的安全来说是极端重要的。图 2.4 以海里(n mile)的形式显示了在 2012 夏季/秋季的 TC 路径误差对比。在预报第四和第五天,NAVGEM 的 TC 路径误差比 NOGAPS 预报少 30 海里,提供了近 12 小时的改进。

　　每日天气图的大致评估显示 NAVGEM 的表面气压误差明显减小,尤其是影响海上安全的海上低气压点。另外,伴有锋面系统的中层槽通常比 NOGAPS 中的更加趋向实际(更深和更快地移动)。

　　在系统成功地实现以及对新质量通量(MF)方案进行测试之后,NAVGEM 1.2 版本在 2013 年 6 月被定型。MF 参数化加入涡流扩散(ED)垂直混合参数化中,使得海洋上空的较低对流层的冷温偏差减少,而且提升了 4 小时的预报能力。

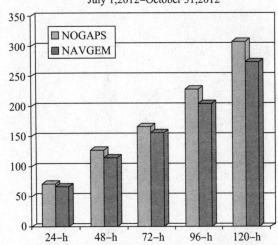

图 2.4　NOGAPS 和 NAVGEM 热带风暴路径预报误差(海里),预报时间为 2012 年 7 月 1 日～2012 年 10 月 31 日。120 h 内出现了 132 个已核实的热带风暴

2.6　未来发展

　　针对未来的 NAVGEM 升级,当前工作主要集中于增加水平和垂直分辨率。SISL 动力框架可以避免在时间步与空间分辨率之间的严格 CFL 条件,具有业务时间限制的更高分辨率预报对计算效率提出了挑战。目前正在测试精简高斯网格、线性高斯网格(当保持格点分辨率不变时允许更高的谱截断)以及在球谐变换中改进精确度的方法。

　　已有方法通过使用扰动虚拟位温作为预报变量来对 SISL 动力框架进行了修正,改进了对快波的控制,确保了更好的数值稳定性。对于给定空间分辨率,该新方法允许更大的时间步长,其对于预报能力影响的测试目前正在进行之中。另外,关于 SISL 的两时间层版本正在开发中。各种物理参数化方案(特别是云过程)的继续改进也在计划之中,未来的 NAVGEM 版本将包含重点改进平流层的参数化方案,这对于更好地利用卫星观测资料是很重要的。NAVGEM 开发为完全耦合的大气－海洋－海冰系统的一个组成部分,目标是扩展到为地球系统数值模拟提供技术支持。除了为耦合而进行的基本框架方面修正外,下一步的工作目标是改进表面通量的参数化方案和确保耦合成员之间的一致性。从 NOGAPS 到 NAVGEM 的变迁表明了海军大气数值预报计划向前行进了重要一步。

第 3 章
美国海军全球海洋预报业务系统

美国海军全球海洋现报/预报业务系统由两个子系统构成：0.08°混合坐标海洋模式系统（HYCOM）与海军耦合海洋资料同化系统（NCODA）。该系统具有高水平分辨率和自适应垂直坐标系统，能够提供海洋的现报和预报，包括三维的海洋温度、盐度及其结构分布，表面混合层深度以及中尺度特征的位置。该系统在 NAVOCEANO 每日运行一次，提供七天预报，为舰队活动提供支持，为更高分辨率的区域模式提供边界条件，并面向社会提供产品。通过在相同网格上与 CICE 系统进行耦合，HYCOM/CICE/NCODA 系统可提供海冰的现报和预报。相比 ACNFS 海冰预报系统，该系统可改进海冰边缘位置误差，但某种程度上受限于其同化卫星资料的准确性。

3.1 概 述

涡的空间尺度范围从 50 km 到 500 km，弯曲流典型的宽度为 100 km 左右，在墨西哥湾流（大西洋）、黑潮（太平洋）和阿古尔哈斯索马里海流（印度洋）的西部边界水流区域，流速超过 1 m/s。因此，至少需要 10 km 水平分辨率且垂直方向至少 30 层的数值海洋模式，来分辨表面边界层、临岸区域和温跃层。这种高分辨率的海洋模式描述的三维海洋结构，精确度优于气候学统计结果和持续性统计结果（即不变性的预报）。对于模式来说，水平分辨率必须足够高会产生强烈的惯性流以及流体不稳定性，这些不稳定将生成中尺度涡旋和曲流。由于这些流体不稳定性具有高度非线性特征（即初始小误差增长异常迅速），因此必须使用复杂的资料同化技术结合观测资料来约束海洋中尺度活动，但是前提是必须满足当前业务计算能力的要求。

多国全球海洋资料同化实验组织(GODAE)建立于 1997 年,其目标是在几个参与国(澳大利亚、英国、法国、日本和美国)之间促进开发涡分辨率的全球海洋预报系统。该机构努力促成了由国家海洋合作计划进行资助的各机构间(政府、学术机构和商业机构)的广泛合作。预报系统最终在美国海军海洋学办公室(NAVOCEANO)投入业务使用,预报范围覆盖全球;同时也被美国国家环境预报中心(NCEP)的国家海洋和大气部门使用,初期预报范围是北大西洋,后来扩展至全球。这些系统使用联合开发的混合坐标海洋模式(HYCOM)作为全球环流模式。HYCOM 是一个通用垂直坐标模式,它将传统的等密度面坐标模式的应用范围扩展到浅水临岸海区和世界大洋的非层状部分。这种坐标包含等密度面模式的主要优点,同时在表面和浅水临岸区域允许更高的垂直分辨率,因此可提供对上层海洋物理特性的更好表征。

从美国海军的角度,海洋环境具有很多方面的应用,包括区域/海岸模式的边界数据、战术性计划、最优航线安排、搜索和营救活动、长期天气预报和海流高切变区域定位等。海军研究实验室(NRL)开发了一个系统来解决这些需求,并通过融合各种观测资料来进行验证,最终交付给 NAVOCEANO,称为全球海洋预报系统 3.0(GOFS 3.0)。该系统包含了全球 HYCOM 环流模式和海军耦合海洋资料同化系统 NCODA,下面简称为 HYCOM/NCODA。该系统作为世界首个具有高垂直分辨率的涡分辨率全球海洋预报系统,于 2007 年 2 月 16 日开始日常运行。2013 年 3 月 20 日该系统宣布投入业务使用,并作为涡分辨率全球海洋预报业务系统加入法国 Mercator 系统和 NCEP 全球实时海洋预报系统。HYCOM/NCODA 系统每天生成 7 天预报,包括图形输出和数值输出。图 3.1 显示了 2013 年 11 月 3 日 00Z 时的海表温度(SST)。在赤道附近东太平洋区域可以看到一个热带不稳定波,南半球的黑色带状表示南极绕极流的北部边缘。

北冰洋的海冰环境在战略和经济方面的作用十分重要,美国海军对这片区域的兴趣一直很高。西北通道和北海路线不确定的季节性的适航性使得军事和商业航海活动区域得到扩展。为了提供海冰快速改变的环境预报,一个新的聚焦于北极区的海冰预报系统被开发出来。

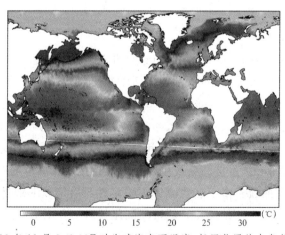

图 3.1 2013 年 11 月 3 日 00Z 时全球海表面温度;极区位置的灰色部分代表海冰

3.2　全球海洋模式 HYCOM

全球 HYCOM 水平分辨率为 $0.08°(1/12.5°$,也即近赤道约 9 km,中纬度约 7 km, 近北极约 3.5 km),因此能够分辨中尺度涡,可用来直接模拟西部边界海流、中尺度变化以及海洋锋面的位置和锐度。

HYCOM 网格从 78.64°S 到 66°S 是均匀的圆柱形,从 66°S 到 46°N 是 Mercator 投影。47°N 以北,使用北极双极点网格,双极点位置可跨越陆地进行切换,以避免在北极点处出现奇点。该版本使用 32 个混合垂直坐标面,以 2 000 m 深度作为位势密度的参考面,包含热膨胀系数对不同水深的密度的影响(即,由位势温度距平引起的海水可压性的调节)。垂直坐标可以是等密层(最好使用在深层海洋)、等压层(最好使用在混合层和非层结海洋中)或者 sigma 层(在浅水中常是最佳选择)。HYCOM 综合以上三种方法,在每个时间步选择最优分布。模式引入一种连续方程分层公式,使不同坐标类型之间能够进行动力上的平滑转换。HYCOM 中包含一个热力学海冰模式,是全球系统的一个组成部分。海冰模式通过海冰增长/消融来响应温度或热通量的变化,但风或洋流不能对海冰进行水平输送,动力过程相对简单。

3.3　海洋资料同化系统 NCODA

当前 NCODA 版本使用完全三维、多变量、变分海洋资料同化方案。三维海洋分析变量包括温度、盐度、位势高度以及矢量速度分量,所有变量同时进行处理分析。NCODA 可以独立运行,但此处它与 HYCOM 循环嵌套使用,为顺序循环更新中的下一步模式预报提供更新的初始条件。基于所有的观测资料对 HYCOM 预报进行修正,这些资料从上一次分析后就可以获得,包括卫星的表面观测资料,比如海表高度(SSH)、海表温度(SST)和海冰密集度资料,以及船舶和浮标的现场 SST 观测,还有XBT(抛弃式温深仪)、CTDs(电导性温度深仪)、gliders(滑翔机)和 Argo 漂浮等的温度和盐度廓线资料,还有一些新型观测资料类型。通过结合模式的动力插值技术和资料同化融合多种类型的观测资料,三维海洋环境的现报和预报可以更加精确。

由于海表观测和次表层观测存在相关性,将海表观测向下映射的能力是评价资料同化方法的一个重要方面。比如 SST,投影是通过使用垂直相关性来实现的,其中长度尺度使用垂直密度梯度来定义（比如，混合层深度）。使用同化与不使用同化进行模拟对比时，发现深层西部边界流的深度范围有所增加，且大西洋径向翻转环流的强度也在增加。

3.4 北极海冰预报

2011 年美国海军使用北极冰盖现报/预报系统（ACNFS）作为北极海冰预报模式。它的模式部分是由 Los Alamos 国家实验室开发的 CICE，海洋部分使用 HYCOM。CICE 的物理过程比在全球系统中使用的更为复杂，对早期冰模式的改进包括多种冰厚度层、多种雪层以及新的冰隆脊参数化方案。海洋和冰模式通过地球系统建模框架进行完整的双向式耦合，每小时进行一次场的交换。其范围与全球 HYCOM/NCODA 系统 40°N 以北的范围相同，后者在该纬度提供海洋边界条件，靠近北极处水平分辨率为 3.5 km。ACNFS 使用与全球系统相同的大气强迫。通过直接插入 NCODA 分析，ICE 每天 18Z 进行一次更新。ACNFS 提供海冰密集度、厚度、漂移和其他场的 7 天预报给美国国家海冰中心（NIC）。

3.5 现报/预报能力评估

针对 HYCOM/NCODA 现报/预报能力评估，进行资料同化后报实验，综合两组 14 天预报来测试其中期预报的能力。使用一年的资料同化后报结构来作为初始条件，14 天预报分别启动于每个月的 1 日、8 日、15 日和 22 日，全年总共得到 48 个预报结果。

为了评估海洋中尺度的中期预报（14 天）能力，以 00Z 同化后报为参考，对 HYCOM/NCODA 中的 SSH 预报进行评估验证，评价标准采用均方根误差（RMSE）和距平相关（AC）。图 3.2 显示了对于不同区域的预报能力，包括全球海洋、墨西哥湾流和黑潮、南中国海、黄/渤海。

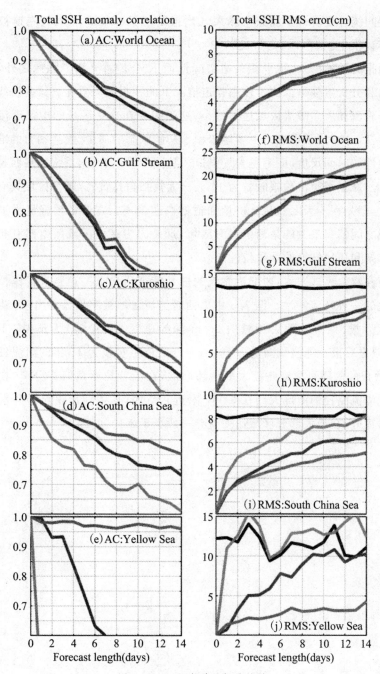

图 3.2　14 天海洋预报的检验

（a-e）和（f-j）分别是海面高度（SSH）距平相关（AC）、SSH 均方根误差（单位：厘米）
关于预报时长（单位：天）的变化，用于对比检验 HYCOM 资料同化后报。子图区域分
别为：（a-f）全球区域（45°S～45°N），（b,g）墨西哥湾流（76°W～40°W，35°N～45°N），
（c,h）黑潮（120°E～179°E，20°N～55°N），（d,i）南中国海（100°E～122°E，0°N～27°N），
（e,j）黄海/渤海（118°E～127°E，30°N～42°N）。图中曲线显示了在 2012 年间 48 个 14

天预报的中间统计量。海军业务全球大气预报系统(NOGAPS)大气强迫被使用在分析的后报与预报中。

随着预报时长的增长,距平相关值将降低而 RMSE 将升高。除此之外,使用业务预报量强迫和分析量强迫都比不使用强迫情况下的预报能力要强。这些曲线之间的发散在墨西哥暖流和黑潮暖流区域达到最小,这是因为在这些区域的中尺度流不稳定性具有混沌特性。此时,预报能力更多地依赖于初始状态的质量、模式动力的准确度以及流体不稳定性的时间尺度,而不是大气强迫。从图中可以看到,系统对墨西哥暖流预报时效为 10 天,对黑潮暖流预报时效为 14 天。大气强迫在黄海/渤海区域具有 6 天左右的预报能力,但是在 3 天之后从分析量强迫处快速偏离。在业务预报量强迫和分析量强迫的预报之间偏离最大的是南中国海区域,这是因为在该区域西南部有相对较宽和较浅的大陆架和快速转换的季风特性。

对于海洋数值模式来说,西部边界流的惯性特征历史上一直是进行模拟和预报时具有挑战性的一种环流特性。图 3.3 中墨西哥湾流区域被突出显示出来,显示了 2012 年资料同化后报、预报及两者相减的 25 m 深的速度。图中(a)为预报,(b)为后报,(c)为预报减去后报。等值线间隔为 10 cm/s。黑色粗实线为 15 年的湾流红外观测平均。14 天预报的墨西哥湾流路径大多是纬向的,在哈特拉斯角海岸分离,在资料同化后报中发现湾流路径的南部大约在 64°W 附近。然而,总体的预报路径和水流速度一致性保持得很好,在绝大部分区域速度差异一般小于 ±10 cm/s。

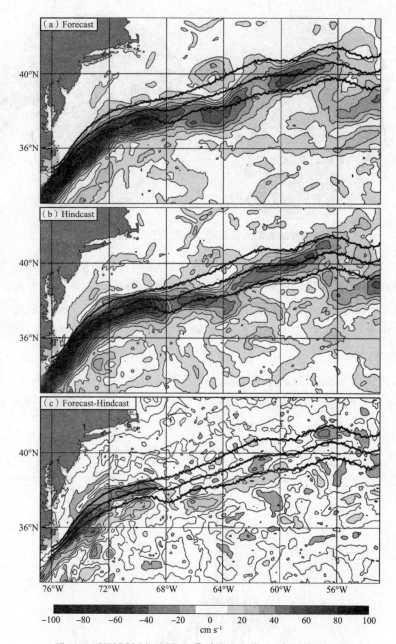

图 3.3　HYCOM/NCODA 得到湾流区域 25 米深处的流速

　　图 3.4 中显示了冬季冰最大和夏季冰最小的情况,黑色粗实线是国家海冰中心提供的独立的海冰边缘。

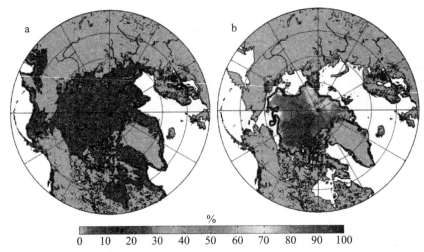

图 3.4 （a）2013 年 3 月 9 日 00Z 海冰密集度（%） （b）2013 年 9 月 9 日 00Z 海冰密集度（%）

在极纬附近的航海活动依赖于冰缘的准确预测。图 3.5 中显示出了关于 ACNFS 冰缘的 RMSE 与时间、预报时长的关系，并与来自 NIC 的独立分析结果进行了对比。对于 2010 年 7 月至 2011 年 6 月这段时期，整合了大约 100 个五天预报，计算了冰缘位置误差。在冰快速生长季节（10～12 月）的开始阶段，ACNFS 预报比观测的海冰增长速度要慢，尤其是边界海，这将导致更高的误差。然而，在冬季月份，误差并未随预报时长增加而增长。平均到整年后，6 小时预报 RMSE 是 79 km，78 小时预报 RMSE 是 92 km，126 小时预报 RMSE 是 104 km。

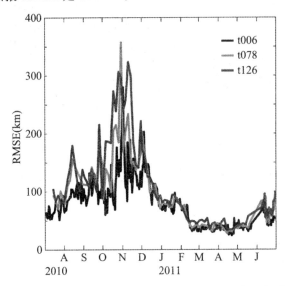

图 3.5 不同预报时长的 ACNFS 与国家海冰中心提供的海冰边缘（定义为 5% 海冰密集度）的均方根误差。所有的比较均是在 00Z 时

未来将实现与 ACNFS 中相似的双向耦合 HYCOM/CICE，且可提供南半球海冰预报。

第4章

美国海军全球和区域海浪模拟

　　海浪模式 WAVEWATCH Ⅲ 主要应用在美国海军的两个业务中心:舰队数值气象海洋中心(FNMOC)和海军海洋学办公室(NAVOCEANO)。目前全球和区域尺度海浪模式业务化或准业务化运行的都有其特点。

4.1　概　述

　　早在第二次世界大战之前,美军就已启动日常的气象预报业务。该服务首先由美国陆军通信部队(US Army Signal Corps)提供,后来由陆军航空部队气象服务中心(Army Air Corps Weather Service)提供。在海上,由于风及风生海流之间的密切关系,已有的气象服务仅能提供一些有限的间接的海浪预报。例如,当时认为一场剧烈的冬季风暴在任何足够大的水体上都能引起较大的具有较强破坏力的波浪。但事实上,这种关联是有限的,因为当时的预测并没有考虑到决定波幅大小的两个重要因素:① 风场和海盆形态的时空可变性,它们决定了能够产生波动能量的风区和延续时间;② 海浪离开生成区后的传播方向和距离。还有一些关于特定区域的海浪气候信息由部队编纂,未进行海浪预报。

　　由于认识到海浪预报在战争中的重要性,"二战"时期的美军和英军作战部队针对海浪预报分别进行了不同的努力。当时认为 2 m 高的巨浪很可能掀翻战舰致其沉没,所以最为紧要的问题是能够准确判断计划登陆海域的海浪状况是否允许战舰安全登陆。美军将该任务交给了两个来自 Scripps 海洋学研究所的科学家:Harold Sverdrup

与 Walter Munk。他们于 1942 年 9 月和 10 月在美国国防部提出了第一套系统性海浪预报方法。1942 年 11 月 8 日,美英联军在非洲西北部的大西洋和地中海岸进行的登陆行动中采用了这种方法。随后,1943 年 2 月,Sverdrup 和 Munk 两位科学家又对该方法进行了优化,并移交给美军,这也标志着海浪预报正式被引入到美国海军。1944 年 6 月的诺曼底登陆以及诸多的太平洋和地中海的登陆行动中都采用了此方法。据保守估计,海浪预报在战争中至少挽救了成千上万条生命。

Sverdrup 和 Munk 提出的海浪预报方法非常原始,例如,每次预报只针对一种风速给出相应的单一的风区及其延续时间。然而,实际的海面风场是非定常、非均匀的。该方法是利用一系列图表进行的单一预报。这些简单的概念一直延用到电子计算时代。

根据美国国家气象局(NWS)的记载,他们在 1956 年 7 月第一次利用计算机进行海浪预报。NWS 当时叫作气象局(the Weather Bureau),而海浪预报工作的主要负责人 Hubert 当时是一名在联合数值天气预报中心(一个由美国空军、海军和气象局联合成立的单位)工作的海军军官。最初的数值预报模型比 Sverdrup 和 Munk 方法更加简化,需要假设无限风区、忽略涌浪、开始引入有限延续时间的概念。直至 20 世纪 60 年代中期,模型才引入简化的涌浪预报,并被应用于美国的舰队数值海洋中心(the Fleet Numerical Oceanography Center,FNOC)。70 年代中期,基于 W. J. Pierson 等人的观测和理论研究工作,FNOC 运行了第一个海浪模式 SOWM。SOWM 是区域尺度谱模式,80 年代中期,发展为全球模式(GSOWM)。20 世纪 90 年代,第一个现代化的海浪模式 WAM 问世,亦属于第三代海浪模式。1990 年,FNOC 将其应用于区域预报,1994 年实现全球预报。也是在那个时候,FNOC 正式更名为现在的舰队数值气象海洋中心(FNMOC)。

在美国海军海浪模式的发展过程中,最为重要的一个突破是发展了谱密度守恒方程,也被称为波动能量的"辐射传输方程"。采用 Cartesian 坐标,该方程可以表述如下:

$$\frac{\partial N}{\partial t} + \frac{\partial C_x N}{\partial x} + \frac{\partial C_y N}{\partial y} + \frac{\partial C_\sigma N}{\partial \sigma} + \frac{\partial C_\theta N}{\partial \theta} = \frac{S}{\sigma} \tag{4.1}$$

诊断变量是波作用密度 N,等于能量密度与相对角频率之比($N=E/\sigma$),也是地理空间坐标和时间的函数 $N(x,y,\theta,\sigma,t)$。有海流存在时,相对频率 σ 是指随海流移动的参考系内的海浪频率;θ 是海浪传播方向;C 是在 (x,y,θ,σ) 空间的海浪传播速度。在没有海流的条件下,C_x 是群速度 C_g 在 x 方向上的分量。控制方程的右端是能量的源项和汇项,表示为波作用密度的变化率,其中 $S=S(x,y,\theta,\sigma,t)=S_{in}+S_{nl}+S_{ds}$,$S_{in}$、$S_{nl}$ 和 S_{ds} 分别表示风输入、非线性相互作用和能量耗散。

随着方程(4.1)的引入,人工预报中的一系列图表被一个积分方程所替代。风区和延续时间不再显示计算,而是隐式地包含在方程中。方程还引入了浅水作用项 $\partial/\partial x$ 和

$\partial/\partial y$,以及由水深和海流引起的折射作用项 C_σ 和 C_θ。对于球面坐标系统,平流项可写为地球曲率相关项。这里忽略绕射效应。

在第一代海浪模式(例如 SOWM)中,方程(4.1)的右端项被参数化为一对源函数:一个表示海况尚未达到充分发展状态时的海浪生长机制;另一个是描述涌浪耗散的机制。在第三代海浪模式中,分别计算三个基本源项(S_{in}、S_{nl} 和 S_{ds}),且无须人为设定谱形。基本源项还可以进一步包含多种子类,特别是对于耗散源 S_{ds},因为产生耗散的因素有很多。在深水海浪的主要耗散过程是白冠型海浪(破碎),但在特定条件下,其他机制也会变得很重要,例如海浪与海冰、河床形态、泥质水体或水中湍流的相互作用。在过去的 30 年,像 SOWM 这样的经验模式已经逐步被基于物理过程的源函数所取代。然而,在少数特殊情况下,源项仍然包含了一些经验系数,这些系数反映了流理论和观测能力的局限性、简化假设(例如线性波动理论、正弦信号的线性叠加、局部同质性)以及真实海洋普遍存在的混沌特性。

方程(4.1)的一个显著特征是,全球和区域海浪预报模式都是相平均模式,因为短波风浪的相分辨模式需要的空间分辨率为 $O(1\text{ m})$。单个海浪是不能求解的,但海面状态可以用谱方法来处理。如果对于任何给定的时间和位置,一个海浪谱都可以分辨出在离散计算样本(通常按照频率和传播方向进行组织)内的能量等级,那么这种情况下对应的守恒量是波能量密度 $E(\sigma,\theta)$。而多数情况下(有或者没有海流),守恒量是波作用密度 $N(\sigma,\theta)$。理论上,相分解海浪模式可以用于小尺度海浪预报,尤其是当剔除局部海浪和更短波风浪的频率时更加适用,但是目前美国海军尚未将相分解模式应用于任何尺度的海浪预报业务。

大尺度海浪模式有许多实际应用,比如,前文提到的两栖攻击作战。然而,由于大尺度海浪模式的空间分辨率不足以描述近岸水深,因此很少被直接用于解决近岸问题。通常,大尺度海浪模式为近岸模式提供边界强迫。在每个时间步,将分辨率增加为上一时间步的 4~8 倍。边界强迫由沿着边界的海浪方向谱构成。近岸预报不仅对于舰船首次登陆很重要,对于海岸后勤(即后续几天内人员和物资的运输和转移)也很重要。实际上,后者更容易受到海况的限制。近岸预报还被应用于沿海地区的特殊行动中。

远离海岸时,可以直接应用大尺度模式,例如行船路径选择和高危海域预警。借助气象预报,船只通常能够躲避最严重的海上风暴,而一个海浪模式则可以预测由海上风暴产生的涌浪。载物船水上过驳作业对于长波涌浪非常敏感,根据涌浪预报可以很好地提前安排好作业计划。海浪情况能够影响船运成本。

环境噪声对于水下作战极为重要,而海浪预报能够辅助噪声预测,这是因为与船舶航行相伴随的海浪破碎是环境噪声的主要来源。由海浪引起的漂移可以通过方向谱计算,从而预测漂流轨迹(用于搜寻和营救、残骸追寻等)。海浪在预测海上溢油扩散和漂移方面也起着很重要的作用。

4.2 WAVEWATCH Ⅲ

WAVEWATCH 模式最初由代尔夫特大学（Delft University）开发（Tolman，1991），现行版本 WAVEWATCH Ⅲ（WW3）由美国国家海洋和大气管理局环境预报中心开发。WW3 是免费开源的，但有许可限制。

在 21 世纪的最初 10 年里，WW3 从单人独立开发状态演变为团队共同研发。与 20 世纪 80 年代末、90 年代初开发 WAM 和 SWAN 类似，在 90 年代初 WAM Cycle 4 达到顶峰，90 年代后期和 21 世纪的最初几年 SWAN 的研发也达到顶峰。促使海浪模式走向社区管理型发展的一个关键推动力是一个针对波动理论的美国国家海洋合作计划（NOPP），该项目由海军研究办公室（Office of Naval Research）和 NOAA 资助。NOAA 提供了版本控制的基础结构，能够支持同一代码多人同步开发。参与模式开发的人员主要来自 NOAA、法国海洋开发研究院（Ifremer）、美国海军（US Navy）、英国气象局（UK Met Office）、澳大利亚的斯文本大学（Swinburne University）等。

WW3 的控制方程是作用量平衡方程的变形。除了第一部分提到的三个深水源函数外，WW3 的最新版本（版本 4）还可以表示许多其他源项，包括海底摩擦、海底散射、海冰、冰山和陡峭海岸线的反射、浅水破碎、流泥以及三波非线性相互作用。在某些情况下，对于同一物理过程的描述有多种选择，可以采用不同的理论、参数化和数值方法。除了静态水深，模式还可以选择性输入几个非静态非均匀场：表面流、水位、冰特征、10 米风场以及大气－海面温度差（用以表示大气的稳定性）。对于不可分辨的岛屿和冰可进行次网格参数化处理。在公开发行的版本 3 中引入了多重网格方法。该方法借助内部通信来实现嵌套，并且所有网格在一个可执行程序中运行，而不像旧版本中需要执行一系列的程序。新方法允许采用双向嵌套。比如，在一个高分辨率 WW3 网格中产生的能量能够传递到外层低分辨率的全球 WW3 网格中，之后再传回到海洋另一侧的高分辨率 WW3 网格。

WW3 版本 3 只支持规则结构网格，而版本 4 则支持不规则结构和非结构网格。可以根据用户对于精度的要求和计算代价的权衡来选择一阶、二阶和三阶精度的传播方案。增加了 NetCDF 格式的输出，并添加了许多新的输出变量，比如：与海－气耦合模式有关的动量通量、波浪破碎统计量。WW3 支持 MPI 分布式存储并行计算，从而在不同的时间步将地理网格和谱网格进行区域分解，在多个处理器上同时进行源项计算和地理传播。

4.3 FNMOC 应用

FNMOC 是主要负责全球和大尺度海浪模式的美国海军业务中心。在 2001 年 8 月,FNMOC 用 WW3 取代了 WAM,这主要是源于计算机体系结构上的变化迫使采用 MPI 方法实现并行计算、WW3 的开源政策及其准确的传播算法使其能够在非定向海浪谱的时间序列中区分不同的涌浪系统。

FNMOC 业务系统的设计需要优先考虑两个侧重点:一是全球产品的快速配置,二是高分辨率气象产品的解释应用。第一个侧重点是指在全球气象产品生成后应该快速生成全球海浪产品,这里的快速是相对于美国海军海洋学办公室(NAVOCEANO)的海浪产品而言。因此 FNMOC 并不使用 WW3 的多网格功能,因为多网格计算需要所有的网格同时运行,并且在整个系统运行结束前没有输出。第二个侧重点是区域网格的设计要与区域气象模式相一致,这里的区域气象模式是指海洋/大气耦合中尺度预报系统(Coupled Ocean/Atmospheric Mesoscale Prediction System,COAMPS)。这个侧重点是相对于 NCEP 而言的,其区域模式的驱动场通常是由美国气象局的全球预报系统(National Weather Service's Global Forecasting System)提供的。从 2013 年 2 月开始,FNMOC 的全球 WW3 模式开始由美国海军全球大气模式(NAVGEM)驱动。目前,FNMOC 运行的 WW3 模式都是规则网格。

全球模式的预报时效是 180 小时,区域模式的预报时效可以从 36 小时到 96 小时。图 4.1 给出了在 FNMOC 业务系统中的网格配置。因为只是独立运行 WW3 模式,因此并不考虑海浪给大气的反馈,也没有耦合海洋模式。

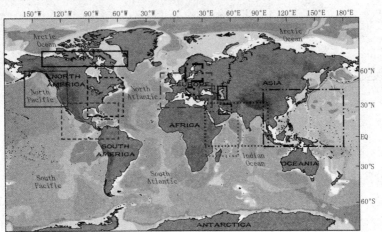

图 4.1 FNMOC 业务系统的区域尺度网格配置。大网格分辨率为 0.2°,
有一些细网格分辨率为 0.1°,大多数网格与 COAMPS 区域配置一致

WW3 已经被集成到 COAMPS On-Scene（COAMPS-OS）系统。COAMPS-OS 系统可以快速配置新的模拟区域,从而能够满足对高分辨率风和海浪预报的迫切需求。尽管尚未投入业务运行,但该系统已经提供了一个大气、海洋和海浪模式完全耦合的总体框架。最终,所有的区域 WW3 业务都将在 COAMPS-OS 框架内运行。

2004 年 11 月,FNMOC 的全球 WW3 模式中增加了对卫星高度计海浪高度资料的同化。2011 年 3 月,海浪资料同化系统中又增加了固定浮标的海浪高度观测资料。海浪资料同化的最大优势体现在预报的初期。当模式预报约 96 小时以后,对于初始海浪高度场的修正将会被风强迫和耗散效应所覆盖。2012 年 10 月,同化方法从简单的最优插值(OI)升级为三维变分同化(3DVAR)。

WW3 计算了每个网格点上的海浪方向谱。在整个预报过程中,每 3～4 小时会输出由海浪谱导出的海浪参数,例如有效波高、谱峰周期、谱峰波向,如图 4.2 所示。模式也可输出指定点上的全谱以便于模式检验,比如浮标的位置等。随着 WW3 版本 3.14 的实现,该系统将谱分解为不同的海浪系统,比如风浪、一级涌浪以及二级涌浪。

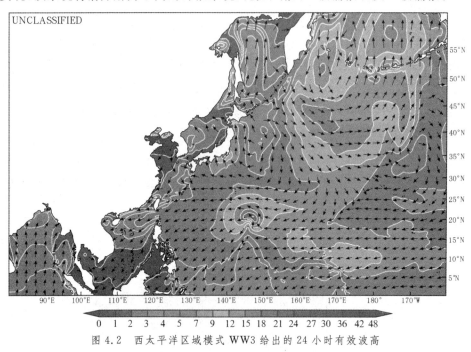

图 4.2　西太平洋区域模式 WW3 给出的 24 小时有效波高

自 2003 年以来,FNMOC 的全球海浪集合预报系统一直有 20 个集合成员,每个成员的网格分辨率为 1 度(约 110 km),预报时效为 240 小时,由 FNMOC 的 NAVGEM 集合所驱动。在 2011 年,FNMOC 的 WW3 集合与 NCEP 的 21 个成员的 WW3 集合合并,形成了一个拥有 41 个成员的海浪集合预报系统。未来计划将分辨率增加到 0.5 度,升级为 WW3 的版本 4,并且包含来自加拿大环境局的 20 个 WW3 集合成员。

FNMOC 与 NRL-Monterey 基于自动化热带气旋预报系统(ATCF)和 WW3 模

式,开发了一个热带气旋海浪预报系统。ATCF 提供官方热带气旋路径和强度预报,该数据来源于数值天气预报模式和美国联合台风预警中心 JTWC(Joint Typhoon Warning Center)。基于官方提供的热带气旋路径创建风场网格,驱动高分辨率 WW3 模式。热带气旋海浪预报对于指导船只在风暴来临之前做好应急准备至关重要。图 4.3 显示了 2009 年 9 月 14 日 12:00 的一个 120 小时预报(台风 Choi-Wan)。填色区域是美国海军业务型全球大气预报系统(NOGAPS)/WW3 的预报结果,等值线代表 JTWC/WW3 的预报结果,两套产品给出的风暴位置有显著差异。JTWC/WW3 的海浪预报结果与 JTWC 提供的预报结果非常一致。

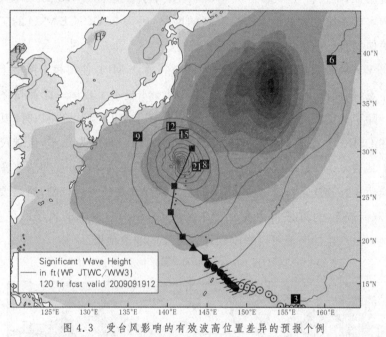

图 4.3 受台风影响的有效波高位置差异的预报个例

4.4 NAVOCEANO 应用

相对于 FNMOC,NAVOCEANO 的侧重点是能够提供小尺度高分辨率的海浪预报产品,为沿海地区的行动计划和实施提供支持,通常采用的是近岸海浪模式 SWAN。这些小区域预报最终需要由全球系统提供边界条件。自从 20 世纪 90 年代初,NAVOCEANO 就开始使用 WAM 来进行全球和大尺度预报。随着对沿海地区海浪预报模式精度要求的不断提高,WAM 模式得到不断的改进以适应对小区域的快速配置。NAVOCEANO 需要提供的新预报区域太多,依靠 FNMOC 提供支持是不现实的。因此,NAVOCEANO 需要一个可用于局地尺度运行的全球系统来提供海浪边界条件。

在 FNMOC 使用 WW3 的随后几年，NAVOCEANO 仍继续使用 WAM 模式，并对该模式进行调整，使其能够在国防部（Department of Defense，DoD）的重大资源共享中心（Major Shared Resource Center）的高性能机器上运行。这种架构适合于网格点内计算量较小、采用串行算法的 WAM。在 21 世纪的前 10 年，有评价指标显示从 WAM4 到 WW3 在预报精度方面（如浪高的 RMSE）只取得了很小的进步。然而最近 10 年，WW3 的快速发展和它的"社会化发展"的优势使得 NRL 也开始使用 WW3。

多重网格 WW3 的版本 4 已在 DoD 的超级计算机资源中心（DSRC）的实时系统上实现并通过验证，很快将迁移到 NAVOCEANO 平台。这样，NRL 的工作人员可以在他们自己的实时系统上测试模式特性和新的网格，因为 NAVOCEANO 的工作人员能够独立维护他们自己的更为稳定的实时系统。

相对于 WAM 而言，WW3 采用了分布式并行算法 MPI，使得每个网格上能够包含更多的海洋点，从而减少了模式总体网格数。图 4.4 显示了目前一个测试系统的模拟区域布局。除了北极圈和澳大利亚模拟区域尚处于 DSRC 测试阶段以外，其他所有区域都已经在 DSRC 上实现了业务运行。全球尺度网格分辨率为 0.5°，区域尺度网格分辨率为 0.1°或者 0.2°，Arctic 采用的是曲线网格，网格距为 16 km。尽管多重网格系统中的全球模块比其独立运行（FNMOC 中的全球 WW3 是独立运行的）所需要的时间更长，但通过双向嵌套，可以使得由高分辨率区域 COAMPS 提供的风场的优势最大化：区域尺度网格点产生的海浪可以影响到远处近岸的涌浪预报。

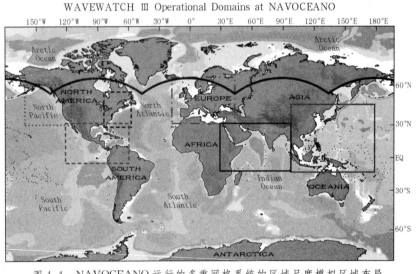

图 4.4 NAVOCEANO 运行的多重网格系统的区域尺度模拟区域布局

对于全球尺度，采用的风场是 NAVGEM 的 0.5°网格距产品；对于区域尺度，则是 COAMPS 的 0.2°网格距产品。区域 WW3 模式的模拟区域与 COAMPS 的模拟区域大多数是一致的。

NAVOCEANO 海浪预报的一个显著特点是其预报区域是遍布全球的、大量的且不断变化的。WW3 在每个嵌套的模拟区域内都有边界条件传递,为此,需要运行近岸模式。图 4.5 所示的是在 WW3 的一个模拟区域内嵌套海浪模式的区域设置案例。在每一个嵌套区域内,需要额外建立近岸子嵌套区域,该层嵌套对于 WW3 是透明的。截至 2013 年 11 月 1 日,已有 357 个未分类的 SWAN 模式在 NAVOCEANO 运行,主要用于次区域尺度(比如陆架尺度)模拟。

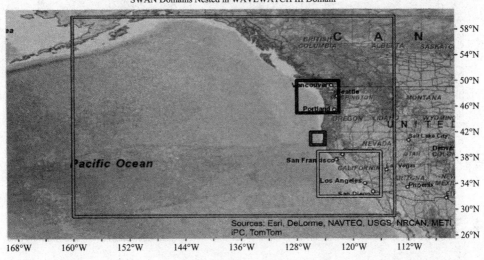

图 4.5　在 WW3 的一个模拟区域内嵌套海浪模式(SWAN)的区域设置

NAVOCEANO 海浪模拟系统在整个预报过程中保存了所有格点上 3 小时间隔的方向谱数据。以此为基础,可以计算一些海浪参数。相应的算法也已开发完,通过后处理可以将这些参数与其他传统结果一起输出。这些额外计算的参数主要包括:与长度尺度有关的海面均方波度——为 5 种不同大小船舰提供量化的陡度指标;一个“跨海”指标——表示有效波动能量预计将要到达的位置;海图和涌浪高度;局部涌浪系统分析——基于模式的分区输出,可以描述用户指定位置的涌浪和风浪的时间序列。图 4.6 展示的是一个全球的跨海产品个例。这幅图来自于 2013 年 8 月 6 日的临近预报(TAU 00),所用计算方法由佛罗里达大学的 Uriah Gravois 提供,该算法尚未公开。

NAVOCEANO 的 WW3 系统尚处于发展初期,存在一些关键性的缺陷需要继续改进。多重网格系统的预报时长为 48 小时,与 COAMPS 模拟区域的最短有效预报时长一致。海冰密集度被设定为静态场。目前尚未实现海浪与海洋的耦合。与 FNMOC 不同的是,NAVOCEANO 未引入海浪资料同化,强迫场中也没有考虑大气—海洋温差(反应到稳定的影响)。

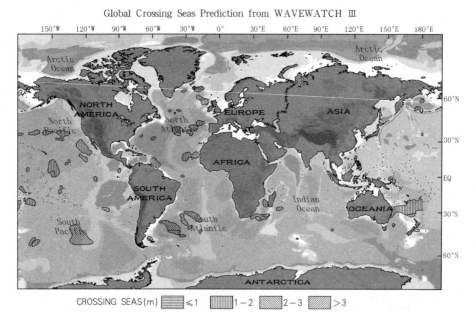

图 4.6 一个全球系统的跨海算法个例。有效波高划分为 4 个等级,数值越大表示越高危海域

4.5 未来计划

未来,NRL 将在 DSRC 的试验平台上增加新的网格。NAVOCEANO 将评估这些网格以确定它们是否能够被整合到官方的业务系统里面。正如上面提到的,目前区域 WW3 模式的大部分网格区域都很好地利用了 COAMPS 产品,因此现有区域网格配置的主要决定因素是考虑 COAMPS 区域尺度大气模式输出的可用性,而新网格的配置可以考虑其他决定因素。例如,正在 DSRC 上进行测试的极投影(曲线的)北极圈网格。创建该网格的主要目的是避免规则网格在高纬度地区发生的"窄化"现象。另外一个例子是澳大利亚网格,也正在 DSRC 上进行测试。该网格被称为"近岸网格",采用的是 Tolman(2008)方法。该方案的网格是规则的,但是远离海岸的海洋点被标记出来(不视为计算网格点),这些位置由粗分辨率全球模式中的格点代替。网格边界基本上是沿着海岸线的。2014 年,将针对沿海地区加入更多网格。目前主要利用分辨率为 0.5° 的全球 WW3 网格来处理南美和非洲的海岸区域。

地球系统预报能力(ESPC)计划的工作重点是全球耦合模拟系统的应用和测试。全球大气—海洋—海浪耦合的方法将仿照已有的区域模式耦合方法(COAMPS)。但无论全球耦合系统还是区域耦合系统都需要更加关注动量通量在系统层面上的一致性问题。例如,对于大气—海洋界面而言,大气中消耗的动量应该等于海洋获得的动量之和。上面已经提到了建立高分辨率海浪模式的两个目的：一个是有效利用高分辨率风场，另一个是能够正确描述近岸特征。全球耦合系统的发展引出了提高模式分辨率的第三个目的。当海浪与海洋耦合时，需要有足够高的分辨率来表示涡流和表面波。未来计划将 WW3(1/8°)与 HYCOM(1/25°)耦合。然而，一个网格如果包含许多海洋点（超过 2×10^6 个），将面临许多新的严峻挑战。

第5章

区域和近岸可重定位海洋现报/预报系统

　　美国海军拥有区域和近岸海洋模拟能力,可以为海军作战、训练和援助活动提供环境(大气、海洋、陆地和海冰)预报。当前业务化的区域海洋模拟能力主要基于美国海军研究实验室(NRL)的可重定位海洋现报/预报(RELO)系统,其具备发展高级数据同化、集合预报和耦合模拟技术的基础。

5.1　概　述

　　美国海军研究实验室(NRL)可重定位海洋现报/预报系统(RELO)包括海军近岸海洋模式(NCOM)和美国海军耦合海洋数据同化(NCODA)系统,具备可重定位海洋预报模拟和数据同化的能力,主要用于反潜战、情报、监视和侦查、海军特种作战以及其他业务应用的环境预报。RELO现报预报产品包括:三维海洋温度、盐度和海流结构,海表混合层,涡旋、弯曲流和锋面等中尺度特征,以及外潮波、内潮波的产生和传播等。RELO系统在多个地域进行了实际测试,特别是美国海军演习或者行动作战区域,如5.1所示。

图 5.1　RELO 系统实际测试区域

美国海军的业务化海洋模拟主要在美国海军海洋学办公室（NAVOCEANO）进行。2008 年以前，NAVOCEANO 的区域和近岸模拟利用的是浅水分析和预报系统（SWAFS），该系统是一套 1990 年代初开发的海洋同化和预报系统。2008 年，NAVOCEANO 在北太平洋西部及夏威夷周边的演习中部署和评估了 RELO 系统。测试结果表明，在声速预报技巧方面，RELO 系统比 SWAFS 更好，并具有更好的可维护性和扩展性。RELO 与现有 NCOM 预报系统相比，能提供更高的水平和垂直分辨率，同化更多的数据。

目前，NAVOCEANO 实现了区域高分辨率 NCOM，补充了全球海洋预报系统（GOFS）的全球海洋声速预报能力。NCOM 嵌套所需的开边界信息由全球 1/12°HYCOM 模式以及 GOFS 的预报模式分量提供。同时，RELO 系统使用 NCODA 的一个三维变分（3DVAR）版本，定期更新分析软件，以同化新的卫星和现场数据源。

在区域尺度上使用相对较高的分辨率进行海洋预报模拟的困难在于海洋模式与观测之间的水平尺度不对等性，海洋模式的水平分辨率（期望用 5 个网格点分辨，15 km 的特征）要对应卫星高度计分辨的水平尺度。剖面数据特别宝贵，但是通常过于稀疏，以至于难以实时约束一个海洋模式。尺度上的差异性，难以近似匹配来适当地校正模式预报状态，使得数据同化更具挑战。

5.2　RELO 系统

RELO 系统包含以下几个部分：适合于区域和近岸海洋模拟预报模式 NCOM，同化系统 NCODA 以及与区域配置相关的支持代码、脚本和数据库、后处理。系统配置为有限区域模式的循环分析—预报系统,其中的分析和预报需要在相同的分辨率上进行。

系统日常运行需要完成四项任务:第一,分析部分将新的可用观测资料同化到预报模式中。第二,将新的分析结果更新整合到预报模式状态中。第三,使用更新的现报结果作为初始条件,产生模式预报并扩展到一个已定义的预报周期。最后,预报结果经过后处理生成用户产品。

5.2.1 NCODA

海军耦合海洋数据同化系统 NCODA 是 RELO 的数据分析子系统。NCODA 同时在海军两个产品中心投入业务运行,分别是 FNMOC 和 NAVOCEANO,作为一个独立的循环分析系统,生成二维海表温度和海冰密集度,以及三维温度、盐度分析,为海洋观测的质量控制提供背景场。此外,二维分析主要为两个中心的大气模式提供海表温度和海冰密集度的下边界条件。NCODA 同样以循环方式运行预报模式,同时也为 GOFS 业务系统提供分析分量。

用于同化的观测数据包括海表温度(SST)、卫星高度计海面高度距平(SSHA)、卫星微波海冰密集度,以及海表和剖面的现场观测数据,其传感器的"搭载平台"可以是船舶、漂浮物、固定浮标、剖面探测浮标、抛弃式温深仪(XBTs)、温深测量仪(CTDs)、滑翔机和海洋哺乳动物。观测数据的准备和处理由 NCODA 的自动化数据质量控制系统来完成,系统为每一个观测值关联一个与气候学或模式场相关变率有关的误差概率。NAVOCEANO 的业务化数据包含多种来源:极轨和静止卫星的红外和微波 SST、所有可用的 SSHAs、来自全球电信系统(GTS)的现场观测(如船只、漂浮物、XBTs)的公共数据源、来自 NAVOCEANO 调查船和自动驾驶车辆的现场观测,以及在某些区域的美国海军舰艇的现场观测。

在大部分海洋,SSHA 观测可用于推演次表层密度结构。SSH 不仅反映了水平密度变化,而且还反映了其他过程(如气压和风驱动的环流)。因此,在深海、远离大陆架的海域测量的 SSHA 最为成功,在这些地方 SSHA 的长期平均值与密度变化相关性较大,而受其他过程的影响相对较少。与现场观测相比,高度计观测更为丰富。

在目前的 RELO 系统中,NCODA 基于 SST 和 SSHA 生成温度和盐度的合成剖面,利用合成剖面将 SSHA 同化到次表面海洋中。由于现场观测系统中浮标、漂浮物和浮标不足以观测中尺度漩涡场,使得高度计数据的可用性成为维持实时系统准确性的关键。海军模式在 SSHA 同化方面的最新进展是提出了改进的海洋合成剖面(ISOP)技术,目前正在 NCODA 循环同化系统中进行测试。ISOP 技术通过引入一个三层方法,更好地考虑了表面混合层、混合层与温跃层的垂直梯度,使得对垂直梯度的整体描述更优。ISOP 技术在形成合成剖面时同样使用了预报模式剖面,并且使用了一个气候特征较弱的合成剖面来更好地保持之前已同化了的剖面观测的影响。

在 RELO 系统中,NCODA 通常需要一个配置过程,使其能够利用罗斯贝半径相关协方差长度尺度(也可以由水平网格间距缩放)和由气候平均密度的垂直梯度确定的垂直相关长度尺度。这个过程将导致温跃层的长度尺度较短、近表面和深海的长度尺度更长。在 RELO 分析过程中,使用 FGAT 方法计算观测背景差异:SST、次表层温度和盐度的观测值与每小时或每三小时模式预报场及时匹配。这种方法减少了标准 3DVAR 中一些由于时序变化而导致的误差。

RELO 实现了新的数据窗口技术,已受到业务领域的广泛关注,在不远的将来,将用于 SSHA 和现场剖面观测的业务实现。此外,目前业务化 GOFS 分析使用的是一个长度为 12 天的固定剖面数据窗口,而 RELO 系统只同化距离前 24 小时以内的观测资料。

5.2.2 NCOM

海军近岸海洋模式 NCOM 是一个由 NRL 开发的原始方程预报模式,该模式主要针对温度、盐度、声速和海流进行区域和全球预报。NCOM 使用自由表面,可以表示风和潮汐驱动的海平面变化。NCOM 在预报系统内的配置通常是比较灵活的,其中多数的配置参数可由用户定义。为简化模式设置,允许有缺省值,因此大多数区域可通过有限的用户输入(例如纬度、经度、水平分辨率、开始日期)来定义。实际上,最好的是由经验丰富的用户针对特定区域给出经验设置,例如水深、网格规格、河流布局和模式参数等。

预报模式的垂直网格结构是一个可伸展的剖面,每个区域的剖面由用户指定的参数来定义。垂直网格分为 sigma 层部分和 z 层部分,从表面到指定深度是 sigma 层,其下为 z 层。在 sigma-z 界面以浅的区域,是随底坐标 sigma 层。NCODA 分析是在 z 层网格上运行的,与预报模式的垂直网格结构匹配(特别地,NCOM 垂直层的深度定义在区域内最深网格点)。

RELO 系统采用一组 NCODA 支持的标准投影类型,将分析和预报分量配置在相同的水平格点上,包括非投影网格(即采用规则经纬度间距定义的)、墨卡托(Mercator)网格和兰博托(Lambert Conformal)网格。对于基于球形地球维度计算的水平网格单元,NAVOCEANO 业务采用了非映射网格。

对于业务实现,NCOM 的表面边界条件由 FNMOC 或 NAVOCEANO 的耦合海洋大气中尺度预报系统(COAMPS)预报产品提供。FNMOC 的 COAMPS 输出场会传送到 NAVOCEANO。海表数据场可以由海军全球环境模式(NAVGEM)输出提供,也可以利用已归档数据库,独立于 RELO 系统获取。在多数业务区域中,COAMPS 输出场都以压缩的 GRIB 格式传输到 NAVOCEANO,可供 RELO 系统在运行时使用。处理的七个基本场包括:海平面气压、2 m 空气温度和温度露点差、表面向下净长波和短波辐射、以及表面风矢分量;对于某些区域,还包含了总降水量以增加蒸发和降水通量。动量通量使用与速度相关的曳力系数来计算,计算方案以 Large and Pond(1981)公式为基础,将曳力系数快速增长阶段的风速阈值设定为 35 m/s,此后曳力系数增长率随着风速增大而降低。NCOM 中的温度和盐度通量的估算采用的是 Kara(2005)的块体公式。

RELO 系统中的有限区域模式需要有沿开放侧边界的海洋状态信息。区域实现需要嵌套在 NAVOCEANO 的 GOFS 系统中,该系统需要使用全球 1/12°的 HYCOM。GOFS 的三小时间隔输出的表面高度、温度、盐度和海流为 NCOM 嵌套提供边界数据。对于海面高程和垂直于边界的平均垂直输送采用的是 Flather 型边界条件。对于沿边界海流和示踪则使用 Orlanski 型辐射边界条件。法向速度则使用平流条件。

5.2.3 模式配置

RELO 系统配置有多种方法将 NCODA 分析所产生的校正场引入到 NCOM 预报模式中,在业务系统使用的是一种增量方法,即 NCOM 模式场在后报期间逐步添加温度、盐度和(可选的)水平速度的修正场,使得修正结果能够完全集成到现报时间内。最初,RELO 使用的 NCOM 版本只支持添加温度和盐度修正,以多元最优插值方式(NCODA 的早期形式)循环执行。

5.2.4 支持数据库

RELO 系统包括潮位和输送成分、河流位置和输运以及水深的静态缺省数据库。这些缺省数据库为模式初始和边界条件中的区域配置、淡水流量和潮汐影响提供数据支持。

水深的设定对于在浅水区和某些特殊区域的预报模式性能至关重要,这里的特殊区域是指外潮、海洋密度结构以及水深相互作用而产生内潮波的区域。在缺省的区域设置中,NRL 的 2' DBDB2 水深数据库作为缺省水深数据,但是如果用户需要,可以自己提供一个更合适的 ASCII 或者 netCDF 文件(例如,用分类数据源准备高分辨率网格化水深)。进行水深处理可以保证海岸线形状和平均深度与模式的分辨率一致,以匹配主模式在 RELO 侧边界的水深。NRL DBDB2 产品的最近更新增加了国家地球物理数据中心(NGDC)和国家地理空间情报局(NGA)数据库的水深数据。

RELO 系统包括一个全球分潮数据库(水位和矢量传输),俄勒冈州立大学(OSU)全球 0.25°数据库。系统经过专门配置,用户可以用相似格式的文件替换原数据库文件(例如,OSU 还有更高分辨率的潮汐分析数据,或者采用高分辨率水深数据做局部计算)。

数据库用于 NCOM 配置过程中,以获取沿着外层嵌套侧边界的高度和物质输送。

这些信息均写入一个静态的 NCOM 输入文件中,如果预报中使用了边界潮,则这些信息可用。在那种情况下,模式积分过程中使用成分值计算得到的高度和输送信息补充了由主模式提供的侧边界条件信息。同样地,来自非潮汐主模式的初始条件中可以添加潮汐高度和输送信息,以加快嵌套区域中真实潮流的发展。结果是 RELO 嵌套在整个区域内模拟了正压潮,并在模式水深和层结与正压潮相互作用的地方产生内潮波。然而,非潮汐主模式创建的侧边界条件并不包括非局部潮汐产生的内波,这对某些区域的声速变化可能会产生重大影响。

淡水通量对于河口和近岸河及其周边温盐结构和输送的正确描述极为关键。缺省的 RELO 模式配置会查找全球河流数据库来鉴别模拟区域中的河流,并检索其月平均流出速率估值。使用通用数字环境模式版本 4(GDEM v.4)的月平均气候值来设定每月河流流入温度,且假定河流为完全的淡水河。实际上,受海岸线形状的影响,RELO 模式解析的源位置的流入可能非常咸,所以输送值、设定的温度和盐度可能均需要调整。

5.3　业务化应用

在业务化之前,需要经过一个评估过程,包括定性和定量评价。定性检测是确认区域配置恰当,且产生的预报结果在有经验的海洋学者看来是符合海洋学规律的。同时还需要说明,相对于观测而言,在统计层面上讲其预报能力与全球模式一样好或者优于全球模式。模式检验用到的观测包括船载 XBTs 和 CTDs、声学多普勒流速剖面仪(ADCPs)、滑翔机 CTDs、船只漂移测流法,以及来自于锚系处、潮汐观测站、带有水下帆的漂流浮标(drogued drifters)、剖面探测浮标、空载 XBTs、卫星 SST 和 SSHA 观测、来自深海评估和海啸报告(Deep-ocean Assessment and Reporting of Tsunamis,DART)站的 SSH,以及来自海洋电缆数据的传输。对每个新 RELO 区域的评估,需要用每日预报模式进行三个月的模式后报。三个月的限制一方面是由 NAVOCEANO 业务系统强加的,另一方面也受限于全球海洋模式、海洋观测和可用于模式后报的大气场的历史信息的存储能力。由于这些存储能力和人力资源的限制,每年只能对四个新区域进行初始化和评估。评估数据独立于公共源和海军标准化业务数据。如果在确定的评估时间内,评估区域中没有可用的现场观测,则与历史的现场观测资料进行对比,以保证垂直结构与所处季节内的气候参考值相当。

一旦评估完成,NAVOCEANO 内部将准备和提交业务检验报告,对模式的业务状态做出正式检验。如果模式检验报告失败,则将重新配置和重启评估过程。然而,对于一个 RELO 区域很少会出现失败的情况。通常在评估期间,存在问题都能被及时发现,及时调整。如果 RELO 区域通过了检验报告且已经声明业务化,则其输出产品可以提供给客户且将用于业务预报。

为了支持美国海军训练、演习和其他方面的国家利益,在南部的加利福尼亚海岸 (SoCal)部署了相应的预报系统。SoCal 的模拟区域范围是:125°W～110°W,25°N～40°N。图 5.2 显示了该区域的模式水深。模式水深数据是在 NAVOCEANO 的内部数据库中进行处理的。

图 5.2　南加州近岸和圣地亚哥 RELO 区域的水深测量数据

经向网格距为 3.7 km,纬向的平均网格距为 3.1 km,最大和最小纬向网格距分别为 2.8 和 3.3 km。混合垂直网格分为 49 个温度层,从海面以下 25 cm 到 5109 m。
sigma-z 界面水深为 550 m,其上有 34 个随底温度层。侧边界潮汐成分是从先前缺省
的全球潮汐数据库中提取的。从全球河流数据库中提取了九个独立或者合并的河流位
置,来提供气候淡水输送和源温度。

NCOM 侧边界数据以三小时的时间间隔从实时的 GOFS 模式中获取。海表强迫
场来自于 FNMOC 的 COAMPS 大气模式,大气模式区域分辨率为 15 km。不考虑蒸
发和降水通量。

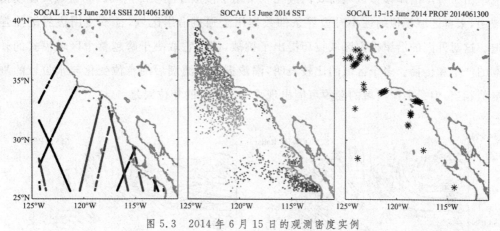

图 5.3 2014 年 6 月 15 日的观测密度实例

图 5.3 中对比了 2014 年 6 月 15 日用于 NCODA 分析的高度计 SSHA、SST 和现
场剖面数据的观测密度。

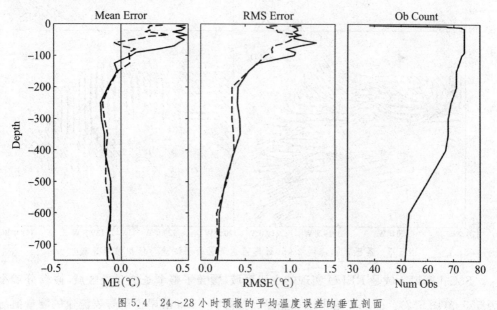

图 5.4 24～28 小时预报的平均温度误差的垂直剖面

SoCal 区域和 GOFS 系统的剖面比较结果表明,两者的水平大体相当,但 GOFS 系
统在近表层的预报能力更好,如图 5.4 虚线所示。虽然两个系统的误差统计随模拟区

域的变化而变化,但是很可能 GOFS 系统的某些更优表现与数据窗口和前述的分析过程中观测资料重复使用有关。这是当前正在研究的一个主题。

当需要用更高的、次千米级水平分辨率来预报从沿海到近岸区域的更短时空尺度的动力过程时,需要将更小的、有限区域的 RELO 系统嵌入到区域尺度的模拟域中。配置沿岸模拟区域也是相同的过程,且通常使用一个更高分辨率的水深数据库来描述沿岸和大陆架的典型特征。

由于每个沿岸模拟区域需要内嵌在一个用于模拟外潮波和内潮波的区域尺度模拟域中,来自区域模拟的逐小时边界条件数据用于强迫沿岸区域,且不使用边界潮汐强迫。这对外潮的沿岸模拟区域技巧提出了挑战,因为它取决于跨越整个区域模式的外潮的产生和传播。多个区域的比较表明,潮汐振幅和滤潮后的水位变化与水位计的测量值相当,但是沿岸区域的潮汐可能出现大约 1 小时的相位误差。

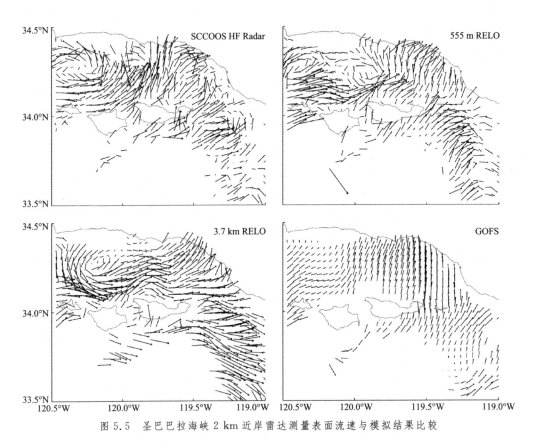

图 5.5 圣巴巴拉海峡 2 km 近岸雷达测量表面流速与模拟结果比较

SoCal 模拟区域是 RELO 实现的主要区域,覆盖了整个圣地亚哥区域,嵌套分辨率为 555 m(图 5.2)。图 5.5 给出了在圣巴巴拉海峡 2 km 沿岸雷达海表流速的测量值与 RELO SoCal(RELO 3.7 km)、圣地亚哥嵌套系统(RELO 555 m)和 GOFS 系统的模式瞬时流速的比较结果。圣地亚哥嵌套对于海峡中海流的模拟比全球和区域 RELO 系统更优。对三种模式速度误差的评估结果（图 5.6）表明，圣地亚哥嵌套对于大速度误差具有更低的概率。

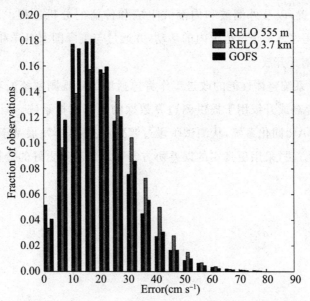

图 5.6　RELO 555 m，RELO 3.7 km 和 GOFS 模式模拟流速与基于雷达的每 3 小时的海表速度测量结果之间矢量大小误差可能性柱状图

5.4　未来发展

RELO 系统包含了海洋集合预报能力，系统采用集合转换技术来循环执行集合，并维持集合变量与 NCODA 分析估算的分析误差方差保持一致。除了集合转换，还用一种基于高斯随机场的时空变形技术进行大气强迫，可以在缺少大气集合的情况下模拟大气预报中的误差。类似的变形技术可用于全球主模式场，来考虑侧边界条件误差。目前正在发展可以表示模式误差源的方法，包括模式混合参数的扰动和随机强迫技术。

NRL 将继续增加 COAMPS 新功能，包括单独海洋模拟和海－浪耦合模拟。为达到该目标，NRL 协同发展海洋模式配置、区域沿岸嵌套、数据同化、模式更新以及后处理，使得在 RELO 和 COAMPS 系统中使用相同的源代码程序，两系统的能力差异源于所增加的大气和海浪模式的耦合性能。当完整的海洋预报和集合预报能力通过 COAMPS 转换到 NAVOCEANO 时，用户可以在区域尺度上配置海－气耦合或海－气－浪耦合模拟区域，也可以在嵌套在区域系统内的局地沿岸模拟区域内配置海－浪耦合系统。

NRL 可重定位现报/预报系统,具备对三维温盐流结构和海表混合层的现报/预报产品的快速可重定位的海洋预报模拟和数据同化能力;能够提供诸如涡漩、弯曲流和锋面等中尺度特征的位置,以及外潮波和内潮波生成和传播的分析过程。NAVOCEANO 的 RELO 系统支持美国海军全球范围内的活动,并通过与美国国家海洋和大气管理局合作将部分输出产品对外开放。

未来 RELO 系统整体性能的改进工作将包括增加新观测系统的功能,继续改进分析和预报分量,提高或升级用于提供侧边界数据的全球模拟系统。具体的努力方向包括构建一个 4DVAR 同化系统,从测试阶段过渡到业务阶段,发展基于集合和混合集合变分的数据同化方法,采用更真实的误差协方差表示来获得更好的分析结果。

第6章
美国海军近岸海洋预报系统

无论是军事行动,还是人道主义应用,对近岸海洋环境的认识和探索对海军都具有重要意义。美国海军沿岸区域的海浪模式为 SWAN(Simulating Waves Nearshore),该模式以函数形式且以频率和方向为函数参数来预测波动能量。对于沿岸环流,采用由众多不同模块构成且能够与其他模式耦合的 Delft3D 模式。在日常预报中,仅使用 Delft3D-FLOW 模块,主要用于预测海流、平均水位、水温和盐度。Delft3D 模式的输入包括风、潮汐、海洋环流、海浪、河流的日排入量、温度和盐度等。对于波动效应显著的区域,需要耦合使用 Delft3D-FLOW 和 Delft3D-WAVE 两个模块。为了充分利用区域海浪观测信息来提高海浪的预报精度,目前正在开发一个基于 SWAN 的四维变分同化系统 SWANFAR。

6.1 概 述

近岸海洋环境动力过程的预报,对于包括军事和人道主义应用在内的诸多海军行动具有重要意义,特别是海军远航作战规划和执行军事行动。海浪和海流的情况及周围的地理条件往往决定着矿物沉积的程度,从而影响着商业和军事行动。低洼沿岸区域通常面临风暴潮和沿岸洪水的危险,如近期发生在美国海湾和东海岸的"卡特里娜(Katrina)"(2005)、"艾克(Ike)"(2008)、"艾琳(Irene)"(2011)和"桑迪(Sandy)"(2012)飓风,而沿着缅甸海岸推进的"纳尔吉斯(Nargis)"(2008)旋风,以及台风"海燕"(2013)等则影响了菲律宾和其他多个亚洲国家。因此,无论是对于紧急事件处理,还是灾后人道主义救援,能够对沿岸洪水提供准确、及时的预报显得异常重要。

风、浪、潮汐、河流排放以及海洋环流等因素,均影响着近海区域的海洋动力过程。与深海相比,近海尺度较小(从几米到几百米),这也意味着无论是全球模式还是区域模式,均要采用更加细粒度的模型进行建模。此外,近岸预报还需要进一步考虑有限深度波破碎、非线性三波相互作用和波生流等物理过程的表示。

6.2 近岸预报模式

美国海军采用多个不同的模式来预报沿岸和近岸区域:SWAN 模式、Delft3D 模式和 SWANFAR 系统等。

6.2.1 SWAN

对于近岸区域的海浪,通常采用海浪模式 SWAN 进行预报。SWAN 通过求解波动平衡方程来预测物理空间(x/y 或者经/纬)和谱空间(频率/方向)中波能量谱的演变过程。使用波动平衡方程便于处理包含由周围海流流动引发的多普勒偏移问题。当在区域的边界处存在波谱时,就会有海浪在该区域中传播。在区域内,风应力驱动海浪的产生,而能量则在不同的频率和方向上通过非线性交互来进行传递。在较深水区的白冠、在浅水区的底部摩擦和有限深度波破碎,导致能量不断地从海浪中耗散。

在开边界部分,如果需要通过开边界传播到域中的波动能量较大,那么 SWAN 模式的典型输入包括来自 Delft3D-FLOW 或者海军近岸海洋模式(NCOM)的海流情况、水深,来自气象模式的风,以及来自全球或者区域海浪模式,如 WAVEWATCH Ⅲ (WW3)的谱数据信息。SWAN 模式每天对全球超过 350 个区域进行预报,而其中大约 1/3 的区域为近岸/沿岸区域。

6.2.2 Delft3D

Delft3D 是一个用于对沿岸、河口和河流区域进行模拟计算的建模工具集。它可以计算这些区域中随时间变化的速度、海面高度、波浪、温度、盐度、水质量和形态变化等。该工具集包含众多的模式组件,并通过公共接口进行耦合,使之能够独立执行或者协同执行。美国海军业务化系统通常采用 Delft3D-FLOW 和 Delft3D-WAVE 两个组件。

Delft3D-FLOW 组件能够在二维或者三维模式下运行,解决了非压缩流的 Navier-Stokes 方程(假定满足浅水条件以及 Boussinesq 假设)求解问题。该模式(或者方程)

可以在 z 坐标系或者在 σ 坐标系中建立。在 σ 坐标系中,假设流满足静力条件;在 z 坐标系中,适用于非静力的流。此外,需要指定不同类型的边界条件,包括水位、速度及其组合。对于潮汐,可以根据水位和速度来指定边界条件。对于部分或者全封闭的水体,需要考虑潮汐势能来研究该区域潮汐的生成。除此之外,模式可以由海浪、风、河流排放、温度以及盐度来强迫。底部拖曳通过 Chezy 公式计算获得,在计算的过程中,使用一个具体的常数值来表示计算区域中的摩擦系数,或者采用随空间变化的摩擦系数。模式中提供了多种风拖曳参数化方法,并且根据所选公式和用户指定系数的方式来对其进行计算。

Delft3D-WAVE 组件通常与 Delft3D-FLOW 组件耦合运行,它包含一个创建 SWAN 输入文件的封装程序和一个 SWAN 可执行程序。WAVE 组件能够从 FLOW 组件中获得水位、表面流速、风场和水深信息。反之,WAVE 组件能够为 FLOW 组件提供(基于辐射应力或者耗散的)海浪强迫和海浪传播速度。

在日常运行中,沿岸区域网格通过 Delft3D 软件提供的工具创建。通常模式使用二维或者三维的模型。NAVOCEANO 每天为海军用户提供全球约 40 个位置的预报。在多数情形下,FLOW 单独运行。FLOW 和 WAVE 耦合且能够并行执行的 Delft3D 版本近期正处于测试中。其边界条件通过结合海表高度、海流速度、风(速度和压力)、波谱和河口淡水通量来加以指定。在某些情况下,强迫边界的水位和海流速度由低分辨率的 NCOM 提供。当需要密度驱动的海流信息时,也需要指定来自 NCOM 的温度及盐度场信息,而表面风和气温值则取自 COAMPS,或者取自 FNMOC 海军业务全球大气预报系统(NOGAPS)。美国海军全球大气模式(NAVGEM)近期已取代了 NOGAPS。模式能够自动化地运行在 Linux 或者 Windows 操作系统上,并且每天会自动更新边界条件信息。系统能够提供长达 72 小时的模式预报,而海军用户可以通过网络的方式下载预报结果。

对于像风暴潮或者洪涝这样的基于事件的预报,需要使用开源的 Delft DashBoard 来创建模式区域信息。Delft DashBoard 为开源计划 OpenEarth 的一部分,其能够快速建立对于世界不同区域的预报模式。模式区域通常使用嵌套的方式创建,其中最外层嵌套必需足够大,以覆盖整个被事件影响到的区域;而内层嵌套则逐步细化,以覆盖所关注的区域。外层嵌套的潮汐边界条件,通过使用 TOPEX 7.2 潮汐图册来确定;而内层嵌套的水平面高度和海流情况则从外层嵌套获取。典型的风暴潮预测通过融合海流预报和最佳可用轨迹,并以 HURDAT2 格式产生风信息。风场是方位角和距离风暴中心的辐射距离的函数,且通过由预报提供的数据进行多变量插值来获得。这使得在能够保持快速构建风场的同时,保证风场的形状。从大气到海洋的动量传递通过使用拖曳系数来获得。海浪场是由该区域的风场产生,并且在使用开放边界条件时不需要指定波谱信息。

6.2.3 SWANFAR

SWANFAR 系统是一个四维变分(4Dvar)数据同化系统。它通过使用模式域中离散位置上的海浪数据来提高整个域上的模式预报精度。该系统围绕 SWAN 结构化版本的伴随模式构建,伴随模式由一个伴随子程序的集合组成,每个伴随子程序都是使用原始的前向 SWAN 模式中相应的子程序构建而成。该伴随模式将模式与观测的时空误差传播回初始时刻和边界。通过扰动 SWAN 模式的切线性模式来确定在观测位置的模式误差,切线性模式是一组子程序的集合,这些子程序都是通过将 SWAN 模式中对应的子程序进行线性化得到。同时,采用代价函数来确定模式误差是否落在可以接受的范围内。该代价函数通过计算模式与观测之间差值的平方来获得,而其中的权重则是误差协方差的倒数。该计算过程不断迭代,直至代价函数最小化。该系统能够在多个位置和多个时间段同化完整的有向频谱。

6.3 业务化应用

在夏威夷的卡伊娜角(Kaena Point),使用 SWAN 来预报海浪的状况;在切萨皮克湾,采用 Delft3D 模式对海湾/沿岸进行日常预报,同时提供海军用户所需要的预报产品;对于密西西比河流域,展示了墨西哥湾北部的密西西比河沿岸处的预报情况。第四个案例是"艾克"飓风,应用 Delft3D 模式来预测由飓风等引起的风暴潮和洪水。最后一个实例是"三叉戟勇士(Trident Warrior)2013",使用 SWANFAR 系统进行海浪预报。

6.3.1 卡伊娜角,夏威夷

卡伊娜角位于夏威夷欧胡岛的西端。这个区域在冬天常常有来自北部的很强的波动能量,使得海洋环境威胁到人类活动。由 NAVGEM 大气模式和 WW3 海浪模式提供全球强迫。图 6.1 显示了 March 28,2014,00 UTC(世界标准时间)时在该区域的波高和方向。来自西部的风浪沿着海岸线南下时变得缓和。该图很好地展示了由波高定义的沿岸波动能量变化情况,这种变化很容易引起回潮和洋流。

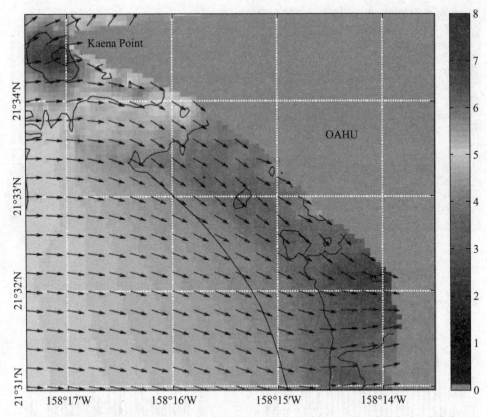

图 6.1　2014 年 3 月 28 日的波高(英尺)和波向(度)预报,00 UTC,卡伊娜角,夏威夷

6.3.2　切萨皮克湾

切萨皮克湾位于潮汐、海流、河流排放及风应力影响较大的河口处。该河口环境情况复杂,混合了海表的入海净流和底层反方向的净流。潮汐的平均剩余流量约为 0.1 ms^{-1}。河流排放严重影响着盐度分布,并且风和潮汐也都严重影响着该区域的海流。目前已经使用了多种不同的模式来研究该区域的动力过程,包括普林斯顿海洋模式(POM),美国陆军工程兵三维流体力学曲线模式(CH3D),以及区域海洋模式(ROMS)。

对于该区域,Delft3D 需要在切萨皮克湾河口处配置高分辨率的模式(图 6.2)。其中,区域 NCOM 模式为 Delft3D 提供边界条件,其包含了从美国地质调查局(USGS)监控系统中得到的平均每月河流排放量,并且由 FNMOC 处得到 COAMPS 风场强迫。NCOM 模式的输出为开边界处的水位和流速,并以此来强迫 Delft3D 模式。在上边界的海面风应力来自 FNMOC 提供的 COAMPS 模式场数据。Delft3D 模式网格的分辨率为 60~430 m,并且使用 8 个 σ 层来描述该区域在垂直方向上的变化。该模式配置没有考虑温度和盐度因素。

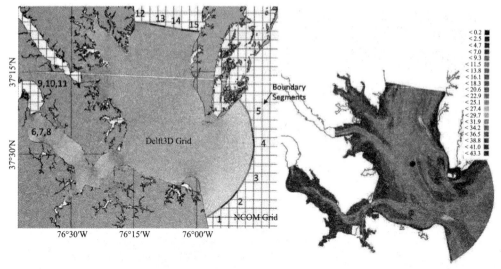

图 6.2　切萨皮克湾的 Delft3D 预报

图 6.2 右侧为水位(米),模式和观测数据在不同位置的对比如图 6.3 所示。

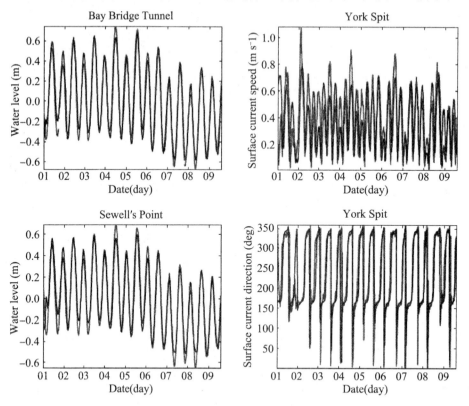

图 6.3　两个站点(左边部分)水位(米)和表面流速变化幅度(右上),以及方向(右下),Delft3D 预报和国家海洋大气管理局(NOAA)的数据对比,2010 年 12 月 1 日至 12 月 10 日

　　图 6.3 对比了 Delft3D 的预报值和观测值。左图比较了 2010 年 12 月份中的十天在两个地点[休厄尔岬(Sewell's Point)和海湾大桥隧道(Bay Bridge tunnel)]由

Delft3D 预报的水位和实际观测水位情形。正如所预期的,潮汐主导着海流,并且 Delft3D 模式也准确地刻画了幅度和相位(在休厄尔岬处和海湾大桥隧道处)的偏差 (Bias)分别为 0.003 m 和 0.005 m,而在两处的均方根误差(RMS)分别为 0.08 m 和 0.03 m,平均绝对耗散(MAD)分别为 0.062 m 和 0.063 m。然而,数据中也存在一个小的低频模拟结果值被低估的情形。例如,在约克吐(York Spit)处的表面流速幅值小于实际观测值,其 Bias 为 0.01 ms^{-1},RMS 误差为 0.18 ms^{-1},MAD 为 0.16 ms^{-1}。预报的方向显示 Bias 为 14°,RMS 误差为 16°,MAD 为 37.6°。对于这些模拟,FLOW 没有考虑海浪的影响。可以通过增加模式在垂直方向的分辨率并考虑海浪来进一步提高精度。然而,这样也会增加模式预报所需要的时间。

6.3.3 密西西比河流域

密西西比河流域是一个活跃的暗礁林立的区域,此处的动力过程受多种物理过程的影响,如局地风与远程风、河流排放、由墨西哥湾顺时针环流生成的旋风涡流,以及墨西哥湾的惯性振荡等。结果导致所有没有同化数据的环流模式难以复现当地的动力过程。虽然目前已经在该地区部署的 Delft3D 模式也不使用同化数据来改进预报,但是它也表现得相当出色,这主要是由于来自 NCOM 的边界条件已经使用了同化数据。

图 6.4 显示的是模式区域。该模式网格为曲线状,并由约 54 000 个横向点和 20 个 z 层组成;横向跨度为 200~1 350 m。与切萨皮克湾区域类似,NCOM 区域模拟提供了开边界的水位和海流。来自 NCOM 的温度和盐度以及来自 USGS 的各条河流的淡海流出信息也作为模式的输入。每天在模式预报模拟之前,需要更新河流的排放量,而风应力从 NOGAPS 模式中获得。

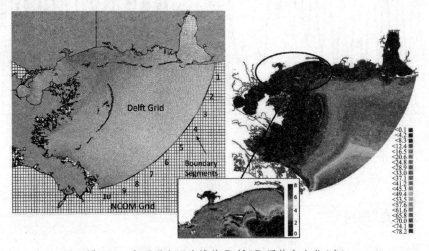

图 6.4　密西西比河流域的 Delft3D 网格和水位(米)

由图 6.5 中显示的 2010 年 12 月 1 日至 12 月 15 日的数据可知,由模式预报的水位能够很好地与观测值吻合[莫比尔湾(Mobile Bay):Bias 为-0.002 m,RMSE 为 0.083 m,MAD 为 0.065 m。格尔夫波特(Gulfport):Bias 为-0.001 m,RMSE 为 0.083 m,MAD 为 0.067 m,R2 为 0.916]。该模式也刻画了从 2010 年 12 月 12 日至 15 日间近海岸低水位处风场的情况。同样地,有一个低频部分也没能准确预报。表面流速的幅值缺少了几处峰值,多数是由于环流引发涡流的横向移动造成的。因此,统计测量数据会更差一些(速度幅度:Bias=0.008 ms^{-1},RMSE=0.076 ms^{-1},MAD=0.071 ms^{-1},方向:Bias=-25.659°,RMS=40.890°,MAD=65.074°)。与在切萨皮克湾处的模拟类似,预报模式中未考虑海浪的影响。

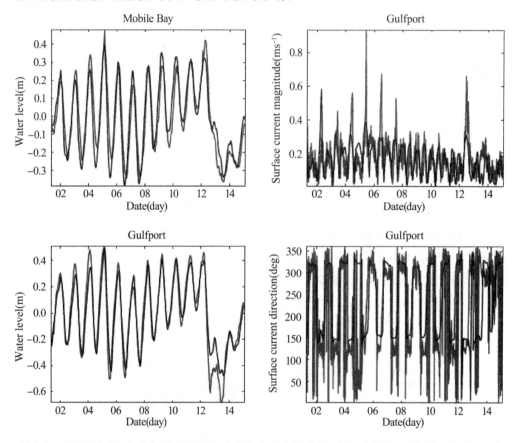

图 6.5　两个站点(左边部分)水位(米)和表面流速变化幅度(右上),以及方向(右下),Delft3D 预报和国家海洋大气管理局(NOAA)在 2010 年 12 月 1 日至 12 月 15 日的数据对比

6.3.4　"艾克"飓风

美国海军目前主要采用 Delft3D 模式来预报近岸环流,并使用 PCTides 来预报全球的沿岸涡流和洪涝。然而,PCTides 并没有考虑海浪或者其他的全球海洋环流,并且其模拟也受限于最大 1 km 的分辨率,这不足以进行洪涝预测。虽然忽略全球环流对

涡流和洪涝的影响较小,但是忽略波浪对水位却有显著影响。Delft3D 系统(FLOW 和 WAVE)使用多重嵌套方式来刻画大规模环流和沿岸环流,并且能够在各个尺度上紧耦合海浪和环流。在投入运营之前,Delft3D 系统已采用多个不同的风暴测试过。下文对比了来自 Delft3D 的数据和来自"艾克"飓风的实测数据。

  2008 年 9 月 1 日,一个被命名为"艾克(Ike)"的热带风暴发生在佛得角群岛(Cape Verde Islands)西部(美国国家飓风中心,2010),并于 9 月 3 日升级为飓风强度。接着在 9 月 4 日 06:00,"艾克"已发展为四级飓风,具体轨迹请参见图 6.6。"艾克"的强度在接下来的几天时强时弱,最终在古巴海岸演变为一级飓风。这场风暴最终于 9 月 13 日在加尔维斯岛(Galveston Island)的北部地区登陆(强度为 95 kt,二级)。随着"艾克"往内陆走,它逐渐减弱并最终在 9 月 13 日 18:00 降级为一个热带风暴。

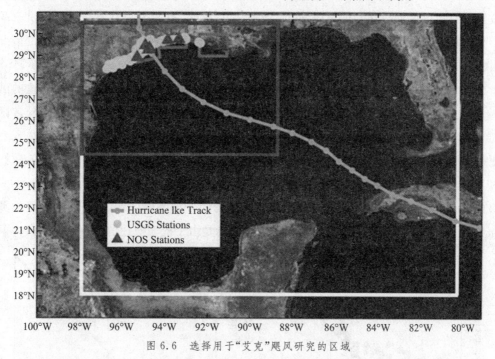

图 6.6 选择用于"艾克"飓风研究的区域

  "艾克"常作为一个理想的测试用例来验证大浪和洪水,主要原因在于"艾克"在得克萨斯州和路易斯安那州沿岸产生了大风暴潮和洪水。此外,在"艾克"登陆前 24 小时,这场风暴产生了涌浪。这些数据由位于墨西哥湾西北部的各个美国国家海洋局(NOS)的潮汐站和 USGS 的水位站收集。此外,还有国家数据浮标中心(NDBC)近海自动化网络(CMAN)浮标来记录海浪和风的数据。

  如图 6.6 所示,在配置模式时总共使用了 5 个区域。其中,大尺度的区域能够以 0.1°的分辨率(约为 10 km)覆盖整个墨西哥湾(Gulf of Mexico,GoM)。嵌套在墨西哥湾区域内部的是一个近岸区域,该区域能够覆盖从得克萨斯州沿岸到密西西比河北部湾(northern Gulf,NG)的绝大部分,分辨率为 0.02°(约为 2km)。在该近岸区域的内部是分辨率为 0.004°(约为 400 m)的三个沿岸区域。这三个近岸区域覆盖了加尔维斯顿湾(Galveston Bay,GB)、沿着得克萨斯州—路易斯安那州边境的阿瑟港(Port Arthur,PA)区域,以及路易斯安那地区的弗米利恩海湾(Vermillion Bay,VB)。墨西哥湾区域的模拟周期在 2008 年 9 月 5 日 12:15 至 2008 年 9 月 14 日 23:15 之间。内部嵌套的开边界被指定为黎曼时间序列(Durran,1999),其中黎曼条件是从其外层嵌套中直接获取的水位和海流。在模拟时,初始水位被设置为 0.11 m,这个数据与 9 月份墨西哥湾季节性的海平面相对应。对于开放水域,采用了一个随着空间变化的摩擦系数(作为水深的函数)。在陆地上,该摩擦系数依赖于陆地覆盖的类型(比如:陆地上草、树或者建筑等的数量)。通常在沿岸处的数值往往偏小,但在内陆和城市地区会增加。

图 6.7 对比了模式和实测数据。在"艾克"期间的海浪影响了得克萨斯州和路易斯安那州沿岸的区域。在验证风暴潮和洪水预报系统时,有两个分别对应大浪和洪水的不同模块。第一,模式必须能够精确地预测未与陆地接触的 NOS 站点处的水位情况(图 6.7 左)。该模式能够很好地复现海浪在整个区域的情况(Bias=0.075 m,RMSE=0.335 m,MAD=0.350 m)。此外,该模式必须能够模拟由于风暴导致的陆地的洪涝情况。这项任务由于模式中不包含地形的快速变换和洪水控制结构而变得异常困难。与此同时,陆地的凹凸性也在整个网格上被均匀化,导致局部对洪涝或者高估或者低估的情形。对比模式数据和 USGS 数据(图 6.7 右)可以看到,通过模式得到的数据相对于 NOS 观测到的数据有较大的变动(Bias=−0.478 m,RMS=0.506 m,MAD=0.615 m)。也可以看到更高分辨率(0.004°)比较低分辨率(0.02°)能够取得更好的预报结果。然而,结果中也存在很多变化情况,可能是由于前面所述的各种原因所致。

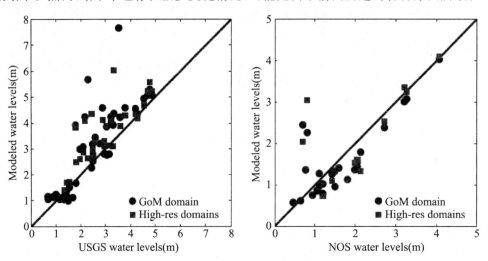

图 6.7　大浪(NOS 站点)和洪水(美国地质调查局站点)模式预报(y 轴)和观测数据(x 轴)对比

6.3.5 "三叉戟勇士"2013

"三叉戟勇士"(Trident Warrior)2013 演习行动,于 2013 年 7 月发生在美国弗吉尼亚州的诺福克,演习中考虑了对海水温度、盐度和海流以及离岸海浪气候信息等。这里重点关注 SWANFAR 利用海浪测量数据和使用海浪模式数据来提高预报精度。

四个邻近的 NDBC 浮标和由 WW3 提供的区域模拟,可以提供相关的边界波谱数据。区域内部的有向波谱数据由五个微型的固定浮标和一个自由移动的微型浮标测得。尽管浮标被设计为在自由漂流模式中运行,但是如何在栓系情况下评估其性能是需要解决的目标之一。研究发现系缆线张力会影响浮标的低频能量,从而导致出现错误的低频能量峰值,而该值通过高通滤波器来滤除(只保留 $f > 0.07$ Hz 的能量)。

在下面的场景中,成曲线状的区域大约为 80 km×100 km,网格长度为 0.0025 deg(约 250 m)且总共有 150 000 个网格点。在各个位置建模的谱有约 25 个频率和 36 个方向。同化运行在"强约束"条件下,此时只有边界条件被修正,同时需要假设测量数据和物理过程没有错误。

在 2013 年 7 月 14 日 00:00,SWANFAR 系统使用 WW3 边界谱和来自五个地方的固定微型浮标的同化数据来进行初始化。在离岸边界处的主导海浪来自东南部,其平均波高为 2.5 m。在这段时间内,微型浮标数据上的固定线效应相对较小。如果不用数据同化,SWAN 在各个观测点上的预报数据会有相对较高的谱密度(平均大于 150%),这主要是由于 WW3 边界谱过高地估计了在浅水区处(20~40 m)海浪的能量。

该系统能够有效地同化在三个微型浮标附近(mb274,mb276,mb277)观测到的谱数据,从而有效地减小被高估的总能量,并且使得预测的谱形状更加接近于观测到的数据分布,如图 6.8 上侧两行。海浪高度误差减小了 70%,在平均方向上的误差减小了 50%。相比之下,由模式预报得到的谱数据(另外两个浮标的位置:mb272 and mb273)经过后一同化几乎没有变化。在前面已经提到过,SWANFAR 假设误差局地化,因此同化结果仅仅影响观测附近的结果,对预报结果的修正使其随离观测点的距离增加而不断减小。

2013 年 7 月 19 日,SWANFAR 运行了 15 小时,并且在 02:00 到 17:00 之间每小时同化来自单个自由移动微型浮标的谱数据。因为自由移动浮标随时都处于移动状态,所以需要对该数据集采用一种非静态的同化方法。自由移动的微型浮标并没有像显示在固定浮标上所示的人工低频峰值,但是它常常会指明比 SWAN 估计值更低的波动能量位。在这点上,自由移动的微型浮标跟固定浮标是类似的。在这种情况下,同化会减少 SWAN 的原始能量估计值,从而使得它们距离观测值更近,如图 6.8 第三行所示。然而,采用后一同化的谱形状并没有朝着观测到的谱形状平移,而是与原来的估计值保留着相同的形状,这与静止的情形形成了鲜明的对比,如图 6.8 最后一行所示。平均波高误差被减少了 50%，并且在平均时段和方向上的误差只是稍有增加，总体结果得到显著提升。

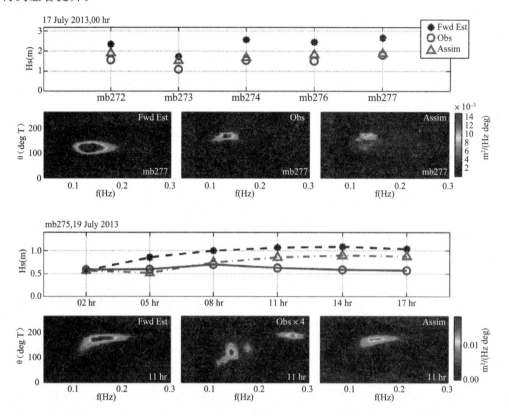

图 6.8 （最顶行）采用五个栓系的 Scripps 迷你浮标，在 2013 年 7 月 17 日 00 时静态模拟的估计、观测和后同化的波高结果对比；（第二行）mb277 结果中各种类型的谱实例，从形状和幅度看，后一同化谱更接近观测谱；（第三行）对六个位置采用非栓系的 Scripps 迷你浮标 275，在 2013 年 7 月 19 日非静态模拟的估计、观测和后一同化的波高结果对比；（最底行）11 小时结果中每种类型的谱实例，观测谱的值乘以 4 且所有图片结果具有相同的跨度范围

6.4　未来规划

当前美国海军海洋学办公室运行着 Delft3D 系统来进行日常的沿岸海洋环流预报。目前已经完成了风暴潮和洪水的预报验证工作，并且系统于 2015 年投入运营。SWANFAR 系统不久将引入协方差乘子并转入运营。NCOM 也在不断改进，实现了一种用于应对从海浪到海流转换延迟的滚筒模式，NCOM 利用这种机制来将沿岸峰值海流移动到更近的海岸线，这对于进一步提高海浪驱动的环流预报是必要的。

第 7 章

美国海军海洋－海浪耦合预测系统

美国海军海洋－海浪耦合预测系统,是海洋/大气耦合中尺度预测系统(COAMPS®)的一部分。该系统由近岸海浪模拟(SWAN)海浪模式和海军近岸海洋模式(NCOM)组成。模式使用基于地球系统模拟框架(ESMF)的双向耦合。对海洋模式进行优化,使其能够模拟斯托克斯漂流、由于表面波的动量通量水平梯度引起的波辐射应力、浅水底部拖曳的增强和郎缪尔湍流增强垂直混合带来的影响。海浪模式获取表面海流(浪－流相互作用)和水位。该系统满足海军对区域和近岸海洋的预报要求。

7.1 概 述

海军需要精确的海洋和海浪预报来支持搜救、反海盗活动、航线规划、水雷战、反潜战和两栖作战。这些信息同时也作为战术决策辅助系统(例如:任务规划工具)的输入,来决定用于收集海洋状态信息的传感器的最优布置。此外,精确预报对污染扩散和漂雷场路径的预测也很重要。

海洋－海浪耦合模拟系统是海洋/大气耦合中尺度预报系统(COAMPS®)的一部分。COAMPS 支持全球多个区域的短期(0~96 小时)海军业务预报。海洋－海浪耦合预报系统的大气强迫场由现有(非耦合)COAMPS 提供。目前系统不支持大气－海洋－海浪的完全耦合,在 2015 年业务应用的系统中会支持。图 7.1 描述了海洋－海浪系统得到的切萨皮克海湾地区的海温和海流。

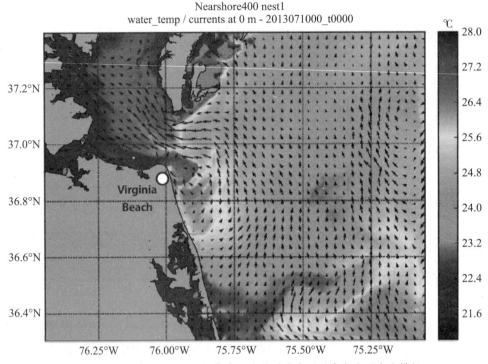

图 7.1 2013 年 7 月 10 日切萨皮可湾附近的海面温度和海面海流模拟

为了近岸海洋的建模,海军研究实验室(NRL)早在 1990 年代就开发了海军近岸海洋模式(NCOM)。NCOM 采用高垂直分辨率的垂直坐标和多种混合参数化方案。NCOM 的基本物理过程和数值方法与 POM 的基本一样。与 POM 一样,NCOM 采用静力、Boussinesq 和自由表面的不可压缩流体假设。水平方向上使用曲线网格,允许使用各种地图投影和网格弯曲度。原有垂直网格在海洋顶部使用 sigma 坐标而在底部使用用户指定的固定深度坐标。该组合允许在浅水使用地形跟随的 sigma 坐标而在深水区域使用固定深度坐标,这样可以降低 sigma 坐标在陡斜坡面临的问题。当前 NCOM 也允许在海洋顶部或者在整个水柱内使用普通的 sigma 坐标,分层厚度在水平和垂直方向上会发生变化,sigma 分层的数目可以减小到与浅水一样。这样可以得到很多种不同的垂直网格。

NCOM 使用 Arakawa C 网格。Arakawa C 网格中风分量位于主要网格单元表面。时间格式是采用 Asselin 滤波抑制时间激波的蛙跳格式。默认在空间上采用二阶精度的有限差分。也可以选择三阶迎风和四阶对流格式,对水平斜压气压梯度和科氏力项的插值可以选择使用四阶差分。标量场的平流使用通量校正传输(FCT)格式,这种格式能够防止平流过强。自由表面模式的计算是隐式的。深度平均连续方程的水平传输和深度平均动量方程的表面压力梯度的过去、现在和新的时间层使用的时间加权可以由用户设置;缺省值是新旧时间层的均值。

对于水平混合方案，NCOM 提供了多种选择。如网格单元雷诺数方案、Smagorinsky 方案或双谐波混合方案。对于垂直混合，可以选择 Mellor-Yamada Level 2 或 Level 2.5 等湍流策略。

从 2006 到 2013 年，NAVOCEANO 将 NCOM 作为全球业务海洋预报模式运行，当前在 NAVOCEANO 被当作区域预报模式来运行。在 NRL，NCOM 作为单独的海洋模式运行，或者作为 COAMPS 大气－海洋－海浪耦合系统的一部分执行。

7.2 海洋－海浪耦合

海洋模式到海浪模式的反馈信息是由 NCOM 提供的表面流和水位。水位能够对海浪模式物理计算中使用的水深进行校正，但是只有在水深很浅时海浪触底的影响才显著。更重要的是，海浪模式的表面流输入会改变有效风速（即相对海流的风速），流的水平剪切通过与变化地形的交互过程，以类似折射和浅水作用的方式引起海浪周期、浪高和浪向的变化。这些是守恒过程，例如，浅水作用与海浪能量通量的守恒有联系。然而，反过来，这也会导致一些非守恒效应。例如，由于流间的相互影响变得更陡峭（更平滑）的海浪将更有可能（不可能）破裂，这种破裂称为白沫过程。白沫过程是高度非线性的和非守恒的过程。

在 Mellor-Yamada 2.5 湍流模型中，将由斯托克斯漂流（SDC）的垂直切变和垂直湍流动量通量组成的额外的切变产品项加入湍流动能（TKE）和垂直湍流长度－尺度（TLS）方程中来计算 NCOM 的垂直混合系数。这些额外的剪切－产品项被称为斯托克斯产品项。

用于耦合的 COAMPS 软件架构建立在地球系统模拟框架（ESMF）和国家统一业务预测机构（NUOPC）互用性软件层上，NUOPC 为使用 ESMF 定义协议和模板。系统由单个模式组件（大气、海洋和海浪）、一个耦合层和一个驱动组成。模式组件通过应用于每一个模式的 ESMF 软件层与耦合系统交互。模式 ESMF 层建立模式内部数据结构和 ESMF 数据结构的映射，该映射用于模式间数据的传输。ESMF 模式层也使用驱动的方法来激活初始化、时间步进和模式终止阶段。模式间的数据交换在耦合层执行，数据交换通过将场由源模式网格插值到目标模式网格来完成。在初始化阶段，每一个模式指定其需要的场及其提供的输出场。耦合层通过协调生产者模式输出场和消费者模式输入场在模式间建立链接。在驱动层使用模式和耦合，利用驱动层调节模式资源的分配、初始化和时间步进。

海洋－海浪耦合预报系统的海洋组件从 NAVOCEANO 运行的海军 1/12°全球混

合坐标海洋模式(HYCOM)接收初值和边界条件。HYCOM 的混合坐标在开放海洋区域是等密度的,对于在浅水近海区域的层结海洋重新使用地形跟随坐标,在混合层和非层结海洋使用 z 坐标。在 FNMOC 和 NAVOCEANO 运行的全球 WAVEWATCH Ⅲ模式(WW3)为 SWAN 海浪组件提供需要的边界条件。这些模式的全球特性确保海洋-海浪预报系统可以应用于任何海洋区域。

NCOM 可以使用 NCODA 同化实时的海洋观测资料,例如遥感海面温度、海面高度,温度和盐度的现场表面和次表面观测。NCODA 是完全三维、多变量、最优插值的海洋资料同化系统。系统单独运行模式,可以单独执行同化分析,也可以作为海洋预报周期的一部分来执行。

7.3 耦合应用

双向耦合海洋-海浪预测系统福罗里达海峡的应用。

7.3.1 佛罗里达海峡模式设置

使用 3 种海浪模式网格。WW3 在最外层网格上运行(海浪网格 1,包括 0.5°分辨率的大西洋)。WW3 的运行需要来自海军业务全球大气预报系统(NOGAPS)存档的风强迫和数字测深数据库(DBDB2)的水深。WW3 的另一种运行是在海浪网格 2 上,该运行使用海浪网格 1 生成的边界条件。海浪网格 2 也使用 DBDB2 水深测量,使用 COAMPS 的大气强迫。该网格具有 4'(约 7 km)的分辨率和包括美国东南部地区的海洋站点。SWAN 海浪模式在海浪网格 3 上与 NCOM 混合执行,每 6 分钟一次。海浪网格 3 的边界由 WW3 网格 2 提供。如图 7.2(a)所示

在网格 3 上执行 3 次模拟。首先执行海洋和海浪全耦合的控制模式模拟,接着进行海洋和海浪非耦合的模拟。执行第二个模拟来定量分析耦合的影响。第三个模拟是底部摩擦增加 3 倍的完全耦合模拟;该模拟表明验证结果对底部摩擦是很不敏感的。

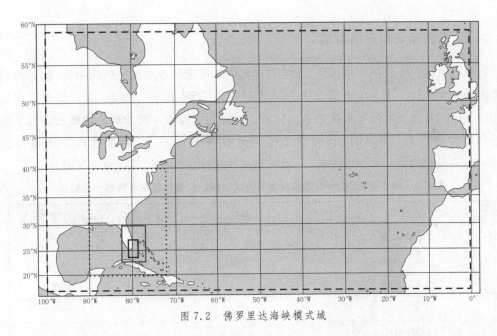

图 7.2　佛罗里达海峡模式域

COAMPS 模式在佛罗里达海峡的验证周期是从 2005 年 3 月 1 日到 5 月 1 日。

7.3.2　验证资料

验证中使用的真实场由现场观测资料和雷达资料组合得到。现场传感器(声波多普勒海流剖面仪和浮标)能够提供鲁棒性较好的可靠的海浪和潮汐资料,缺点是空间范围受限。迈阿密大学大气与海洋科学学院(RSMAS)在 2005 年春夏交际期间收集了现场资料。仪器被放置在迈阿密比斯坎湾外,用来记录 5 个站点位置的海浪和海流。

作为现场资料的补充,通过 RSMAS 管理的两部高频 Wellen HF 雷达也收集了观测场。这两部 WERA HF 雷达分别位于比斯坎湾 Crandon 公园(表示为'CDN' 25°42.84′N,80°9.06′W)和北基拉戈岛野生动物保护区(表示为'NKL',25°14.46′N,80°18.48′W),两个位置间隔大约为 55 km。海浪高度雷达资料的空间覆盖范围从雷达位置扩大了大约 50 km,视角范围 120°。雷达场网格间距通常是 1.2 km,CDN 具有 1 682 个网格单元,NKL 雷达有 1 816 个网格单元。采样间隔是 20 分钟。

雷达资料的好处是它能够提供较大的空间覆盖范围和覆盖密度。然而,随着空间覆盖的增加,测量精度的可信性会降低。为了在本次验证工作中充分使用 WERA HF 资料,要求在观测区域进行异常点的大量时间滤波以及空间和时间平均。得到的雷达资料是未经修正的,使用现场资料与附近雷达资料的对比来进行修正。为了比较模式海浪高度在扇区的分布,将雷达资料分为多个扇区。通过距离和方位角将资料细分为等面积的扇区,我们能够从质量控制的角度来解释资料,这里认为资料与距离和方位角有关。在 GRJ 给出了校验和分区的描述。

7.3.3 模式验证对现场测量

将数值模式得到的海浪高度、方向和峰值周期与现场观测得到的海浪高度、方向和峰值周期相比较。表7.1给出了从2005年4月1日到2005年5月15日海浪高度的比较。包括有和无海浪－海洋耦合的比较。具有完全海浪－海洋耦合的模式降低了偏差和均方根误差（RMSE），且改进了相关系数（r-统计）。相关系数比三坐标浮标（TAB）测站稍微好一点。在GRJ可以看到这些统计量的时间序列和分析图。

表 7.1　模式与 RSMAS 现场资料海浪高度比较。仪器类型在表格第一列给出

	偏差	均方根误差	r-统计
C1(RDI ADCP)	0.09	0.23	0.69
C1-无海流	0.18	0.31	0.65
C3(TAB N)	0.08	0.23	0.74
C3-无海流	0.18	0.31	0.67
C4(SONTEK ADP)	0.22	0.32	0.68
C4-无海流	0.31	0.41	0.62
C7(TAB S)	0.04	0.19	0.8
C7-无海流	0.13	0.26	0.72
C8(RDI ADCP)	0.13	0.23	0.73
C8-无海流	0.22	0.32	0.67

与现场资料相比，近岸位置的海浪模式过高预报两个涌事件；与雷达资料相比，在近海的海浪模式没有过度预报。近海的过高预报是因为模式很难处理从 NNE 过来几乎与海岸线平行的涌；到达现场前的水深测量没有很好地表现出海浪能量的阻塞和频散。这被认为与海浪边界外强迫力的方向信息有关，即(a)方向上的小误差造成本该阻塞或频散的能量传递出去。或(b)外强迫方向上的分辨率误差是10°。除了这两个浪涌事件，可以发现模式对海浪预报得很好。另一个有趣的发现是涌能量到近岸位置的传播。只有特定流向的海浪能够达到近岸测站。可以发现该狭小通道对海流异常敏感，例如有流情况下 NNE 方向和无流情况下 NE 方向。在建模中针对海流的另一个争议是，认为需要高保真的海浪边界强迫才能发现这些特殊的现象；否则，不管怎样浪涌的预报效果将变差，或者甚至不合理的校正。

7.3.4　与雷达相比的模式验证

GRJ 给出了雷达资料与模式输出的时间序列对比。图7.3是一个示意图。在浅水区域无海流的有效波高比有海流的要高，在远离海岸的地方正好相反。这进一步支持了现场观测与模式比较得到的结论：在海浪模式中表面海流在能量的重定向中作用显

著。然而较大海浪事件(4 月 4 日到 4 月 16 日)的平均偏差是正的。在这些事件中如果忽略海浪强迫的表面海流则能够降低偏差。而正的背景偏差(上面讨论)与表面海流无关,这样就可以达到消除误差的目的。为了避免这种虚假的效应,我们更关注相关系数而不是平均偏差。

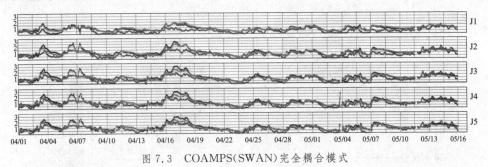

图 7.3 COAMPS(SWAN)完全耦合模式

表 7.2 给出了此次比较的相关系数,此次比较使用 HF 雷达作为地面真实场(在 GRJ 中提供偏差和均方根误差)。在许多情况下,耦合海流的预报结果的相关性评分有所提高并且均方根误差会降低。

表 7.2 模式比 WERA 资料扇区的"r"校验系数

		CDN 雷达站							NKL 雷达站				
		不断增加的海岸距离→							不断增加的海岸距离→				
		近岸			离岸				近岸			离岸	
		r@1	r@2	r@3	r@4	r@5			r@1	r@2	r@3	r@4	r@5
NE方位角	A	0.53	0.29	0.33	0.31	0.31	NE方位角	G	0.26	0.52	0.61	0.58	0.67
	A_nc	0.51	0.24	0.31	0.29	0.29		G_nc	0.19	0.45	0.55	0.46	0.58
	B	0.67	0.72	0.63	0.65	0.67		H	0.65	0.66	0.72	0.74	0.75
	B_nc	0.64	0.67	0.57	0.63	0.65		H_nc	0.61	0.60	0.66	0.70	0.71
	C	0.47	0.70	0.73	0.73	0.73		I	0.64	0.65	0.68	0.70	0.72
	C_nc	0.49	0.69	0.69	0.71	0.71		I_nc	0.58	0.61	0.66	0.68	0.70
	D	0.28	0.77	0.79	0.80	0.81		J	0.60	0.63	0.70	0.71	0.75
	D_nc	0.29	0.73	0.74	0.77	0.77		J_nc	0.59	0.63	0.70	0.72	0.75
SE方位角	E	0.36	0.71	0.81	0.80	0.79	SE方位角	K	0.60	0.57	0.64	0.68	0.69
	E_nc	0.31	0.64	0.71	0.72	0.71		K_nc	0.56	0.58	0.66	0.69	0.71
	F	0.38	0.51	0.55	0.63	0.70		L	0.57	0.46	0.47	0.53	0.56
	F_nc	0.34	0.44	0.45	0.56	0.63		L_nc	0.52	0.46	0.49	0.55	0.58

图 7.4(a)和 7.4(b)以图的形式展示了相同的统计。一个令人担心的特征是通常在雷达视角的中心附近模式的评分较高,D、E、J 和 K 扇区具有相对较高的相关性。这

表明与再现雷达源点方位角位置的真实海洋空间变化的模式技术相比,模式校验技术在观测资料的质量控制方面可能需要做更多的工作。

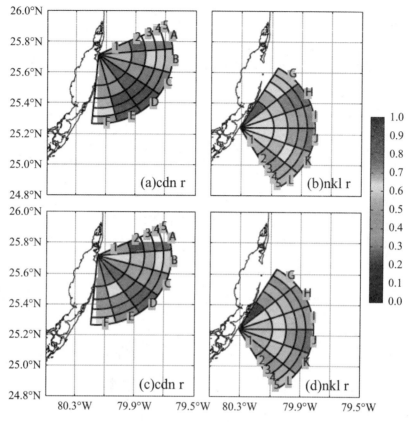

图 7.4　扇区 cdn(a)和 nkl(b)海浪—海洋耦合的相关系数,扇区 cdn(c)和 nkl(d)无海浪—海洋耦合的相关系数

　　GRJ 进一步发现,对比得到的另一个正效果是在雷达源点周围范围内,模式的空间变化大致与水深一致,这也可以从雷达上观测到。在模式结果和雷达观测中可以看到海浪高度在朝海岸方向上是降低的,在量级上完全一致。

7.4　未来计划

　　对 COAMPS 的大气—海洋—海浪全耦合系统的验证研究正在进行。测试案例将在更广阔的海域进行,包括 2013 三叉戟勇士和 2011 年印度洋 CINDY 季内震荡(DYNAMO)动力过程所在海域。SWAN 海浪资料同化系统正在开发新的功能来耦合COAMPS 和 CICE 模式。这个新建系统将给高分辨率(1~3 km)区域大气—海洋—海冰耦合预报带来便利。

第8章

热带气旋预报

海洋/大气耦合中尺度热带气旋预报系统(Coupled Ocean/Atmosphere Mesoscale Prediction System for Tropical Cyclones,COAMPS-TC)是 COAMPS 的一个新版本,用于预报热带气旋的路径、结构和强度。COAMPS-TC 分别运用水平分辨率为 5 km 的耦合和非耦合模式,对活动于西太平洋和大西洋多年的热带气旋个例进行了实时测试。大量测试样本的评估结果显示:COAMPS-TC 对热带气旋强度的预报能力与其他先进的动力模式相当甚至更优,尤其对超过 36 h 的预报效果更佳。对飓风 Sandy (2012)的实时预报结果表明,COAMPS-TC 对于热带气旋强度和多尺度结构的预报结果与观测值非常接近。COAMPS-TC 使用大气—海洋耦合模式对西太平洋台风 Fanpi (2010)和超级台风 Jangmi(2008)的强度和路径进行了准确预报,并且模拟出了因台风经过而导致的海表面温度降低的现象,这与卫星观测结果吻合。利用大气—海洋—海浪耦合系统对大西洋飓风 Frances(2004)的模拟结果则更加凸显了 COAMPS-TC 对实际过程的捕捉能力:不仅能模拟出海洋表面温度受台风影响而降低的现象,还能体现出海浪的特征,以及海浪与海表上下边界层之间的相互作用。

8.1 概 述

热带气旋对人类经济和社会活动有着巨大影响,能够准确而长效地预报其路径和强度具有非常重要的意义。2012 年 10 月袭击美国东海岸的飓风 Sandy,曾造成约 200 亿美元甚至更多的财产损失,是自 1900 年以来造成财产损失排名第二的飓风,也是四十年来侵袭美国东北部的最致命的飓风。当时,如果提前预测了 Sandy 的强度和移动路径,就能有效规避几十万人和几十亿美元的财产安全风险。

热带气旋对军事行动的潜在影响也是巨大的。1944 年 12 月第二次世界大战期间,台风 Cobra 袭击了美国海军太平洋舰队,造成三艘驱逐舰重创,790 名海员死亡。更近一些的,对飓风 Sandy 的移动路径、强度(海表最大持续风速)和结构(风暴的大小或关键风速阈值的半径)的预报结果,直接影响了东海岸驻军的众多决策。西北太平洋海域对美国海军具有重要战略意义,驻扎在菲律宾海的美海军太平洋舰队频繁受到台风影响,如 2011 年的台风 Nanmadol,其移动路径怪异,无法实现准确预报。

在使用全球预报模式后,热带气旋路径预报能力得到显著提升。目前,时效为三天的台风路径预报就像 30 年前时效为一天的预报一样准确。据估计,飓风来临前的疏散工作大约要花费每英里海岸线 100 万美元。路径的准确预报,大幅降低了此项开销。然而,强度的预报还面临巨大挑战,研究进展仍然缓慢。这与许多因素有关,例如对 TC 内部核心及周边环境场的关键性观测资料贫乏,对数值天气预报(NWP)模式中物理过程的描述不准确等。研究人员发现,移动路径更多的与大尺度天气过程有关,强度则取决于内核的动力过程及其与外部环境的关系。这就需要对风暴本身和大尺度环境场中关键的物理和动力过程进行准确描述。要显示求解风暴内部结构的过程(包括台风眼、眼墙和螺旋雨带),必然要对风暴内核进行高分辨率建模。高分辨率模式(格点距离为 5 km 或更小)能够表达出对流运动,避免使用对流参数化,可以对大陆上的局地对流特征(如结构、表面形态、传播)进行更准确的分析。

2002~2004 年实施的海—气耦合边界层试验(CBLAST)积累了非常重要的台风期间的海气相互作用观测资料,促进了热带气旋模式中相关物理过程的新参数化方案的提出。海—气耦合以及海—气—浪耦合的热带气旋模式系统都更加真实地模拟出了海—气相互作用的关键过程。与海洋环流模式的耦合,可以通过正确描述由 TC 导致的海表及大洋上层变冷过程而提高 TC 的强度预报。如果考虑海浪及其对海—气边界层的反馈,则可以更准确地得到在海—气界面产生的动量通量,帮助模式预测出最大风速—中心气压关系,这是体现 TC 强度和结构关系的一个重要指标

高分辨率 TC 模式的改进和资料同化,能够显著提高 TC 强度和结构的预报水平。为此,美国在加利福尼亚州蒙特雷的海军研究实验室(NRL)发展了高分辨率热带气旋预报的海洋/大气耦合中尺度热带气旋预报系统(COAMPS-TC),即海洋/大气耦合中尺度预报系统(COAMPS)的新版本。该系统以现有的 COAMPS 内部结构为基础,增加了一些新功能并做出部分改进,如资料同化、涡旋初始化、物理过程参数化以及在高分辨率热带气旋预报中的海—气耦合等。

8.2　COAMPS-TC

COAMPS-TC 系统由资料质量控制、分析、初始化和预报模式分量组成。该系统在 2012 年转到舰队数值气象海洋学中心(FNMOC)运行,2013 年 6 月展开第一阶段业务预报。海军大气变分资料同化系统(NAVDAS)可以混合多种不同来源的风、气温、空气湿度和气压的观测资料,资料源包括无线电探空仪、探空气球、卫星、表面测量、船舶、浮标和飞机等。作为对 TC 分析过程的一部分,在 COAMPS-TC 的初始场中已经存在的环流被重新定位,通过结合分析背景场给出准确的 TC 位置。

利用合成观测或剖面可以把 TC 的结构和强度融入由美国国家飓风中心(NHC)和联合台风预警中心所规定的初始条件中。这一工作可以借助 NAVDAS 里能表征飓风特征的合成观测来完成,之后再将合成观测与描述 TC 外围大尺度环境场的实时观测资料相融合。鉴于 TC 合成必不可少的热带气旋实时、实地观测资料严重不足,最近 COAMPS-TC 引入了一个 TC 合成的新方法,所用参数包括 TC 的位置、最大风速、最大风半径、34 kt 风的平均半径和最近的风暴运动。具体方法是:在每个 TC 中心及其周围选择 73 个点(TC 中心为 1 个点,分别以 TC 为中心的 9 个同心圆上各有 8 个点);沿着 1 000 hPa 的位势高度,设定每个点在 1 000、925、850、700、600、500 和 400 hPa 高度上的 u、v 分量;风的水平结构由修正的 Rankine 涡旋产生,Rankine 涡旋是根据观测的最大风速值、最大风半径和 34 kt 风半径进行修正的。Rankine 涡旋是切向风场的径向结构的简化模型。在 Rankine 涡旋风场中加入平均风暴运动。求解 Rankine 涡旋的位势场可得到 1 000 hPa 的位势高度。合成涡旋的最内层可以设置为有记录的最大风半径(RMW),也可以设置为 COAMPS-TC 初始场中的 RMW 位置。后者通常用于增量最小化分析。最内层以外的所有螺旋层从 RMW 到距离中心 600 km 等距离分配。

海洋表面温度利用海军近岸海洋资料同化(NCODA)系统直接在计算网格上分析得到,该系统利用了所有可用的卫星、船舶、漂浮物和浮标观测。在耦合的程序中,NCODA 和 NAVDAS 系统都使用了资料同化循环,其初始场由之前的短期预报分析得出。

COAMPS-TC 的大气模式是动力学非静力可压缩模式,预报量包括风的三个分量(两个水平风分量和一个垂直分量)、扰动气压、位温、水汽、云滴、雨滴、冰晶、雪花、霰(软冰雹)和湍流动能。参数化的物理过程包括云的微物理过程、对流、辐射、边界层过程和地表通量。COAMPS-TC 模型包含了近海表面的耗散加热过程,该过程对热带气旋强度的预报十分重要。COAMPS-TC 系统采用灵活嵌套设计,尤其当一片海域中同时存在多个气旋时,可以很便捷地采用移动嵌套网格族独立追踪被关注的热带气旋中心。下文提到的应用中(除非另有说明),COAMPS-TC 的大气模式采用三重移动嵌套网格,水平分辨率为 45 km、15 km 和 5 km,垂直分为 40 层,从 10 m 向上延伸到约 30 km。内两层都跟随风暴中心移动。

COAMPS-TC 系统可以在完全耦合的海一气相互作用模式中运行。COAMPS-TC 中的大气模式与海军近岸海洋模式(NCOM)相耦合,可以描述大气一海洋的相互作用过程。此外,借助 SWAN 或者 WAVEWATCH III 海浪模式,COAMPS-TC 系统可以表示海洋表面波以及大气、海洋环流和海浪之间的相互作用。其中,浪一流相互作用通过引入斯托克斯漂移和浪缪尔湍流进行参数化。风一浪相互作用过程由海面状态参数 Charnock 参数表示,它是关于波龄和风速的函数。海洋飞沫参数化方案则描述了海洋飞沫液滴喷射到大气边界层的物理过程。海洋飞沫由海洋表面波浪破碎和破碎海浪的冠顶切变产生,飞沫液滴通过增加质量负载、气流分层、蒸发或冷凝过程影响动量和焓通量。

8.3　边界层以及海气相互作用敏感性

海面动量交换依赖于拖曳系数 C_d。在过去十年中,热带气旋中的 C_d 并无观测结果,其取值主要基于弱风条件下的观测值推断得到。有实验表明,200 m 以下的平均风速随高度呈对数变化,在 500 m 高度达到最大值。当风速在飓风阈值内增加时,表面动量通量会趋于平稳,甚至 C_d 随着风速的进一步增加而略有减小。当风速超过 33 m/s 时,C_d 出现饱和现象,超出这个风速阈值,则表面粗糙度不再增加。

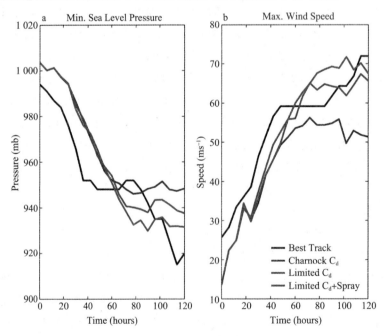

图 8.1　拖曳系数和海洋飞沫参数化对飓风 Isabel(2003)模拟的影响。时间序列:(a)最小海平面压力,(b)10 m 最大风速

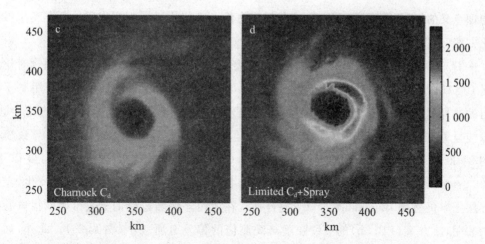

图 8.1　拖曳系数和海洋飞沫参数化对飓风 Isabel（2003）模拟的影响。时间序列：（a）最小海平面压力，（b）10 m 最大风速

　　采用海洋/大气耦合中尺度热带气旋预报系统（COAMPS-TC）对热带气旋进行 120 h 模拟，在 2003 年 9 月 7 日 0000 UTC 进行初始化。在这些敏感试验中，Charnock C_d 代表标准 Charnock 关系，"Limited Cd"表示在高风速条件下（高于 30 m/s）C_d（拖曳系数）取恒定值。积分 110 h 时的焓通量（Wm^{-2}）：图 8.1（c）标准 Charnock C_d，以及图 8.1（d）有限 C_d 结合海洋飞沫参数化。焓流量由 5 km 网格得到。

　　表面拖曳和海洋飞沫过程在调节海气界面的能量交换过程中发挥着重要作用。图 8.1 是利用 COAMPS-TC 模拟飓风 Isabel（2003）的试验，以说明 TC 强度预报对 C_d 和海洋飞沫参数化的敏感性。可以看到，所有试验都模拟出了样本前 40 h 内的快速变强过程，与最佳路径数据提供的观测结果一致。但是，标准 Charnock 参数的模拟强度比实际偏弱，最低海平面气压偏高 29 hPa，最大风速偏弱 20 m/s。与此相反，有限 C_d 试验给出的 TC 强度增加偏强，可能是因为减少了表面摩擦。引入海洋飞沫过程后可以显著增加表面潜热通量，这种增加的能量输入进一步增强了对流。同时考虑有限 C_d 和海洋飞沫参数化的试验在积分 120 h 达到最小气压值 931 hPa 和最大风速值 68 m/s，比标准 Charnock 参数试验有显著改善。能量输入的增加，是因为在有限 C_d 条件下的风速更大，此基础上加入海洋飞沫效应，才导致了能量输入比标准 Charnock 参数试验的更大。由图可见，由于较强的风速和飞沫液滴的蒸发使得焓通量值几乎增加了一倍。焓通量最大值已达到 2 000 Wm^{-2}，受风暴传输速度的影响（部分原因），在风暴移动轨迹右侧的风速更强。应当指出的是，图 8.1c、d 中焓通量的差异是与时间相对应的（这里是积分 110 h，当时的最大风速差约 20 m/s）。因此，焓通量的差异主要是由于每次模拟的发展路径上的积分差异。有限 C_d 和海洋飞沫的影响，还表现在焓通量的强烈非对称性，进一步说明这些过程不仅影响 TC 的强度，还对它的结构有影响。通常，即使是最新的海洋飞沫参数化方案仍然会被诸多不确定性因素所制约。未来要发展一个有物理意义的、经得起观测检验的、充分反应海浪和大气边界层相互作用的海洋飞沫参数化方案,这仍是一个无法预知的挑战。

　　TC 路径、强度和结构的预报对于大气边界层(PBL)的敏感性问题可以通过对比分析 COAMPS-TC 中两个不同的湍流参数化方案来说明。其中一个方案是利用基于浮力的非局地混合长来表示湍流混合的。由于该方法适合于深对流过程的湍流混合,所以能显著改善 COAMPS-TC 的强度预报。但是,由于边界层内的过度混合,导致模拟的 34 kt 风半径过大。为改善边界层内 TC 风场的预报效果,在 3 km 高度以下, Bougeault-André 混合长由 Mellor-Yamada 混合长代替,风切变控制湍流的产生,在边界层上方仍然用 Bougeault-André 混合长。在大西洋海域进行的大量 TC 预报试验结果表明,新方案(PBL b)的 TC 强度与观测值的偏差有所减小(图 8.2a)。此外,如图 8.2b 所示,34 kt 风半径的平均绝对误差(MAE)和平均误差(ME)在整个预报时段内都是减小的,尤其在 96 h 后,平均绝对误差降低了 20%,而平均误差几乎降低了一半。

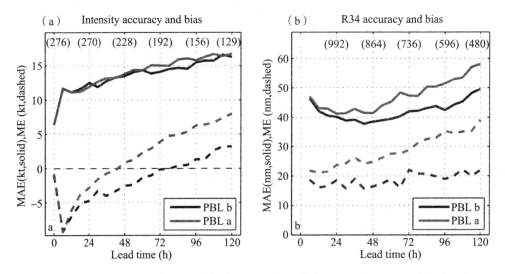

图 8.2　两个边界层(PBL)参数化方案比较:(a)预报强度和(b)预报 34 kt 风半径的平均绝对误差(MAE,实线)和平均误差(ME,虚线)

　　PBL-a 仅采用了 Bougeault 和 André(1986 年)混合长度,而 PBL-b 使用了 MYJ 混合长度(1982)。对各预报预报时间的样本数目沿图的顶部示出,(b)中具有更大数目的样本,因为对每个象限都进行了评价

　　为展示 COAMPS-TC 的海-气耦合能力,图 8.3 给出的是海-气耦合模拟 2008 年西北太平洋超级台风 Jangmi(5 级台风)的实例。Jangmi 形成于东北邑岛的深海混合层之上,而后向西北移动,跨越几个暖涡后又经过了一系列冷涡,于 9 月 28 日在台湾北部登陆。其生命期由 9 月 24 日至 10 月 2 日,恰好发生在 THORPEX T-PARC 和 ONR 的 TCS-08 试验期间。通过对比高分辨率耦合和非耦合模拟,来验证海洋演变对 Jangmi 强度变化的影响。海洋模式采用的是 NCOM,仅限一个模拟区域,水平分辨率

15 km,垂直 36 层,从海洋表面向下延伸到 4 km。大气模式的初始条件和边界条件由美国海军指挥部全球大气预报系统(NOGAPS)提供,海洋模式的初始条件和边界条件由全球 NCOM 的五天预报提供;启报时间是 2008 年 9 月 24 日 0000 UTC。耦合和非耦合预报的初始海面温度(SST)相同,但 SST 在非耦合模拟中是不变的,而在海—气耦合模拟中,SST 是海洋模式的预报量。

耦合和非耦合模拟都准确预报了 Jangmi 登陆前的移动路径,但强度预报结果却有显著差异。耦合模式在模拟的第二天强度增幅就降低了,相对于非耦合模拟结果,耦合模拟的强度预报有所改善(图 3b)。当 TC 强度达到峰值后,耦合模拟在积分四天后迅速衰减,比非耦合模拟更符合观测值。在耦合模拟中,Jangmi 在登陆之前衰减得比非耦合模拟快,主要是因为 Jangmi 越过了一系列冷涡(图 8.3a),SST 随之降低了约 4 ℃,表面焓通量也显著减少。

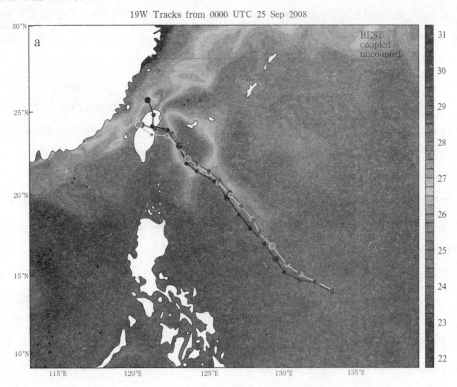

图 8.3 针对超级台风 Jangmi(2008 年),耦合和非耦合的 COAMPS-TC 试验,2008 年 9 月 25 日 0000 UTC 初始化。(a) 96 h 有效的(0000 UTC 9 月 29 日)路径和海表温度(℃),(b) 五天预报的最低中心气压(hPa)。联合台风预警中心(JTWC)的最佳路径显示在(a)中,JTWC(灰色)和日本气象厅(黑色)的最低中心气压估计如图(b)

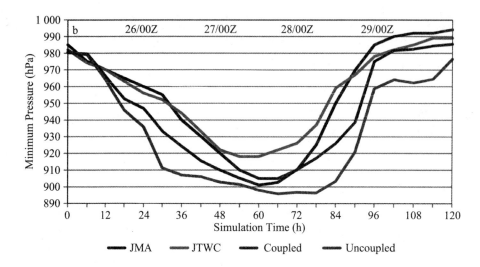

图 8.3 针对超级台风 Jangmi(2008 年),耦合和非耦合的 COAMPS-TC 试验,2008 年 9 月
25 日 0000 UTC 初始化。(a) 96 h 有效的(0000 UTC 9 月 29 日)路径和海表温度(℃),
(b) 五天预报的最低中心气压(hPa)。联合台风预警中心(JTWC)的最佳路径显示在(a)
中,JTWC(灰色)和日本气象厅(黑色)的最低中心气压估计如图(b)

2010 年 9 月至 11 月期间,COAMPS-TC 的海一气耦合版本为 ONR 的 ITOP 外场
观测计划提供了实时预报,ITOP 计划的重点是研究热带气旋引起的冷尾迹、表面通量
以及热带气旋和海洋之间的动力学相互作用,并得出一些新的认识。在 ITOP 期间,
COAMPS-TC 的预报很成功,有效地指导了对大气和海洋的观测策略的制定和实施。
试验期间,备受关注的台风 Fanapi 于 9 月中旬在台湾东南形成,而后一直增强为三级
台风,9 月 19 日在台湾登陆。预报的中心路径与最佳路径非常吻合,如图 8.4 所示,模
式启报时间为 2010 年 9 月 15 日 0000 UTC。卫星观测的(图 8.4a)和预报(图 8.4b)的
SST 总体分布比较吻合,冷尾迹都出现在移动路径的右侧,海表 SST 比风暴来临前约
降低 3 ℃。由于风暴在 9 月 15 日至 17 日的起始阶段移动缓慢,导致最强烈的降温发
生在冷尾迹的东侧,在这一点上,卫星观测和数值模拟结果一致。值得注意的是,在冷
尾迹的西部和东部末端都有冷水平流到北方,包围了 126°E 和 24.5°N 附近的暖水。特
别是冷尾迹在预报过程中发生演变,且没有在海洋的初始条件中体现。

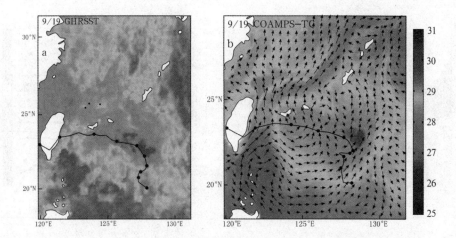

图 8.4 由台风 Fanapi(2010 年)产生的冷尾流：(a)GHRSST(高分辨率海面温度组)和(b)
2010 ITOP 外场观测期间，耦合 COAMPS-TC 的 96 h 预报(在 0000 UTC2010 年 9 月 15 日初
始化)。色差指的是 2010 年 9 月 19 日 SST 日平均；黑色实线对应的是风暴轨迹，黑点表示从
初始时刻开始每隔 12 h 的风暴位置，箭头显示的平均表面流场矢量。观测的轨迹示于(a)，
COAMPS-TC 预测轨迹示于(b)

为了展示其大气－海洋－海浪全耦合能力，COAMPS-TC 系统对大西洋飓风
Frances(2004)进行了预报试验，该飓风也曾被在巴哈马群岛北岸附近开展的 ONR
CBLAST 外场观测试验观测到。三向耦合的 COAMPS 模型配置包括三重嵌套的大气
网格(45/15/5 km)，一个 3 km 水平分辨率的海洋网格和一个 10 km 水平分辨率的海
浪网格。在本程序中，大气模式垂直有 60 个 sigma 层，海洋模式垂直有 49 层，其中有
35 个 sigma 层。海浪模式 SWAN，有 36 个离散方向和 33 个频段。耦合的 COAMPS-
TC 是在 2004 年 8 月 31 日 1 200 UTC 进行初始化的，大气和海洋模式的初始和边界
条件分别由 NOGAPS 和全球 NCOM 提供。

图 8.5 给出的是大气－海洋－海浪耦合的 COAMPS-TC 系统积分 48 h 的 SST、
有效波高、10 m 风、净表面流和斯托克斯流。与最佳路径相比，48 h 的预测路径误差为
100 nm，强度误差在 5 m/s 左右。COAMPS-TC 预报的最低 SST 为 25.5 ℃，比模式初
始 SST 降低 3.7 ℃。预报 3 天内的 SST 与由 9 个现场观测的 CBLAST 浮标采集的
229 个大洋温度剖面样本的结果有很好的一致性(D'Asaro 等，2007)。COAMPS-TC
系统非常合理地给出了上部 50 m 和 50~100 m 的海洋温度偏差，分别为－0.07 ℃、
1.83 ℃。最大有效波高位于风暴的右前象限，模式右侧冷尾迹的前方。到 9 月 1 日，
有效波高的预报误差约 3.5 m，验证数据来源于 NOAA-P3 飞机携带扫描雷达高度计。
冷尾迹中发现了 10 m 风的调整列线和斯托克斯表面流矢量，表明了朗缪尔湍流的
增加。

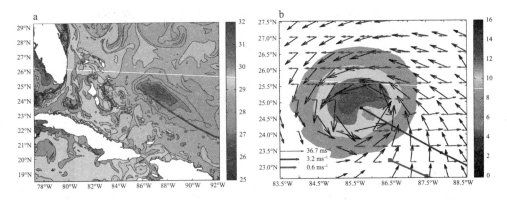

图 8.5　针对飓风 Frances(2004 年),大气—海洋—海浪耦合的 COAMPS-TC 48 h 预报(a)海
面温度(℃)及(b)有效波高(m;阴影)、风(黑色箭头)、表面流场(蓝色箭头)、表面斯托克斯流
(品红箭头)矢量。COAMPS-TC 在 2004 年 8 月 31 日 1 200 UTC 初始化

8.4　路径、强度和结构预报

COAMPS-TC 系统利用大西洋和西北太平洋海域的大量热带气旋样本,验证其对
TC 路径和强度的预报能力。基于运行效率问题,COAMPS-TC 在非耦合模式下运行。
对于这些测试,NAVDAS 分析的背景场和侧边界条件由全球预报系统(GFS)提供。对
于一个特定 TC,COAMPS-TC 每 6 h 输出一次,与 NHC(针对大西洋热带气旋)或
JTWC(针对西北太平洋热带气旋)的业务评估一致。在大西洋海域,通过对 2010～
2012 年间的 41 个热带气旋进行的回顾性预报,生成了近 800 个预报结果。在西北太
平洋海域,通过对 2010～2012 年间的 65 个热带气旋进行的实时预报,生成了 1 100 多
个预报结果。虽然建立大规模的 COAMPS-TC 预报样本非常耗时,但使用尽可能多的
样本来验证模型,最大程度确保其性能能够应对自然界各种不同的 TC 预报是值得的。

图 8.6 总结了 COAMPS-TC 预报与其他业务区域动力学热带气旋模型的实时预
报性能的统计对比情况。其中的业务模式预报来源于自动热带气旋预报(ATCF)系
统,"最佳路径"数据用作验证 TC 位置和强度。依照传统的 TC 验证程序,只有当最佳
路径资料表明风暴在预报初始时刻和有效时间内是 TC 时,预报的个例才能算作验证
样本,而且参与比较的所有模式都做同一个预报(即样品是均质的)。对于大西洋样本,
COAMPS-TC 与地球物理流体动力学实验室模式(GFDL)以及飓风天气研究和预报模
式(HWRF)比较,GFDL 和 HWRF 均在国家环境预报中心运行。图 8.6a 显示的是路
径精度的预报结果,图 8.6b 是强度精度(实线)和偏差(虚线)。COAMPS-TC 的路径
平均绝对误差比业务模式的相应值略高。然而,COAMPS-TC 对所有超出 24 h 后的强
度预报比 HWRF 和 GFDL 更加纯熟。COAMPS-TC 的平均强度误差往往比业务模式

更接近于零,这表明 COAMPS-TC 在强度偏差和强度精度方面都比其他业务模式更好。图 8.6c 显示了在北太平洋西部的 COAMPS-TC 预报样本与 GFDN 模式(海军版的地球物理流体动力学实验室模式)的比较结果。在 0～48 h 的预报时段内,GFDN 模式平均绝对误差比 COAMPS-TC 的略低,但随着预报时间延长,COAMPS-TC 的平均绝对误差比 GFDN 更低。对于如此大的样本,这些令人鼓舞的结果足以促进 COAMPS-TC 在 FNMOC 中过渡到业务运行阶段。

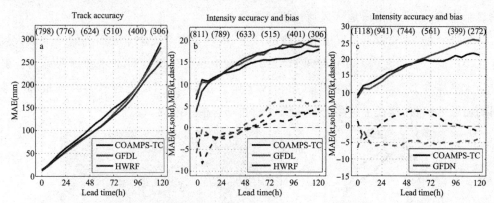

图 8.6　汇总统计 COAMPS-TC 和业务运行的区域动态热带气旋(TC)模式预报的同质比较。(a) 路径是对文本中描述的大西洋海域的样本,使用 COAMPS-TC 回顾性预报、地球物理流体动力学实验室(GFDL)和飓风天气研究和预报模式(HWRF)实时预报的平均绝对误差。(b) 强度平均绝对误差(实线)和平均误差(虚线),对应(a)中的样本和模式。(c) 对文本中描述的西北太平洋样本使用 COAMPS-TC 和 GFDN(GFDLNavy 模式)的实时预报的风暴强度平均绝对误差(实线)和平均误差(虚线)。在所有图中,在图上方数字表示的样本大小为预报时间的函数

　　尽管 COAMPS-TC 表现优异,但统计评估结果也同时指出了预报模式中需要改进的几个细节。其中影响强度预报最明显的问题之一是在预报开始的 0～12 h 内,一个微小的最大风速误差得到快速发展(图 8.6b,c 和图 8.2a)。这种现象是由 TC 涡旋内部非平衡初始态的调整过程引发的。这种不平衡来源于不能精确描述涡旋内部风与质量场关系的 NAVDAS 分析。涡旋初始化以及使预报初期的调整最小化的新方法仍在研发测试中。

　　在上述 TC 样本中,Sandy(2012)最具知名度。热带气旋 Sandy 的轨迹非常典型,加之其与多个中纬度天气系统相互作用,而使其发展得异常强大。COAMPS-TC 对 Sandy 的实时预报结果表明,该系统在处理这些复杂的相互作用时表现相当不错,能够对路径、强度和结构进行精确模拟。图 8.7 是一个特别准确的预报,模式初始化时间是 2012 年 10 月 25 日 1 200 UTC,图 8.7a 显示了 COAMPS-TC 的 120 h 预报路径,紧密贴合观测路径(即美国国家飓风中心的"最佳路径")。预报显示的登陆地点沿新泽西州海岸,贴近观测位置,有 4、5 天的筹备时间,系统还成功捕捉到了由于 Sandy 与中纬度

深槽在东海岸的相互作用而导致的非常不寻常的"硬向左转"特点。COAMPS-TC 对强度也有合理预报(图 8.7b),但也许和飓风沿岸效应的预报更相关(例如波浪,浪涌),模式对 Sandy 的表面风场的预报更精确。图 8.7c 是在 84 h 预报时刻 COAMPS-TC 预报的 10 m 风场,比较接近 OSCAT(Oceansat-2 散射计)的海洋表面风观测结果(图 8.7d)。COAMPS-TC 正确描述了大尺度风场,在涡旋中心附近有一个强风核,风速相对较小的东—西向条形区域环绕在强风核周围,与观测值非常接近。然而,OSCAT 数据显示 35°N 以北的沿海地区风速比模式更强。

　　热带气旋路径、特别是强度和结构的预报,依然是当今气象学家面临的一个最大挑战。美国海军新研发的 COAMPS-TC 对高分辨率热带气旋具有不错的预报能力。针对西太平洋和大西洋过去几年的大量台风个例,COAMPS-TC 进行了实时预报和一系列的回顾性预报,验证了其高分辨率耦合和非耦合模拟能力。

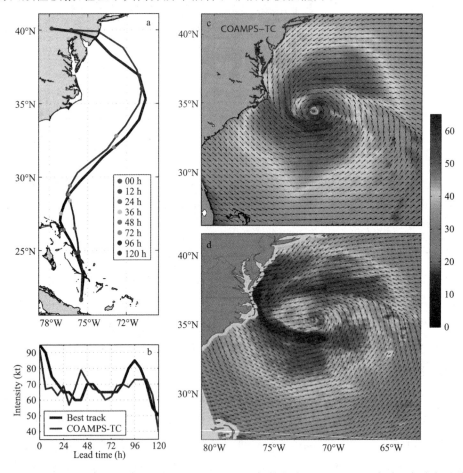

图 8.7　飓风 Sandy,在 2012 年 10 月 25 日 1 200 UTC 初始化的 COAMPS-TC 实时预报路径及其相应的最佳路径

对大西洋和西太平洋 2010～2012 年间的大量预报样本的评估结果表明,与其他先进的动力学模式相比,COAMPS-TC 的强度预报是非常有竞争力的,并在某些方面的预报精度更高,尤其是预报时间超出 36 h 以后的效果更好。最近对飓风 Sandy(2012)的实时预报结果说明 COAMPS-TC 对强度和小尺度结构的描述能力与观测结果一致。利用大气—海洋耦合的 COAMPS-TC 系统对西太平洋台风 Fanapi(2010)和超级台风 Jangmi(2008)的预报结果很好,不仅路径和强度预报与卫星观测一致,而且成功描述了由于混合和上涌引起的海面冷却特征。用大气—海洋—海浪耦合模式对大西洋飓风 Frances(2004)的预报,验证了 COAMPS-TC 系统不仅能切实捕捉到风暴过后的冷尾迹现象,还能再现海洋表面的波浪特性,例如有效波高的最大值出现在风暴的右前象限。

尽管 COAMPS-TC 准确地预报了 Sandy、Fanapi、Frances 和 Jangmi 的演变过程,对其他大量热带气旋(未示出)的实时和回顾性预报结果也非常好,但仍有一些 TC 个例没有体现在预报试验中。

第 9 章

使用 Biocast 系统预报海洋光学环境

BioCast(Bio-Optical Forecasting)系统为美国海军提供海洋光学环境短期预报。该预报支持广泛的海军行动,包括反水雷、反潜和远航作战行动。BioCast 系统将美国海军卫星数据处理系统提供的任意地理参考表面的海洋光学性质作为预测状态变量,获取业务化海洋模式速率预报,计算三维光学性质(伪示踪剂)的输运。预报与"第二天"卫星影像比较的验证统计数据显示,BioCast 比 24 小时的合成卫星数据具有更优越的性能。未来对 BioCast 的业务化改进,如复杂的内部转换模型,必须在业务化预报时间范围内在所构建的基准指标和持续性方面表现出优越性。未来的 BioCast 应用将扩展三维系统性能模拟技术的接口,从而预测特定美国海军传感器在海洋光学环境中的表现。

9.1 概 述

观测和预报海洋光学性质是海军作战实践的关键。例如,水雷和水下简易爆炸装置 IED(Improvised Explosive Devices)是海军作业和海外贸易潜在的巨大威胁。用空中、拖曳或自主水下平台检测水雷可能会受到悬浮物的阻碍。同样,面向水下扫雷和远航作战任务的海军潜水员部署也会受到水下能见度的影响。当海军战术需要隐蔽和突袭时,必须考虑离水辐射的变化(即海洋对于水上观察者的表观颜色)。

因此,辐射在海洋/海洋光学环境中的传播与海军作战关系密切(图 9.1)。要想占据战场空间环境信息优势,就必须了解海洋当前的光学状态,以及在任务规划时间范围

内其未来光学状态的估计。美国海军研究实验室 NRL(Naval Research Laboratory)试
图在以下两个日益壮大的领域之间建立桥梁来满足这一需求：① 卫星海洋水色遥感，
② 数值海洋环流模式及相关计算环境。

图 9.1　从蓝色到棕色，从清晰到黑暗，美国海军必须在各种海洋光学条件下作业。(左图)
太平洋上的自由级濒海战斗舰 LCS 1(Littoral Combat Ship)。(右上)移动潜水救助机组
MDSU(Mobile Diving Salvage Unit)2 的美国海军潜水员在巴林海岸附近作业。(右中)特
种小艇队-22 美国海军特种作战乘员 SWCC(Special Warfare Combatant Crewmen)正在美
国路易斯安那州/密西西比边界的珀尔里弗河口训练。(右下)美国海军潜水员在中东进行
水下扫雷训练。照片来源：美国海军

　　自 1978 年推出海岸带水色扫描仪 CZCS(Coastal Zone Color Scanner)以来，卫星
海洋水色遥感发生了显著的变化。随后的卫星传感器，例如宽视场海洋观测传感器
SeaWiFS(Sea-Viewing Wide-Field-of-View Sensor)和中分辨率成像光谱仪 MODIS
(Moderate Resolution Imaging Spectroradiometer)，已充分证明了离水辐射在天气探
测中的科学应用。大气校正和产品算法的共同进步已促成了 NRL 的自动光学处理系
统 AOPS(Automated Optical Processing System)(Ladner 等，2013)。面向海军应用，
AOPS 向战略关注的领域(图 9.2)提供多个卫星传感器的业务化产品。AOPS 还向美
国海军海洋学办公室提供卫星成像，直接支持美国海军的作战行动。

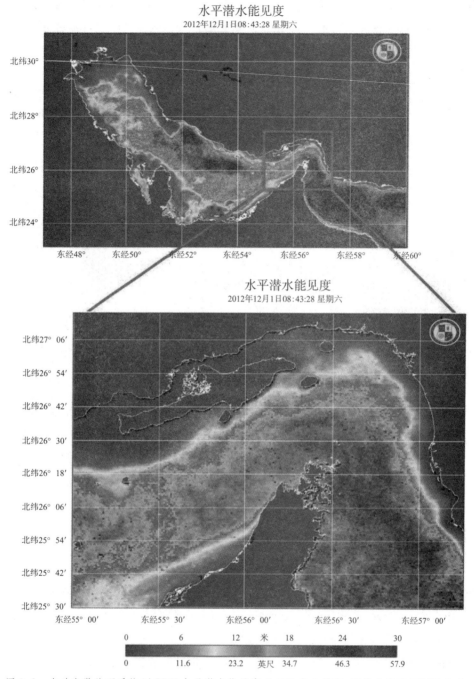

图 9.2　自动光学处理系统(AOPS)水平潜水能见度,1 000 米分辨率,阿拉伯海湾(顶部)和放大到霍尔木兹海峡(底部)

　　业务卫星多光谱海洋水色成像继续使用新的传感器和平台,如芬兰国家极轨合作卫星上搭载的可见光红外成像辐射仪 VIIRS(Visible Infrared Imager Radiometer Suite)传感器。同时,科学家们也正在测试和开发新一代传感器,用以生产海洋表面的高光谱、高空间分辨率影像。NRL 的沿岸高光谱成像仪 HICO(Hyperspectral Imager of the Coastal Ocean)传感器于 2009 年安装在国际空间站上,提供全球 100 m 水平分辨率高光谱影像(图 9.3)。这些 HICO 数据解决了沿岸光学动力学越来越错综复杂的细节问题,而这在 40 年前几乎是不可能获得的。

模式和遥感技术发展的潜在融合预示着未来的光学探测和预报能力能够精确到个人活动范围的尺度,如海军潜水员。

9.2 BioCast 基础

表征海表光学特征的气象卫星影像(图 9.3)表明仅靠单一的科学学科是无法捕捉长因果事件链的。把监测辐射如何影响卫星传感器作为调研的开始是合适的。考虑到大气介质,光从海洋传播出来的问题本质上是一个边界值问题:海水及其溶解物和颗粒成分的固有光学性质 IOP(Inherent Optical Properties)面对初始辐射源。给定这些 IOP 和一些辐射量作为边界值,光传播的物理过程通过辐射传输方程来解释。如果将海水成分分布基于时间的变化简单地理解为 IOP 的变化,则需要理解海洋环流与上层海洋的生物地球化学过程之间的关系。

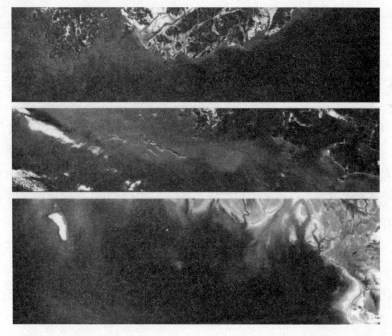

图 9.3　沿岸高光谱成像仪(HICO)(从上到下)的图像:韩国釜山、中国香港、北阿拉伯湾底格里斯河和幼发拉底河出口

在沿岸地区,具有光学活性和高度可变的海水成分可能来自维管植物和土壤沉积物中其他有机物分解出来的有机物质。黏土、淤泥、砂石中的无机物也可以悬浮在水柱中,并对光的散射有很大贡献。在这些环境中,微藻细胞的光学性质,光合作用和光保护类的色素,以及来自这些浮游植物死亡、食草动物摄入、腐烂的非生命有机物无处不在。

这些不同的物质通过光学系数的加性属性与 IOP 相联系。例如,在给定波长(λ)处的总光束衰减系数(c_t 或光束-c)是总吸收(a_t)和散射(b_t)系数的总和:

$$c_t(\lambda) = a_t(\lambda) + b_t(\lambda) \qquad (9.1)$$

光束衰减很重要,因为它是许多水下能见度和传感器性能评估的基础。比如,水平潜水能见度可以认为与光束衰减成反比。方程 1 的物理意义也容易理解:沿着特定方向(路径)穿过水体的光子将遇到光学活性物质,并且将被吸收或散射(b_t)到其他方向。

总吸收和散射系数通常被分解成不同成分的总和。对给定海洋区域中的所有光学活性物质进行完整详尽的计算是不切实际的。因此,光学活性物质通常分为几个类别:

$$a_t(\lambda) = a_{SW}(\lambda) + a_{NL}(\lambda) + a_{SS}(\lambda) \qquad (9.2)$$

$$b_t(\lambda) = b_{SW}(\lambda) + b_\phi(\lambda) + b_{NL}(\lambda) + b_{SS}(\lambda) \qquad (9.3)$$

式中,下标指的是成分类别:SW 是纯海水,ϕ 是活浮游植物贡献量,NL 是非活性有机物,SS 是悬浮的无机沉积物。在给定波长及总的 IOP 条件下,每个成分类别贡献的百分比的分解可作为光学水质分类的基础。在我们的示例中,一些物质的波长的吸收或散射作用可忽略不计,而且组成的类别划分是可变的。

因此,光学活性成分类别与波动的物质量相关。这种物质的质量浓度(M_x:每单位体积海水的物质质量)由一般形式的质量守恒方程主导:

$$\frac{\partial M_x}{\partial t} = [\nabla \cdot (\vee M_x)] + F + Q \qquad (9.4)$$

这可以分解为可分离的过程:物理传输的简式 $[\nabla \cdot (\vee M_x)]$,边界值通量($F$)和内变换($Q$)。如果将公式(9.4)应用于划定的沿岸地区,边界将包括在陆地/海洋边界处的潜在质量通量(F)以及在所考虑区域的向海空间边界处质量的潜在添加/移除。内变换(Q)可以根据组分的物质类别而广泛变化。例如,沉积物可能经历沉降和凝结;浮游植物的生长和下降取决于海洋生态系统的功能和结构。

光质转换定义了特定质量(固定体积的海水中的物质的量)与参考波长处的某些特征固有光学性质(例如,440 nm 处的吸收系数)之间的关系,它用来表达质量守恒的光学影响。还需要另外的光谱函数来将单个参考波长处的光学性质转换到一定光谱范围(例如,可见光谱,390～700 nm)上的 IOP。比如,有色可溶性有机物质 CDOM (Chromophoric Dissolved Organic Matter)是总的可溶性有机物质中化学复杂的部分,实质上有助于可见光在海水中的吸收。CDOM 光学性质相对于有机物质浓度(μmol

碳 L^{-1})是高度可变的,并且可由于与环境的多方面相互作用而剧烈改变,例如暴露于紫外辐射中。

悬浮的沉积物类型、粒度和浮游植物群体的复杂性会引起类似的质量特异性光学复杂性。后一点通常简化为批量的"叶绿素-a"基本色素的测量。然而,海洋学家应该认识到微藻生物多样性带来的巨大光学复杂性,因为有超过 4 000 种海洋浮游植物。浮游植物群体的整体光学性质是来自代表性物种的细胞和色素组的光学贡献比例的总和。对于任何一个特定的浮游植物类群,其光学性质随营养状态、生理状态、环境条件适应度的函数而变化。

因此,光质量变换计算是其中一项薄弱的环节。质量是守恒的,IOP 是严格附加的;然而,质量和光学性质之间的关系在时间和空间上不是固定的。此外,因为正是光学性质影响了卫星辐射计探测的辐射信号,所以试图为质量守恒模拟框架提供基于卫星的初始状态和边界值同样受到光学变换内的固有不确定性的阻碍。如果不能用卫星辐射计数据直接约束质量划分,也就不利于改善内部变换子模型的真实性[方程式(9.4)中的 Q]。

生物光学预报 BioCast(Bio-Optical Forecasting)系统方法是指从光学变异因果链中的这些薄弱环节中剥离短期预报框架(每小时预报到 24 到 48 小时时间范围)。实现的途径是:将基于卫星的光学产品作为伪示踪剂直接纳入质量守恒框架中。在这种方法中,我们保留质量守恒并充分利用气象卫星辐射计的观测数据。由卫星数据反演的表面光学性质就是一个伪示踪剂($C'x$),并且可通过公式(9.4)中呈现的光学守恒方程来估计伪示踪剂分布的时间相关的变化。例如,$C'x$ 可设置为参考波长的光线衰减($C'x = c_t(531 \text{ nm})$)。这避免了进行光学分区[公式(9.1)],将复杂物质组分为一批具有代表性的物质种类[公式(9.2)(9.3)],以及执行一系列相关的光质量变换计算。

BioCast 假定海洋环流是所有其他方面的基础:从初始状态(直接从卫星数据获得)到未来状态的伪示踪剂分布的短期变化的物理传输以及物理传输与边界值(也从卫星数据获得)的相互作用加权。采用的假设是,加权足够大可以有效地将内部光学性质变换减少到零[公式(9.4)中的 $Q=0$]。因此,预报系统必须获取和采用卫星数据以及三维环流的一些估计来描述时间依赖的物质输送。业务化的资料同化海洋环流模式提供了这些三维速度场。

BioCast 软件用于获取模拟速度场,并将它们采样到与卫星影像一致的空间分辨率。在三维网格上使用缩放的水深测量垂直坐标系统来执行输运计算,直到 200 m 的最大深度。在 BioCast 的初始实施阶段,假定伪示踪剂的垂直分布是均匀的。需要将更复杂的初始状态垂直分布和基于滑翔机的现场观测同化相结合。

BioCast 光学输运计算的关键是光通量元素 OFE(Optical Flux Elements)的集成。OFE 是光学伪示踪剂(m^{-1})、速度(ms^{-1})、BioCast 内部时间步长(s)和三维模式网格内 BioCast 网格立方体单元每个面的面积(m^2)的乘积。对光学伪示踪剂重新分配临时的单元,包括从自然单位(一般是 m^{-1})到每立方米质量,就得到了每个 OFE 的伪质量通量。输运的数值计算方法类似于欧拉一阶迎风差分。可以通过调整 BioCast 内部时间步长来适应卫星影像的水平尺寸和数值稳定性约束。预报产品按小时为间隔写入数字文件。

战术海洋数据系统 TODS(Tactical Ocean Data System)是一个将 AOPS 和其他软件组件整合到单个用户界面中的业务软件包。将 BioCast 集成到 TODS 中可以允许用户将 AOPS 卫星处理区域与业务海洋环流模式的输出相链接,以便启动 BioCast 预报序列。该序列必须先指定完整的卫星产品区域和海陆边界。初始不完全的域可用内插的方法填充。每小时洋流预报映射到三维 BioCast 网格后,就可以为输运计算提供基础,然后向用户提供每小时的 BioCast 光学性质预报。在达到 24 小时预报标记时,系统会从 AOPS 中寻找额外的卫星数据同化到预报序列中(图 9.4)。24 小时预报和新的 AOPS 数据流的合并构成了新的初始状态来启动预报周期新一轮的迭代。一旦启动,BioCast 系统可以自主地迭代这个预报/更新的循环。

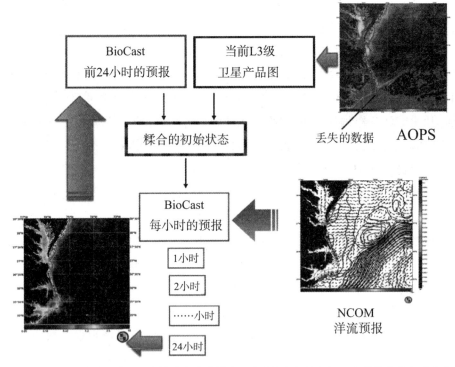

图 9.4 BioCast 预报周期图:海军近岸海洋模式 NCOM 速度场和每日映射影像输入到系统

9.3 BioCast 应用

内河口、海峡、海港往往是浑浊的,开阔海域比较清澈。在这些极端之间经常出现急剧梯度的沿岸地区是光学预报系统的理想测试区域。美国海军三叉戟勇士—2013演习沿大西洋美国东海岸进行,这提供了一个实时应用 BioCast 系统的机会。MODIS 1 km 分辨率的光学产品被 BioCast 系统及区域海军近岸海洋模式用于海洋潮流预报。BioCast 生产了 24 小时表面光学性质预报,随后与第二天卫星影像产品合并,并在 2013 年 7 月和 8 月不断重复预报周期,如图 9.4 所示。

2013 年 7 月 18 日至 19 日的连续 MODIS 影像显示北卡罗来纳州俄勒冈湾(图 9.5)的悬浮物正在向海扩散,经由 Pamlico 海峡和大西洋之间的表面水流渠道。BioCast 成功预报了这种观察到的扩散(图 9.6a)。从初始状态开始,小时预报逐渐将 $0.4\ m^{-1}$ 光束-c(531 nm)等高线间隔从俄勒冈入口向外扩展到沿岸海洋约 $10\sim15$ km。初始时间(1 800 UTC7 月 18 日)是东南风。在随后的 24 小时内,风速增长为三倍,风向转向西南。模式成功地预报了洋流表面对风变化的响应:表面洋流加速到向海的轨迹,并将悬浮物从俄勒冈入口输离,这些随后都被卫星观测到了(图 9.5 和 9.6a)。

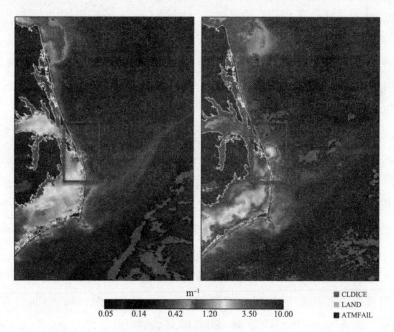

图 9.5 中等分辨率成像光谱辐射仪(MODIS)2013 年 7 月 18 日(左)和 2013 年 7 月 19 日(右)的 1 km 分辨率的光束衰减图像

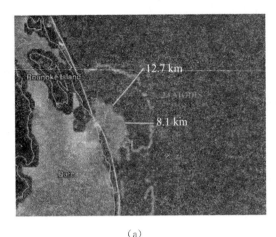 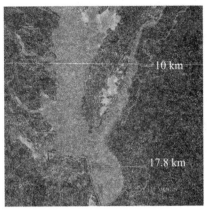

(a)   (b)

图 9.6 (a) 北卡罗莱纳州俄勒冈入口:初始状态(7 月 18 日)和＋24 小时(7 月 19 日)的光束衰减曲线。初始轮廓终止于 $c(531)=0.4\ m^{-1}$。24 小时标记对应于 $c(531)=0.4\ m^{-1}$ 光学等值线。海洋水色信息覆盖在 Google 地球影像投影上。(b)与(a)一样,描述的是切萨皮克湾和弗吉尼亚海岸线

在更远的北部,BioCast 模拟了在切萨皮克湾口和沿着弗吉尼亚外海岸线的 24 小时向上扩散的悬浮物(图 9.6b)。得益于这个基础预报模型,扩散的预报是准确的。海洋－大气耦合中尺度预报系统 COAMPS®(Coupled Ocean Atmosphere Mesoscale Prediction System)[Doyle 等(2014 年),Allard 等(2014 年),本期]在 24 小时预报期内,用大陆低压准确地预报了一个阿巴拉契亚山脉的大陆高压系统的移动。模拟结果中显示南风沿着弗吉尼亚海岸线加速移动。这些预报的沿岸风速输入到 NCOM,使表面洋流的速度偏向离岸方向。BioCast 利用这些信息来预报随后由卫星确认的沿岸悬浮物的扩散。

在三叉戟勇士—2013 演习期间,BioCast 系统很好地捕获了针对美国大西洋中部海岸线的表面光学等高线膨胀和收缩的细节。此处将不会针对细节来描述,而是通过比较 24 小时预报产品和相应卫星数据,进行简要的统计测量。此外,也使用当前条件的持续性作为预报系统真实性的衡量基准。若没有任何可用的预报,就将今天的结果作为明天的最优预报。持续性能作为一种替代的预报指标,可以用来评估预报系统的内在价值。

由于云或大气校正失败,单日卫星产品则可能包含大量的缺失数据。因此,所使用的持续值是来自于过去 30 天每日影像的 30 天合成影像。换句话说,每个像素中保留的值是该空间的最后一个可用数据,最大延迟为 30 天。BioCast 产品 BC(BioCast product)和 30 天最新像素合成的持续性产品 PS(Persistence product)会与第二天卫星产品进行比较。

首先根据平均绝对差 MAD(Mean Absolute Difference)描述来自 61 天预报循环

周期的统计信息，

$$MAD = \frac{1}{N} \sum_{n=1}^{N} |(F_n - R_n)| \qquad (9.5)$$

式中 F 是预报产品，R 是参考产品（第二天影像像素）。

BioCast 在所选择的海岸线距离（$10\sim249$ km，表 9.1）的各像素处，将 $c_t(531)$ 的 MAD 平均降低了约 51%。光束-c 值也转换为水平潜水能见度估计，以将 MAD 统计数据用更实际的术语描述。同样，当使用 BioCast 代替持续性时，平均预报场与卫星数据的偏离减少了大约一半。

表 9.1　光束-c/水平潜水能见度平均绝对差（MAD）性能统计表

范围	10 km	30 km	60 km	109 km	209 km	249 km
$c(531\ nm)$ MAD 持续性$(m^{-1}) \times 10^{-2}$	29.80	17.17	10.95	8.37	6.57	5.93
$c(531\ nm)$ MAD BioCast$(m^{-1}) \times 10^{-2}$	17.80	8.00	4.88	3.78	3.08	2.76
BioCast-C$(531\ nm)$差异减少量（%）	40.3	53.4	55.4	54.8	53.1	53.5
水平潜水能见度 MAD 持续性（m）	2.30	3.98	4.13	4.32	4.29	4.26
水平潜水能见度 MAD BioCast（m）	1.50	1.63	1.73	1.73	2.04	1.97
BioCast—可见性差异减少量（%）	34.8	59.0	58.1	60.0	52.4	53.8
N（比较的数量）	2 532	11 046	23 039	35 757	54 110	65 337

另一种分析方法是使用统计汇总图来比较预报模式的结果。这些图表依赖于统计量之间的可再现关系，以概括预报模型的性能。这些关系假定变量隐含的概率密度函数是正态的。由于海洋表面光学性质的密度函数是对数正态的（参见 Campbell，1995），这些原始数据被对数转换为 $GS[n] = \log_{10}(n) + 5.0$ 的"灰度级"。

BC 和 PS 与次日影像（R 参考）的性能统计信息首先显示在归一化目标图上。目标图的含义直观易于理解：点到原点的距离等于预报产品与参考向量之间的均方根 RMS（Root-Mean-Square）误差，

$$RMS = \left(\frac{1}{N} \sum_{n=1}^{N} (F_n - R_n)^2 \right)^{0.5} \qquad (9.6)$$

式中，RMS 由参考标准偏差（RMS* $= RMS/\sigma_R$）进行归一化。点到原点越近，RMS* 统计量（理想情况下为 0）越好。横坐标幅度是无偏RMS*（或 pattern RMS* ），纵坐标轴是归一化偏差（即比较向量的平均值之间的差）。更多细节可以在 Jolliff 等人（2009）的论文中找到。对于光束-c，PS 值都落在RMS* 范围 $0.5 < PS < 1.0$（图 9.7a）中，这在预报性能的可接受范围内。RMS* 值大于 1 的情况表明，数据的简单平均值将是好的统计预报。

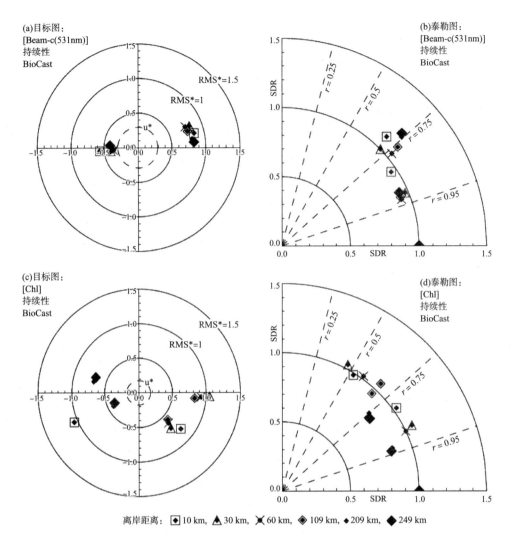

离岸距离：⬙ 10 km，▲ 30 km，✳ 60 km，◈ 109 km，◆ 209 km，◆ 249 km

图 9.7　比较 30 天最新像素合成（持续性）和 BioCast24 小时预报分别与下一天 MODIS 产品的统计汇总图。统计资料是从 61 天的"次日"比较（2013 年 7 月 2 日至 8 月 31 日）中产生的。该范围是指使用离岸距离来选择用于统计分析的图像像素子集。因为预报产品都与一般的海岸生物光梯度相似，相关性(r)随着离岸距离的增加而改善

相反，BioCast(BC)目标图性能测量（除了 10 km 范围之外）落在 $u^* <$ BC < 0.5 的 RMS* 范围内（图 9.7a）。从这些比较性能测量的结果可以得出两个结论：① BioCast 提供了持续性好的预报产品；② 存在潜在的预报改进空间。后一结论基于我们对 RMS* 不确定性(u^*)的估计。理论上，由于观测的不确定性，改进的预报数据一致性不再有意义，也必然存在一些问题。RMS* $= u^*$ 是该不确定性范围的估计。

泰勒图提供了另一个汇总图形式（Taylor，2001）。它们是检查线性相关系数（径向轴）和标准偏差比（SDR $= \sigma_F/\sigma_R$）之间的关系的极坐标图。BioCast 模式测量（相关性和根方差）均比海岸线所有范围内的持续模式测量都要优越（图 9.7b）。这意味着

BioCast 预报产品中的表面光学性质的空间分布更接近于次日卫星影像的形态而不是持续性的形态。这种统计结果支持我们的假设,卫星检测到的短期(24 小时)表面光学性能分布的变化主要由海洋环流主导。

对另一 AOPS 产品[标准 OC3 表面叶绿素-a 估计值(mg·m^{-3};O'Reilly 等,2000)]重复该汇总图统计分析。卫星估计的表面叶绿素-a 浓度不是表面光学性质。另一方面,由于这些水域的上述光学复杂性,这种基于经验的卫星产品也许不能代表许多沿岸地区的真实表面叶绿素-a 浓度(例如,Giannini 等,2013)。在许多沿岸地区,卫星叶绿素(或 Csat)更宜认为是水柱光衰减的指标。Csat 的汇总图性能测量符合光束-c 的模式(图 9.7c,d);BioCast 通常针对持续性来改进RMS* 和模式评分统计量。还注意到,在近距离(10~30 km)处,持续性刚好在RMS* =1 之外,因此是不可接受的预报。

9.4 未来方向

业务预报是一项需要不断努力提高性能的工作。如果不能提高预报性能,高度复杂的生态系统/物质转化子模型只不过是累赘。类似地,边界值方案、数值传输方法和数据同化技术都可以在软件的未来版本中修正。然而,这些类型的修正在转换前必须证明比 BioCast(1.0 版)具有更好的统计预报性能。三叉戟勇士—2013 美国海军演习的基于 Biocast 的 24 小时预报序列的性能指标已经建立,墨西哥湾北部也进行了 10 个月连续的每日预报序列试验(数据未显示)。

BioCast 与其他 TODS 软件组件的集成也将促进海洋光学预报的进一步发展。例如,BioCast 将与反水雷系统性能评估技术相关联。光学性质的垂直变化可以通过三维光学发生器软件包估计得到。该 TODS 组件利用从自主水下航行器发送的现场数据来导出垂直光学可变性与水柱密度变化之间的统计关系。然后使用表面光学性质值的 AOPS 卫星辐射计产品和来自资料同化海洋模式的密度分析场,将这些经验光学性质密度关系投影到三维场。

性能评估技术的最后一步是将垂直光学剖面与可以在各种光学条件下估计美国海军水雷搜索系统性能的计算机模型顺序连接。系统性能的预报变化提供了最佳系统部署的基础。例如,AN/AQS-24 激光线扫描仪是由美国海军的直升机反水雷队(HM-14"Vanguard"和 HM-15"Blackhawks")部署的直升机拖曳的水下鱼雷成像系统。直升机机组人员需要知道 AN/AQS-24 在海底以上的最佳牵引高度,这取决于激光能否有效的穿透水柱以辨识潜在的水下目标。改进水柱光学透明度的预报可以提高用于目标识别的最佳拖曳高度,并有效地减少部署时间和设备的损坏率。这正是可以被海军任务战术规划所采用的信息类型,从而完成从第一性原理和基本科学到支撑海军和陆战队任务的精确预报产品的研究链。

第 10 章

NAVOCEANO 业务应用

美国海军海洋学办公室(NAVOCEANO)提供了针对全球、区域和近岸海洋模式的日常业务预报产品。采用包括三维环流、海浪和海冰的预报模式系统,以满足当前海军的保障需要;这些模式依赖于海军大气模式强迫和海军开发的底层地形数据的支持。此外,NAVOCEANO 对获取的现场和遥感资料进行质量控制和传输处理,为海洋模式同化提供实时的海洋观测资料。这些观测资料用于评估模式水平和发展海洋气候学。运行海洋模式系统需要超级计算机能力,以及维持系统运行所需的独特且经过专业训练的模式业务团队。同时,需要专业海洋预报员解析预报信息,并将其应用于海军业务中。从需求分析到系统研发,再到业务应用的发展之路表明,系统研发、产品制作和海军的业务应用之间存在着密切的联系。该发展之路还提出了具有创新意义的未来海洋模拟计划,其宗旨在于提高海洋学对海军的支持。

10.1 业务海洋模式

通常大多数人依靠国家气象局的预报来规划每一天的日程。这些预报往往来自数值模式和观测。类似地,美国海军同样需要海洋预报来支持海军业务,包括海流、海浪、潮汐、声速、水温、盐度和能见度等方面的环境信息。NAVOCEANO 制作这些海洋预报产品,并由受过专门训练的海军海洋学家和预报员对其应用,以提供有用的"海洋天气"信息给海军决策制定者,使得他们能够更加安全、有效和高效地进行规划制定和落实。

NAVOCEANO 的海洋模拟业务齐全,涵盖了从全球预报产品制作逐步到更高分辨率的局部和沿岸区域(图 10.1)的预报产品制作业务。这些海洋模式中多数是由美国海军研究实验室(NRL)开发的,模式提供全球、区域和近岸的二维或者三维海洋动力学和热力学要素,以及二维的区域和沿岸的海浪要素。NAVOCEANO 确保这些海洋模式按计划执行,数据能及时地交付给海军用户,并提供信息的解析,类似于美国国家海洋大气管理局(NOAA)下美国国家气象局(NWS)的任务。海军海洋学办公室所使用的海洋模式包括:混合坐标海洋模式 HYCOM、WAVEWATCH Ⅲ(WW3)、区域海军近岸海洋模式 RNCOM、沿海海军近岸海洋模式 CNCOM、二维正压潮汐模式 PCTides、商业性的基于 PC 且全球可重定位的三维模式 HYDROMAP、商业性的近岸和河口环流模式 Delft3D、近岸海浪模式 SWAN、海军标准拍岸浪模式 NSSM。

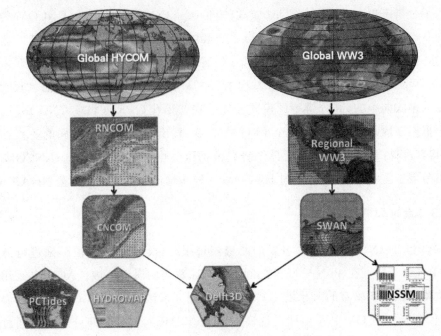

图 10.1　海军业务环流、海浪、潮汐和碎波带模式系统

10.1.1　全球环流模式

NRL 发布的混合坐标海洋模式(HYCOM)作为全球海洋预报系统 3.0(GOFS 3.0)的海洋模式,每天预报未来七天(即 168 h)的海洋温度、盐度、海流、海面高度等要素。输出产品包括三小时间隔的 1 个二维全球表面数据文件和 18 个三维区域的全要素的数据集合文件。业务预报从 1 m 厚度海表到 1 000 m 深海底层,垂直分层 40 层。预报需要的大气强迫由美国海军舰队数值气象海洋中心(FNMOC)0.5°分辨率海军全球大气模式(NAVGEM)提供。虽然 HYCOM 运行时无潮汐强迫,但是在模式运行完成后,会加入来自俄勒冈州立大学潮汐反演系统(OTIS)提供的正压潮数据。众多的

HYCOM 数据集将实时地输送到美国国家海洋大气管理局(NOAA)。NOAA 的国家环境预报中心(NCEP)通过海洋预报中心(OPC)的图形网站,或者通过国家业务模式归档和分发系统(NOMADS)来提供公共访问服务。

10.1.2 区域环流模式

海军近岸海洋模式(NCOM)是一个四维的海洋预报系统,每天预报未来四天(即 96 小时)的海温、盐度、海流和海表高度等要素信息。该模式由 NRL 开发,用于可重定位 NCOM 系统。在海军关注的区域,区域 NCOM(RNCOM)具有比 HYCOM 更高的水平分辨率。多数 RNCOM 区域的水平分辨率为 1/30°,RNCOM 的每次运行均需要从 HYCOM 的输出中获取海洋开边界值,这个过程称为嵌套。在某些区域 RNCOM 中嵌入了分辨率更高的近岸 NCOM 模式(Coastal NCOM,CNCOM),CNCOM 的分辨率在 300 m 至 500 m 之间,运行时从与之嵌套的 RNCOM 中获取开边界值。典型的 RNCOM 区域大小为纬度 20°×经度 20°,典型的 CNCOM 区域大小为纬度 5°×经度 5°。HYCOM/RNCOM 和 RNCOM/CNCOM 的嵌套边界值只有单向传输,即从大的、粗粒度的模式向小的、高分辨率的模式传输。在初始化后,RNCOM/CNCOM 区域数据在预报周期内每隔 3 个或者 1 个小时输出一次,输出与 HYCOM 相同的垂直层数 40 层,并将其存储归档至海洋/大气合作研究数据服务中心(COARDS)。RNCOM 输出数据集覆盖了美国的沿岸地区,同 HYCOM 一样将输出数据实时上传至 NOAA 网站。

10.1.3 海冰预报系统

NAVOCEANO 运行 NRL 开发的北极帽现报/预报系统(ACNFS)来进行海冰预报,其中包含了纬度在 40°N～90°N 之间的所有冰覆盖的海洋区域。ACNFS 采用了洛斯阿拉莫斯国家实验室的海冰模式 CICE,并使用北极区域的 HYCOM 作为其海洋模式。CICE 和 HYCOM 利用地球系统模拟框架(ESMF),在高时间分辨率上通过交换信息来进行耦合。输出包括海冰覆盖范围、厚度、漂移、温度、盐度和海流等信息,均输出到国家海冰中心(NIC),为预报员提供指导信息。NCEP 同样接收该模式的输出信息,为国家气象局的用户和公众服务。在不久的将来,ACNFS 将作为一个独立的模型,CICE 将与全球 HYCOM 系统耦合,为南极和北极区域的预报服务。

10.1.4 区域耦合模拟

2012 年,NAVOCEANO 实现了最初版本的海洋/大气耦合中尺度预报系统(COAMPS®)[1]。COAMPS 通过交换变量来耦合独立的海洋和大气模式,在运行过程

---

[1] COAMPS® 是海军研究实验室 NRL 的注册商标

中系统提供了一个虚拟的模式来包含两者的环境信息,如图 10.2 所示。CAGIPS,即来即取产品服务;ESMF,地球系统模拟框架;GOFS,全球海洋预报系统;NAVGEM,海军全球大气模式;NCODA,海军大气/海洋耦合资料同化;NCOM,海军近岸海洋模式;NAVDAS,NRL 大气变分数据同化系统,大气与 NCODA 等同。地形输入包括:GLOBE,全球陆面 1 km 基准高度;WVS,世界矢量海岸线;DBDB2,2-分分辨率的数字水深测量数据库;DBDBV,可变分辨率的数字水深测量数据库。

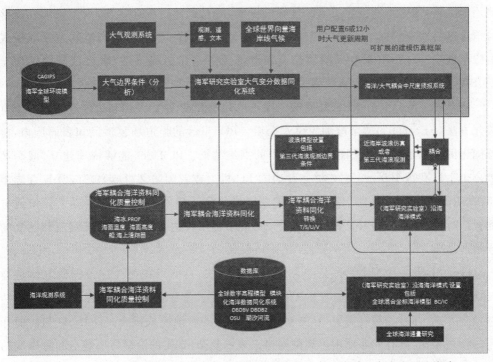

图 10.2　海洋/大气耦合中尺度预报系统(COAMPS)大气—海洋—海浪的配置关系

　　NRL 最终引入了包含海浪模式分量的 COAMPS,并计划将海冰模式分量引入到系统中去。整个系统核心模式分别为 COAMPS 大气模式、NCOM 海洋模式、WAVEWATCH Ⅲ 或者 SWAN 海浪模式,以及 CICE 海冰模式。需要注意的是,COAMPS 最早是作为一个独立、无耦合的大气模式开发的,但目前已经演化成一个全耦合的系统。COAMPS 目前使用三维变分(3DVAR)同化,并将升级使用四维变分(4DVAR)同化技术。4DVAR 的一个优势在于观测信息能够在时空上进行传播,观测资料对预报具有更大的影响力。通过 ESMF 框架平台,COAMPS 交换系统分量之间的相关变量信息,同时新增的物理反馈过程能够改进对各个环节的预报质量。任何单一的分量模式均可在提供其他分量模式外部输入的情况下单独运行。此外,NAVOCEANO 计划使用 COAMPS 来逐步替代区域和沿岸的独立区域 NCOM。在未来的几年里,从 COAMPS 实现过程中所学习到的新技术将用于全球耦合模拟系统,以提高地球系统预测能力(ESPC)。

10.1.5　超高分辨率近岸环流模式

目前在 NAVOCEANO 的 HYDROMAP、PCTides 和 Delft3D 模式中,可获得对于近岸海表高度和海流的预报。HYDROMAP 是一个基于 PC 且全球可重定位的三维商业性模式,由应用科学协会(ASA)开发。其水平分辨率从 50 m 到 500 m,垂直分辨率对于每个区域是不同的。正压海流和表面高度场预报时效超过 48 小时。模式使用简化矩形网格,能够不断创建更高分辨率的嵌套,并且创建过程非常快,因此该模式能够对请求进行快速响应。用户可使用 ASA 的气象和海洋(METOC)浏览软件读取模式的输出数据。HYDROMAP 的潮位高度和海流等离岸边界条件,来自俄勒冈州大学 TOPEX 5.1 的分析结果,大气强迫来自 COAMPS。

PCTides 是一个由 NRL 开发的二维正压潮汐模式,初始条件和边界条件由基于有限元方法(FES-2004)的全球潮汐模式提供。PCTides 的强迫场包括风和表面压力,能够同化国际水道测量组织潮汐数据库中的潮站数据。PCTides 能够快速建立,嵌套区域分辨率可高达 100 m。它能够在普通的 PC 机上或者国防部(DoD)超级计算资源中心(DSRC)的计算服务器上运行。该模式同样采用矩形网格,能够在世界上任何地方配置运行,以支持各种紧急行动。PCTides 能够提供长达 96 小时的二维潮流和潮高的预报产品。

Delft3D 是一个商业性的近岸和河口环流模式,目前可在荷兰三角洲研究院免费获得,其在 NRL 的帮助下在 NAVOCEANO 实现了业务化。该模式有二维和三维两种设置方式,并且如果有需要,它能够与高分辨率的海浪模式耦合。Delft3D 与前面介绍的模式相比,具有能够使用不规则网格来表示复杂、真实的沿岸海底地形和海岸线的优势,但是其实现也更为复杂且运行的时间更长。因此,与其他模式相比,Delft3D 并不具有"快速响应"的能力。大气强迫由 COAMPS 提供,海洋边界条件和海表高度均从低分辨率 NCOM 区域模式或者潮汐站处获得。Delft3D 模式水平分辨率通常范在 10～200 m 之间,预报时效为 72 小时。图 10.3 描述了来自 Delft3D 的产品示例,示例中显示了切萨皮克湾海域沿岸的海流情况,其中加入了湾口在一段时间内的潮汐高度和海流垂直结构。

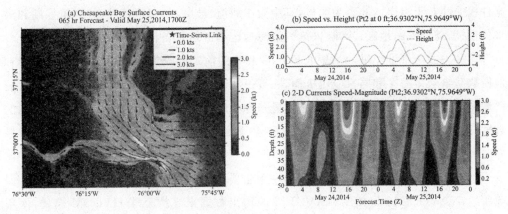

图 10.3　关于切萨皮克湾的 Delft3D 产品示例

10.1.6　全球、区域和近岸海浪模式

美国海军舰队数值气象海洋中心（FNMOC）和 NAVOCEANO 共同承担了海军的海浪模拟任务，其中 FNMOC 的 WW3 覆盖较大的海盆区域，NAVOCEANO 的 SWAN 提供沿岸海浪和拍岸浪预报。NAVOCEANO 运行一个全球多重网格 WW3 来为区域和沿岸 SWAN 模式提供谱边界条件。WW3 是一个由 NOAA 的 NCEP 开发的第三代海浪谱模式，且其业务化版本已经由 NRL 递交到了 NAVOCEANO。

NAVOCEANO 在大量区域运行 SWAN 模式来预测各种海浪要素，包括从有效波高到波陡等。在区域范围内使用 1/12°分辨率（或 6.5 km），在临近海岸区域使用 10 m 分辨率，这对高分辨率海底地形的可用性具有较强的依赖性。SWAN 是一个由代尔夫特科技大学开发的第三代相平均海浪模式。尽管它只是 Delft3D 模拟工具集的一部分，但是目前它仍旧在 NAVOCEANO 中作为一个独立的模式运行。SWAN 也与海军的标准拍岸浪模式（NSSM）结合，可以生成独特的海滩拍岸浪预报产品。

10.2　模式建立及业务支撑

为了正确地模拟海洋过程，需要特定的环境信息，包括海洋底部和海岸线的精确刻画，大气强迫导致的海表能量的实时交换以及用于同化的观测资料等。

10.2.1　海洋模式建立

海洋模式的精确性取决于一个合适的对"海盆"水文情况的定义。其底部的几何形状、成分和摩擦特性，在一定程度上会影响质量守恒、动量和热传输、潮位和海流结构。

这种相关性对于沿岸区域更为明显,其中对于海流、波陡、拍岸浪特性,或者风暴潮和洪水的预报,需要深海地区、沙滩、入滨的沿海地区等区域具备精确一致的信息。

在过去的两个世纪里,NAVOCEANO 和它的前辈们收集、分析并交付海底地形和地质数据给众多海军和国家应用机构,一直扮演着领导者的角色。舰队的调查船只、装备激光雷达的飞机、高分辨率多光谱卫星和专门的现场收集团队,均在采集高度精确的数据。海洋建模者们可以从 NAVOCEANO 所维护的大规模海底地形数据中获得最好的海洋底部结构信息。

对于所有 NAVOCEANO 的模式,一个主要的驱动因素是海洋表面大气强迫。如前所述,NAVOCEANO 使用 NAVGEM 的输出数据来支持全球 HYCOM 模式,使用 COAMPS 的输出数据驱动区域 NCOM 模式和近岸模式。

NAVOCEANO 每天从 FNMOC 的"即来即取"产品服务区(CAGIPS)接收超过 47 000 个大气场文件,其中包括表面(或者 2 m)气温、地面或者海面温度、气压、冰覆盖率、露点温差、特定湿度、蒸汽压、红外(长波)通量、太阳短波通量、感热通量、总降水量、向东和向北的表面风应力,以及向东和向北的 10 m 风速。为了确保这些场数据能够合适地强迫海洋模式,NRL 开发了一套月校正因子来优化这些数据交换。当前 NAVGEM 的 2014 版本分辨率为 $1/2°$(55 km),一个将分辨率提高到 15 km 的计划目前正在实施中。对于区域 NCOMs 的多数 COAMPS 场,其发布的数据分辨率在 15~18 km(即 8 nm~10 nm)之间。

10.2.2 海洋观测资料

NAVOCEANO 的一个主要职能是及时接收、处理、归档和分发大范围的海洋预估场。实时观测对于业务化海洋学是非常重要的,因为它们具有提供以下支撑业务化功能的能力:① 在每个模式运行之前,对初始场进行同化校正分析;② 确保模式正常运行,并检验它们的性能水平,以及评估新模式或者升级已有模式;③ 创建基于观测的历史或者气候海洋图。

观测资料大致划分为遥感(如通过卫星或者沿岸雷达探测到的)和现场资料(即通过海洋平台仪器直接测量获得的资料等)两部分。对于 NAVOCEANO 的海洋模拟,需要及时、准确的观测数据,以满足舰队用户对于可靠性、实时性方面的需求。错误的观测资料和延时超过两天以上的数据,对于改进模式初始场毫无益处,而且实际应用中容易导致不可预料的结果。

在 NAVOCEANO 所接收的高质量遥感数据通过大范围的卫星平台传输,该平台广泛采集探测海表温度(SST)、海表高度(SSH)\海冰特征和海浪数据。

NAVOCEANO 是一个获取、处理、融合和分发 SSH 和 SST 数据的国家中心。卫星测高在全球和区域模式中,对于定义中尺度海洋结构(如海洋漩涡、锋、弯曲急流等)是非常重要的。除了被同化到 NAVOCEANO 模式中,这些数据均通过 NAVOCEANO 的测高数据融合中心处理,并为其他机构提供海洋分析和模拟支持。由于测高平台较少,海军气象学和海洋学团队强化了对具有鲁棒能力的国家测高计划的需求。

NAVOCEANO 以业务化的方式从多个极轨和静止卫星获取 SST 检索信息,并且将融合结果作为多通道海表温度(MCSST)产品发布。SST 检索信息同样可从国际卫星合作伙伴处,通过加入该分辨率海表温度计划组的方式获得。海冰特征可以从被动微波和红外卫星传感器处获得,然后将其传输至 NIC 进行极地海冰分析,并同化到 ACNFS 中。

NAVOCEANO 的实时数据处理系统(RTDHS)是一家专门针对表层和次表层观测资料的收集和归类网站,这些资料来自船上温深仪(CTD),抛弃式温深仪(XBTs)、浮标、剖面探测浮标、漂流物、滑翔机、海洋动物,以及其他平台等。相比于这些在大气中收集的数据,现场数据更为稀疏,因此每一个海洋观测都是重要的。除了世界气象组织的全球电信系统的实时数据流,RTDHS 还接收大量学术、商业和国际合作伙伴的军事观测信息和数据。RTDHS 对所接受的这些多源数据,进行自动化质量检测、解码和重新编排格式,同时将其以一致性的、可读的格式,实时地(分钟级别时间内)发送至海洋模式同化系统。

NAVOCEANO 部署和控制其自身所属的观测平台套件,包括船只、剖面探测浮标、漂流物和滑翔机等。NAVOCEANO 充分利用这些资源,并将其用在具有最大影响力的位置来改进其海洋模式。在滑翔机的部署中,NRL 专门设计了一种滑翔机观测策略,该策略采用模拟的海洋环境(包括三维海流)来引导滑翔机。每 12 h,根据模拟的海流速度和环境数据,获得并提供滑翔机航点或者可达目标位置的方向。

一旦接收完各种类型的观测资料并被处理成标准的数据格式,它们将继续通过一个两步的同化过程来使用海军大气/海洋耦合数据同化(NCODA)系统,从而使得观测信息能够被模式所用。第一步,通过 NCODA OceanQC 来处理从遥感和现场源同时获得的近实时的海洋观测资料,并基于这些资料在一定年限内与附近观测的对比,以及背景场差异的先验知识,来对观测资料进行误差概率(POE)赋值。其中,NCODA OceanQC 为一个独立的模式,该模式能够支持自动化的海洋数据质量控制。在此步骤中,这些背景场都来自先前 NCODA 分析或者模式的运行结果(第二步,将在下面论述)。POE 值被转换成权重因子,用于消除或者减少海洋模式运行时的误差影响。

第二步则是主要的 NCODA 系统。该系统能够以独立版本的方式运行,从而为 NCODA OceanQC 提供背景场,也可以在海洋模式中作为一个预处理步骤执行。该 NCODA 系统对前一天的模式预报(背景场)与观测值进行比较,并在下一个模式周期开始之前提供修正或者校正。海军的模块化海洋数据同化系统(MODAS)是 NCODA 的一个组件,主要用于"合成"海洋温度和盐度剖面,创建次表层数据。这些合成的剖面数据是利用统计关系对观测到的 SSH 和 SST 数据进行计算获得的,而其中的统计关系源自历史的海洋剖面数据,这些数据来自 NAVOCEANO 数据库。

10.2.3　计算资源

业务化的海洋模式需要计算能力的保证。NAVOCEANO 在具有世界一流计算能力的国防部超级计算资源中心(DSRC)具有得天独厚的优势。通过与美国国防部高性能计算现代化计划署签署合作协议,在斯坦尼斯航天中心 15% 的海军 DSRC 计算和存储资源用于海军模拟业务。而其他的 DSRCs 向国防部科技、测试和评估机构提供高性能计算能力,位于斯坦尼斯的最先进的超级计算机目前提供全职业务化支持。

海军 DSRC 系统通过精心配置,将海洋学研发和产品生成的用户置于不同的划分当中。目前有约 140 Tflops 用于 NAVOCEANO 和美国海军舰队数值气象海洋中心。DSRC 系统通常一次制订两年的计划,每个计划中的新系统预期将运行四年。2012 年安装了新的硬件,中心的计算能力增加三倍以上。

10.2.4　业务团队

NAVOCEANO 的海洋业务产品中心,例行地为舰队准备并提供大量的产品,包括海洋模式输出环流数据文件和图形文件,以及每日海浪模式产品。这种能力是模式业务团队的职责所在,包括维护日程安排,监控每天的进展,发现和修复问题,响应服务请求,以及管理系统、软件和需求的更新等。这项工作需要一群敬业且具有综合技能的人才,人才的能力需求包括在各种不同的计算平台(从超级计算机到 Windows 和 LINUX 桌面系统)上执行业务的技能,创建和管理海洋模式、模式脚本处理和解决问题的能力等。为确保产品系统能够保持一致,工作人员维护着全面的和动态的标准操作程序集合。

此外,模式业务团队使用一个被称为快速海洋大气模式环境可重定位(ROAMER)的数据库系统来记录和追踪时间、维护计划,并允许通过 Web 页面来进行快速评估。当问题发生时,提供警报并对公共问题提出建议。其他的功能包括获取和准备大气强迫,过程监控、提交控制和建立海浪模式,海洋模式数据和输出图形的后处理,以及预报产品对内和对外发布。ROAMER 作为核心,支持所有的事务在一个业务系统中运作。

模式业务团队与 NRL 开发者保持着紧密的联系,以解决问题、建立需求、提出改进意见,并帮助将研究型机器向业务运行流转变,以及功能更新或升级。该团队同样与海军协作,以快速提供数据或图形来支持他们的行动。

10.2.5　海洋预报员

为了帮助海军用户理解、集成和更好地使用海洋模式,NAVOCEANO 聚集了地方海洋预报员中的核心力量。这些预报员具有不同的学术背景,由于他们研究整个海洋环境、关注于海军舰船和传感器如何与环境交互,使得他们能够为海洋预报提供广泛的技术资源。他们具有物理海洋学、海洋模拟、气象学、海洋声学、海洋传感器、数据同化、数据分析以及计算机科学等方面的技能。每个海洋预报员,对于某个地理区域或者某个特定的模式和工具,具有专门的知识技能。虽然一个服务请求可能派遣到具有最高相关技能的人,但是团队中的成员会展开开放式的讨论,以帮助更多的成员获取相应的知识,因此大多数请求可以由团队中的任何一个人来解决,确保服务请求能够快速地完成。

海洋预报员可能经常会被问道,在当前模拟预报下,真实海洋环境会是怎样的。目前,海洋模式预报可以预报 7 天的结果,但是舰队在制订工作计划时,需要提前知道海洋环境多个星期、多个月,甚至几年的情形。为了提供这方面的信息,NAVOCEANO 利用其海洋观测、模式归档以及科学文献制作了气候产品,以估计和描述典型区域海洋参数及其未来业务情形下的可变性。新建海洋气候学的一个历史数据源是 NRL 的 HYCOM 再分析资料,该资料通过使用最优的大气强迫和观测资料,通过一个后报的全球模式回溯运行至 1992 年获得。

海洋气候学产品可能包括海流的统计信息,这些信息结合了多年模式海流场与历史观测资料。舰队可用的产品包括历史漂移概率地图,以及在多个深度上的流速和方向的统计数据。这些漂移图用以确定一个对象可能在某个给定时刻漂移到的地点,或者反之来确定一个对象的起始位置。海军海洋学产品的另外一个例子,是由 NRL 和 NAVOCEANO 共同开发的广义数字环境模式(GDEM)数据库。GDEM 是一个全球的、按月的、全纵深、具有 78 个垂直层、包含温度和盐度均值和方差的格点气候学模式。这些数据能够针对不同范围来估计可变性,以对模式同化资料进行质量控制和评估模式预报性能。

10.2.6 业务应用

最新的海洋模式图形和数据的组件,每天都会通过一个只有国防部网页入口的网站发送给舰队。该组件包括海洋温度、盐度、海面高度,以及多个深度和时刻的海流 JPEG 图像。国防部站点同样提供了海浪属性,例如有效波高、平均海浪方向,以及平均海浪周期图等的预报。通过点击某个按钮,海军用户可以查看建模的预报条件和增加相关的图像到某个业务简介上。该站点同样为具有合适战术软件的客户提供可用的压缩数据文件。

NAVOCEANO 的用户服务办公室(CSO)集中管理特殊的客户请求。当有客户向 CSO 请求产品或者信息时,将生成一个服务请求并分配给相应的部门去完成。CSO 和 NAVOCEANO 分析师们直接与客户交互,以保证提供的信息可用、完全且按时发送。

对于海洋模式产品,提供的信息包含多种形式。可能是直接发送出去或者通过网页入口实时访问。对于政府的合作伙伴,可能通过 DSRC 归档数据或者抽取盒发送 DVD 上的数据,来提供对模式数据的访问。

海洋预报员产品的一个重要例子是战术海洋学特征评估,如图 10.4 所示。该产品是一个微软的 PPT,或者是包含了温度或者海流覆盖特征,诸如大潮、锋面和涡旋的 Google 地球兼容性文件。文件之后是对于所呈现的信息在从小时到天的不同尺度下,动态演化的海洋是如何影响业务的深度讨论。在某些情形下,不确定性估计和最优环境或者可选方法的推荐,都会被加入其中。TOFA 同样可能包括基于 NAVOCEANO 的历史或者气候数据对具体问题的回答。在很多情形下,与海军人员的合作交流能够确保产品提供最优的业务支持。

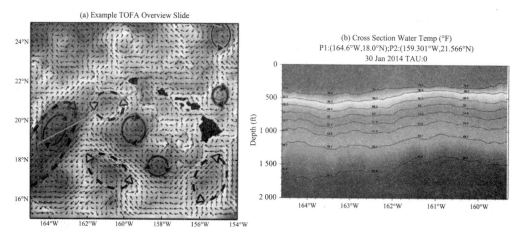

图 10.4 (a) 战术海洋学特征评估(TOFA)示例。使用山体阴影效果表示表面高度,黑色矢量表示水流。(b) 显示了跨越多个特征的垂直温度结构

海军通常第一个出现在现场,以协助处理诸如台风、地震、失散人员和财物或者漏油事故等。NAVOCEANO 具有快速响应这些事件的专业能力,单独或与国家合作伙伴如 NOAA 和美国海岸警卫队等合作,以及与国际伙伴合作。这些能力包括对漂移对象(图 10.5)和油扩散的概率和确定性预报,以及当台风天气系统登陆时对强浪和风暴潮的预报。

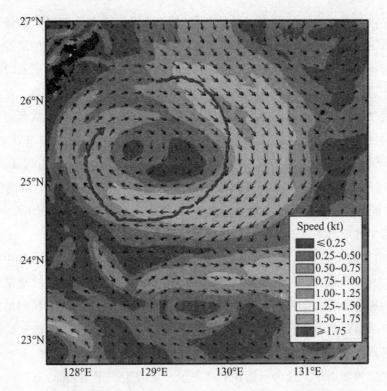

图 10.5　西太平洋 RNCOM 平均海流（2014 年 3 月 29 日～4 月 5 日）与 2014 年
3 月 25 日至 2014 年 4 月 8 日表面漂移轨迹的对比。这些定性结果表明该模式能
够准确地预测该涡流

10.3　未来计划

在未来几年里，NAVOCEANO 将与 NRL 和 FNMOC 合作，计划对模式进行一系列的改进、升级和功能新增，以满足海军舰队的业务保障需求。这些改进包括：① 在 HYCOM 中加入斜压潮汐强迫；② 在无次表层观测资料可用时提供更好的综合配置能力；③ 更高分辨率的海洋模式；④ 使用 4DVAR 方法进行资料同化。

在当前方法中，HYCOM 不能产生全三维潮汐的海洋结构，未来 HYCOM 版本将包含一个完整的潮汐解决方案。此外，NCODA 将需要更好的合成剖面。为此，目前已经开发了一种新的基于垂直梯度和三维校正函数的方法—改进合成海洋剖面项目，以提升其在这方面的能力。4DVAR 大气同化技术已经应用了很多年，但是目前 NRL 的科学家能够表明，当使用合理数目的计算处理器和合理的时间窗口时，它才能够改进海洋预报。这些项目均期望改进模式的能力以预报混合层的变化，这也是目前存在的主要弱点。

对于模式预报的进一步改进，NAVOCEANO 希望能够对新数据集和强迫信息进行更多的访问。NAVOCEANO 的滑翔机舰队继续扩大到 150＋数量的滑翔机。基于前面所述的传感器策略，这些滑翔机能够自主地进行长达 6 个月或者更长时间的海洋数据采集。进行数据采集时，CTD 传感器上将会增加光学和电流传感器。使用基于卫星观测的大气通量来实现对美国海军舰队数值气象和海洋中心全球模式强迫场的实时校正。一大批的项目正在实施过程当中，将为同化提供更多的高分辨率海冰观测数据。

随着 DSRC 计算能力的不断增长，NAVOCEANO 将努力提高所有模式的分辨率。计划于 2016 年实现一个 1/25°的全球 HYCOM，并对 WW3 进行类似的升级。在 DSRC 计算能力不断增强和模式集合效率不断改进的基础上，NAVOCEANO 将很快能够在产品组件中增加基于集合的不确定性估计。

COAMPS 的未来版本代表着向全耦合环境模拟发展成功的第一步，其中耦合环境中的海洋、大气、海冰、陆面、水圈、生物圈和空间之间将实现信息的实时交换。在足够的计算能力和存储能力支持下，将例行地实现逐日到季节性，甚至更长时间的预报。

随着产品组件的不断扩展和分辨率的不断提高，NAVOCEANO 产生的海洋模式数据量将呈现跨越式地增长。因此，需要更好的方法来管理、分析、传输、存档、清洗、挖掘和抽取相应的数据场。这个问题并不局限于日常的生产周期，预计近期内将实现一个 20 多年来前所未有的高时空分辨率的 HYCOM 气候学模式。为海军战略规划智能抽取相应的气候和历史数据，是一个充满挑战性的问题。

第 11 章
地球系统预报能力的业务应用设计

地球系统预报能力(ESPC)提供从海底到大气顶部的全球环境信息,来满足海军和国防部的运营和规划需求。ESPC 是一个完全耦合的全球大气、海洋、海冰、海浪、陆面预报系统,提供超过 10 天的日预报和超过 30 天的周预报。在海军国防部超算中心(DSRC)形成初步业务能力(IOC)。

截至 2014 年,海军 DSRC 拥有两台相同的 IBM iDataPlex 超级计算机,该计算机配置 1 224(252)个计算节点,每个节点 16 核,因此每台机子总共有 19 584(4 032)个核。海军气象和海洋指挥部(CNMOC)获得海军 DSRC 15% 的未分类计算周期(~130 Tflops,~4 400 个核),且将要求 ESPC 在该配额下能够业务运行。期望高性能计算现代化办公室(HPCMO)能够对超级计算机进行升级,使其计算能力三倍于 FY14(~400 TF,~13 200 核)和近十倍于 FY16(~1 000 TF,1 PF,~33 000 核)。

11.1 ESPC 系统组成

11.1.1 NAVGEM-大气模式

美国海军全球大气模式 NAVGEM 1.1 作为 2013 年美国海军业务全球大气预报系统,替换了从 1982 开始运行的海军业务全球大气预报业务系统 NOGAPS。NAVGEM 的主要创新是引入半拉格朗日/半隐式(SL/SI)动态内核,该内核允许模式在采用较高分辨率的情况下保持较大的时间步长。与 NOGAPS 相比,NAVGEM 的早期版本具有较高的水平分辨率（T359）和垂直分辨率，在垂直方向上分为 50 个混合 sigma 层，水平分辨率大约 37 km。此外，NAVGEM 包含云液态水、云冰水和臭氧等完全预报要素，并使用了一个改进的太阳辐射和长波辐射参数化方案。

NAVGEM 的半拉格朗日（SL）动态内核计算从上一个时间步开始到达 NAVGEM 网格点位置的流体的运动轨迹。使用该方法进行积分消除了动力方程在传统固定网格上的 CFL 条件限制；然而该方案依然存在高速重力波和辐散风的高频波动问题。通过在 SL 积分中包含一个半隐式（SI）的方法来缓解这些问题，此方法能够识别出产生重力波的项，并使用隐式处理方法，降低最快重力波的速度。NAVGEM 包含云液态水和云冰水的对流过程和一个基于 Zhao 和 Carr（1997）工作的 2-类微物理云水参数化过程。

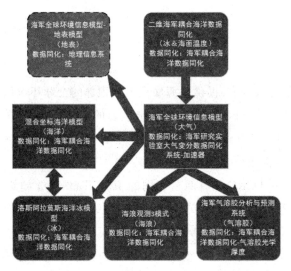

图 11.1　非耦合系统示意图。HYCOM 与 CICE 是完全双向耦合，其他均为单向耦合。组件首字母缩写在文中都有定义，如 DA 为资料同化。当系统完全耦合时，因为某些场可以从 HYCOM 和 CICE 分别得到，因此将不再需要二维 NCODA SST 和冰分析

NAVGEM 中另一个重要的改进是在大气环流模式中加入短波和长波辐射，即快速辐射传输模式（RRTMG）参数化，RRTMG 由大气环境研究机构开发。在短波和长波谱中，RRTMG 包含比之前 NOGAPS 辐射参数化更多的辐射频率带，而且包含额外的分子吸收器和发射器。RRTMG 的唯一特色是使用蒙特—卡洛技术来计算子网格中云的变化和垂直云的重叠。

基于 FNMOC 的标准全球记分卡的统计评测，舰队数值气象海洋中心（FNMOC）完成了从 2012 年 11 月 6 日到 2012 年 12 月 18 日 NAVGEM 1.1 与 NOGAPS 对比的官方业务测试（OPTEST）。该记分卡基于 16 个不同场和观测要素（包括热带气旋路径、浮标 10 m 风、1 000 hPa 和 500 hPa 距平相关和无线电探空观测站的风和温度）的距平相关（AC）、平均误差和均方根误差来评估两种模式的优劣，当模式在统计上具有

显著性更好的预报时给模式加权正分。所有改进的总技术评分为+24。NAVGEM 得到+14 分,是在 FNMOC 过渡的全球模式中所获得的最高分。历史上,全球模式改进得到的技术评分是+2。NRL 将持续升级 NAVGEM 的过渡版本,使其具有更高的垂直和水平分辨率、计算效率更高的动力内核、进一步改进的资料同化系统、更先进的物理参数化方案和新发射卫星传感器资料的同化能力。

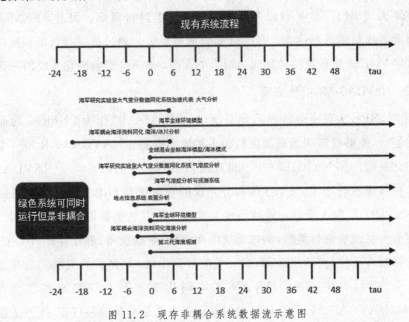

图 11.2 现存非耦合系统数据流示意图

目前非耦合 NAVGEM 1.2 已经在 FNMOC 上业务运行,预报时效超过 180 小时,每 3 小时输出谱信息和原始高斯网格上的变量。同时以 0.5°和 1.0°的分辨率提供固定经\纬度网格和固定气压层上 IEEE 标准的二进制输出数据,包含温度、风、湿度、位势高度、表面通量、气压、对流和层云降水等要素场。单次运行,每 6 小时传输大约 135 GB 的数据。

11.1.1.1 GEFS-集合预报系统

FNMOC 全球集合预报系统(GEFS)按以下 4 步执行:① 首先使用 NAVGEM 高分辨率分析场更新当前状态,然后转换到集合成员使用的分辨率。② 利用前一个更新周期得到的 80 个集合成员的 6 h 预报,结合集合变换(ET)技术对 80 个分析集合成员进行扰动。③ 使用 NAVGEM 对 80 个集合成员进行预报;④ 生成集合产品,包括 GRIB 格式的文件,便于发送至其他数值预报中心。

使用集合变换(ET)来确保 80 个集合成员的扰动能够充分分开。在 9 个纬度带上计算 ET 扰动来生成初始扰动,这个过程类似于 NRL 大气变分资料同化系统-AR (NAVDAS-AR)中分析误差估计的地理分布。因为每 6 小时生成一次新的高分辨率分析场,所以每 6 小时需要进行一次新的扰动,这样能够包含最新的观测信息。

长期预报使用 20 个集合成员生成 00 Z 和 12 Z 的 384 小时预报。使用剩余的 60 个成员来生成 6 小时短期预报,短期预报结果在下一个更新周期被 ET 使用。

预报输出 1°×1° 的球面网格数据,可以通过 CAGIPS 工具处理。特别地,对北美集合预报系统(NAEFS)指定的变量、层和预报时次,网格上的变量被转化为按集合成员和预报时间打包的 GRIB 文件,并发送到一个 ftp 服务器,该服务器可以通过国家天气服务和空军天气部门(AFWA)以多模式集合产品上进行展示。另外,FNMOC WW3 海浪预报集合成员的风场由 NAVGEM 集合成员提供。通过提供背景场预报误差的动态估计,NAVGEM 集合预报计划成为混合 NAVDAS-AR 资料同化系统的一部分。

11.1.1.2 NAVDAS-AR-同化方案

2009 年,NRL 大气变分资料同化系统(NAVDAS-AR)作为 FNMOC 的业务同化系统开始运行,能够处理现场观测资料和多种遥感资料。NAVDAS-AR 是一个四维变分资料同化系统。在 NAVGEM 中卫星观测占总同化观测的 65%。NAVDAS-AR 直接同化来自微波散射计、红外干涉仪和分光仪的辐射资料和来自全球导航卫星无线电掩星(GNSS-RO)的剖面资料。地球同步卫星和极轨卫星也提供大气运动向量(AMV)信息。还有一些现场资料类型,例如无线电探空仪、舰载设备、静止浮标、ACARS(飞机通信寻址和报告系统)和 AMDAR(航空气象数据中继)等提供的资料。总共处理超过 2 000 万个观测,其中 NAVDAS-AR 平均同化 220 万个观测来提供大气分析。NAVGEM/NAVDAS-AR 的默认辐射偏差订正方法是变分偏差订正,该方法在每一个同化周期使用大气分析场计算预报偏差(Dee,2004)。辐射偏差订正的效果会受到观测类型、数值天气预报模式和分析过程本身的限制。NAVDAS-AR 包含一个切线性和伴随模式。与完全非线性的 NAVGEM 相比,切线性伴随模式具有较低的分辨率(2013 年为 100 km)。观测在一个 6 小时的时间窗内(期望为分析时刻前后 3 小时)被同化。同化过程中,整个时间窗口进一步分为多个 30 分钟的窗口,观测资料在这些小的窗口被同化并与该时刻的模式预报场匹配。

11.1.1.3 NAVGEM 工作流

FNMOC 每个更新周期(每 6 小时)执行 NAVGEM/NAVDAS-AR3 次。首次执行(在 +1:30)为海洋/大气中尺度耦合预报系统(COAMPS)/NAVDAS 生成边界条件,使用实时分析(在 +3:00)初始化 180 小时的预报。大约在 +8:00 时刻,使用 NAVGEM/NAVDAS-AR 后报的方式为下一个 6 小时的预报生成背景场。

当前 NAVGEM/NAVDAS-AR 系统在 FNMOC A2 超级计算机上运行。NAVDAS-AR 系统在 90 个处理器上的执行时间大概是 15 分钟,在 T359 谱分辨率(大约 37 km)和 50 个垂直层(模式顶部大约是 80 km)(简称 T359L50)网格上 180 小时的 NAVGEM 预报在 180 个处理器上执行需要 50 分钟。

所有 Emerald 计算结点上均运行小红帽企业版 Linux 6. x 操作系统,每个节点的 RAM 为 24 GB,每个节点配备双路 6 核英特尔至强处理器,但有些节点采用 X5670@ 2.93GHz 和 X5660@2.80GHz 的混合处理器。

11.1.2 HYCOM/CICE-海洋/海冰耦合模式

当前,海洋和海冰组件是完全双向耦合的。这两个组件分别是混合坐标海洋模式 HYCOM 和 CICE。

HYCOM 是能够实时预报全球海洋三维温盐流结构的原始方程海洋环流模式。其网格从 78.64°S 到 66.0°S 是等距圆柱网格,66.0°S 到 47°N 在墨卡托投影上。曲线北端使用北极双极子补丁(补丁上极地被平移到陆地上来避免北极奇异点)。HYCOM 使用 2 000 米作为位势密度的参考深度并且考虑了热盐效应。垂直坐标可以是等密度线(密度追踪)—通常是深层结海洋的最好坐标、等压层(固定深度)—在混合层和非层结的海洋中使用得最好和 sigma 层(地形跟随)—通常是浅水区域的最好选择。在每一个时间步 HYCOM 通过选择最优分布来联合使用这三种方法。模式使用分层连续方程在不同坐标间进行动态平滑的转换。混合坐标向临海浅水区域和世界海洋无层结部分扩展了传统等密坐标环流模型的可用地理范围。它保留了在层结区域等密度坐标的显著优点并且允许在靠近表面和在浅海地区使用更高的垂直分辨率,因而提供了一个更好的海洋顶部物理过程的表示。HYCOM 的配置文件包含许多混合层子模型的选项。

HYCOM 使用 NAVGEM 的强迫场,包括:2 m 高温度、2 m 高比湿、表面短波和长波辐射的净通量、总降水(大尺度+对流)、地面/海水温度、10 m 高经向和纬向风速、平均海平面气压和 2 m 高露点温度。前 6 个场变量被直接输入到海洋模式或用于计算热和浮力通量的分量,后 4 个变量场基于温度和湿度的稳定关系来计算表面风应力。

HYCOM 输出整个区域和混合垂直网格上的三维存档文件。这些文件可以是日平均值或某个用户执行时刻的瞬时值。在空间上对 3 小时原始网格上的变量进行插值,包括海平面高度(SSH)、温度、盐度、经向和纬向风分量,以 netCDF 的格式输出。这些变量被插值到正负 80°纬度范围内等 0.08°间距的经纬度网格和海军海洋学办公室(NAVOCENO)预先定义的垂向 z 分层 40 层上。单次执行大约有 2.9 GB 的数据量。

通过地球系统模拟框架(ESMF),Los Alamos 开发的 CICE 模式与 HYCOM 双向耦合。海冰和海洋模式使用同样的网格配置并且每小时传递一次信息。CICE 包含精密的冰热力学,例如多冰厚度层、多雪分层和根据世界气象组织定义的多类型冰厚度预报能力。另外 CICE 拥有几个交互组件,包括计算由降雪带来的雪和冰局地增长率的热力学模型;垂直对流,辐射和湍流通量模型;基于冰的物质强度模型来预测浮冰速度场的冰动态模型;描述区域密集度的平流、冰体积和其他状态变量的传输模型;基于能量平衡和应变率在不同厚度间冰传输的隆脊参数化方案。

CICE 需要表面辐射通量的向下分量而不是 HYCOM 当前使用的净通量,除此之外,输入强迫与 HYCOM 一致。CICE 输出 41 个冰变量(冰密集度,厚度,和速度)、海洋变量(海面温度、盐度和速度)和大气变量(温度和辐射)的瞬时信息。单次运行结果数据量大约为 2.7 GB。

11.1.2.1 NCODA-同化方案

海军耦合海洋资料同化系统(NCODA)具有一个完全三维的、多变量的(3Dvar)资料同化方案,NCODA 同化温度、盐度、重力位势、流速向量分量和冰密集度等海洋/海冰变量,同时对这些变量进行分析。基于接收时间(中心获取观测的时间)而不是观测时间来选择同化的资料,因此所有从上一个 NCODA 分析得到的资料将在下一个分析中继续使用。对每种资料类型,由用户定义资料在分析中使用的最大时间。将观测资料与使用 FGAT 方法得到的与时间有关的背景场进行比较。同化 SST 时,在 FGAT 中使用每小时预报场来保持 SST 的日变化,但是同化剖面形式的资料时,在 FGAT 中使用日平均的预报场。NCODA 能够以独立模式执行,但这里 NCODA 与 HYCOM 和 CICE 轮流使用增量分析来为下一个预报提供更新的初始条件。当前 NCODA 海洋分析增量以 6 小时的窗口被插入到 HYCOM 中,而将 NCODA 冰分析直接插入到 CICE 中。使用从上一次分析开始所有可用的观测资料来校正 HYCOM 和 CICE 的预报。包括卫星的表面观测,例如高度计 SSHA、海平面温度(SST)和海冰密集度,以及舰载和浮标的现场 SST 观测,还有 XBTs、CTDs 和 Argo 浮标的温度和盐度剖面资料。通过 Cummings 和 Smedstad(2013)中的表 13.1 可得到同化的观测资料和典型资料总数的完整列表。所有观测必须进行质量控制,通过 NCODA_QC(质量控制)完成,NCODA_QC 在 NAVOCEANO 上业务运行。通过资料同化和使用模式的动态插值技术来综合这些观测资料,使三维海洋环境的现报和预报更加准确。

11.1.2.2 HYCOM/CICE 工作流

HYCOM/CICE 以 ±12 小时为时间窗口,从 tau=−12 小时开始运行 NCODA 分析(每天执行一次)。在 NCODA 分析之后,HYCOM 将第一个 6 小时的分析增量加入海洋模式中,因而在 tau=−6 时,HYCOM 已经完全获取所有的观测资料。HYCOM 和 CICE 继续预报直到 180 小时为止。如果因为某些原因,NAVGEM 大气预报短于 180 小时,那么最后一个预报时间点的预报结果使用气候态强迫来完成 180 小时的预报。现有 1/12°分辨率的系统在 900 个 IBM iDataPlex 内核上执行,大约需要一个小时的墙钟时间来完成一整天的预报,其中 NCODA 分析大约需要 45 分钟,HYCOM/CICE 大约需要 15 分钟。当前 1/25°分辨率的系统在 4 800 个核上执行,需要大约 1.5 个小时来完成一天的预报,其中 NCODA 需要大约 60 分钟,而 HYCOM/CICE 需要大约 30 分钟。NCODA 的资料准备软件目前正在进行并行化,运行时间可能会变化。

11.1.3 WAVEWATCH Ⅲ™-海浪模式

WAVEWATCH Ⅲ™(WW3)是 NOAA/NCEP 开发的第三代海浪模式。为了控制涌浪的数值耗散,该模式采用三阶数值传播方案。与先前的海浪模式相比,新的海浪生长和耗散源项允许海浪在强风外迫力的影响下更快地生长。

WW3 求解谱作用密度平衡方程来得到波数—方向谱。这些方程的隐式假设是风场、水深和表面流场随时间和空间尺度的变化比单个波的尺度要大。此外,模式使用的传播方案是条件稳定的,这意味着在分辨率小于 1 km 的时候该方案无效。

计算网格是经典的经纬球面网格,其中每一个网格点的能量在离散方向和频率点上表示。模式的最近版本引入曲线网格,该网格包含覆盖北极地区的测试区域。在下面描述的多网格系统将会同时包含曲线网格和传统纬度—经度网格。

11.1.3.1 多重嵌套网格

多重嵌套网格模型能够在边界处进行能量双向交换。与 WW3 的较老版本一样,主模式通过边界将海浪能量传递到嵌套区域,在嵌套区域发生的任何事都不影响主网格。这将使得高分辨率模式(可能使用更好的风和更好的水深测量)计算的重要事件的结果不被主区域和其他区域共享。

运行 WW3 的多重嵌套网格版本的一个好处是区域的配置更有效,需求计算资源更多的区域配置更多的资源,即最小化计算资源的冗余。在老的模式版本中,不管这些点是否已经被嵌套覆盖,模式在主区域计算所有格点。现在除了在边界附近的缓冲区内存在重叠外,嵌套区域的格点与其他格点是互斥的。另外,它可以与具有不同网格类型(常规网格和特定的曲线网格)在两个方向上跨边界传递海浪能量的区域一起执行。

多重嵌套网格系统将多个区域一起执行来代替传统方法。传统方法执行单个区域,再将边界条件信息传递到嵌套区域,单个区域和边界信息传递是分开执行的。因为所有的区域都在一起,模式的设置就没有那么繁杂,因为这样避免了单独去配置那些主区域中需要与嵌套区域共享信息的点。单向嵌套需要与 WW3 或者其他海浪模式(例如 SWAN)使用的区域的谱点边界条件的传递相适应。

11.1.3.2 业务应用

WW3 在 FNMOC 和 NAVOCEANO 业务运行。文献的后续章节提供 NAVOCEANO 业务使用的细节。系统在这两个中心是完全自动运行的。因为执行模式的目的不一样,在 NAVOCEANO 使用多重网格系统,而在 FNMOC 不使用多重网格系统。FNMOC 不断发布全球和大区域范围海浪预报,而 NAVOCEANO 提供短期滨海海况产品和服务。

只要这些产品可用,FNMOC 就会提供风场来驱动海浪模式。风场的可用性是决定海浪模式是否可以运行的首要因素。区域海浪模型可以使用从 COAMPS 得到的 3 小时间隔的 10 m 纬向和经向风分量。另外,从 NOGAPS 和 NAVGEM 得到的风可被所有区域使用。对于多重网格的实例,运行之前必须保证从各种气象模式得到的风场是可用的或者是可替换为其他合适的变量场的。

在其他应用领域,CICE 的海冰密集度作为输入加入海浪模式。由于相邻两天冰场的变化不明显,因此在较大的模拟区域没有必要每天都更新冰变量场。另外,海洋表面流的经向和纬向分量也可以被输入到海浪模式中。

模式会保留重启文件来维持不同周期间的连续性。如果不是冷启动并且没有先前运行结果的重启文件,海浪模式是不能运行的。在多重网格配置的实例中,所有的重启文件都会被生成,这些文件是需要协同使用的。如果有任何一个区域将被从系统中移除,那么所有区域都必须执行冷启动来保证后续运行,否则将会留下一个系统不能处理的空白。另一方面,因为原有空间的能量可以很容易被冷启动替换为另外的值,所以可以很容易地增加一个区域。

每 12 小时执行一次海浪模式来提供精确到小时的长达 180 小时的预报。NAVOCEANO 现有的多重网格系统在 128 个 IBM iDataPlex 核上运行,48 小时的预报花费大约 22 分钟。在 Nehalem 集群 32 个处理器上执行 FNMOC 的使用 0.5°网格间距的全球 96 小时预报需要 7 分钟。当前估计全球 1/8°分辨率 96 小时预报需要 5 小时。

所有模式都需要预处理和后处理。该处理涉及模式输入资料的准备和模式输出及其格式转换,例如 netCDF。对多重网格系统,每一个单独区域的处理顺序可以任意设定。输出场是从能量谱计算得到的能量参数,包括有效波高、平均和峰值浪向、平均和峰值海浪周期以及风浪。谱能量和通量参数也可以按点输出,事实上谱是在 NAVOCEANO 运行的 SWAN 模式边界条件的源。

11.1.3.3 资料同化

NCODA 系统中已经集成了 WW3 海浪模式同化系统,且 WW3 海浪模式同化系统已经在 FNMOC 应用,但没在 NAVOCEANO 应用。

NCODA 同化采用三维变分同化技术且使用顺序增量更新循环方案。在分析中使用 6 小时时间窗内所有高度计的 SWH 观测。6 小时海浪模式预报生成 SWH 背景场或第一猜值。根据 SWH 观测计算校正量并将其加入模式中生成 SWH 分析场。根据校正后的 SWH 分析场通过在每一个网格点上使用伸缩因子来调节模式变量谱,进而更新整个海浪模式的谱。

11.1.4 NAVGEM-LSM-陆地/表面模式(陆面模式)

当前 NAVGEM-LSM 陆面模式是一个简单的一维 NRL 开发模式,包含四个由水分、冰以及温度描述的土壤层。使用 USGS 数据库来对植被覆盖信息进行参数化,数据库中包含了树冠温度和树冠水分等预报变量。最后还需要指定陆地覆盖雪的温度。

第二种 NRL 发展的 LSM 模式是 NLSM(The Community Noah Land Surface Model)。NLSM 已经被合并到 NAVGEM 中去,但是当前在 FNMOC 业务化的 NAVGEM 使用的还是 LSM。NLSM 是一个独立的一维列模式,可以使用耦合或者非耦合形式运行。模式使用有限差分空间离散方法和 Crank-Nicolson 时间离散方案对土壤—植被—积雪的物理过程方程进行数值积分。NLSM 已经于 1996 年在 NCEP 业务化运行,并且保持着持续的更新升级。

11.1.4.1 LIS-陆面同化方案

当前,在 NAVGEM/NAVDAS-AR 框架内开发陆地信息系统(LIS)及其资料同化组件的集成。LIS 面向对象的框架允许与 NAVGEM/NAVDAS-AR 系统间的直接交互。在官方网站可得到 LIS 的完整文档。

LIS 是一种灵活的陆面模式和数据同化框架。LIS 致力于整合卫星、地面观测资料产品和先进的陆面建模技术来生产最优陆面状态和通量场。LIS 提供建模工具来将这些观测资料整合到模式预报中,来改进 1 km 或者更高的空间分辨率、1 小时或者更细的时间分辨率条件下地表状态的预报,如土壤湿度、蒸发量、积雪和径流量的预报。

LIS 的精细尺度空间建模能力使它可以利用地球观测系统(EOS-era)的初始分辨率观测资料,如中分辨率成像光谱仪(MODIS)叶面积指数、积雪和表面温度。LIS 具有性能高和设计灵活的特点,为资料的整合和同化提供了架构,并为用户指定区域或全球范围的陆面模式开发提供平台。利用先进的软件工程标准设计 LIS,来共享和重复使用建模工具、数据资源和同化算法。

该系统基于面向对象的框架来设计,可以用于增加定制的抽象定义,对不同应用进行扩展。这些可扩展的接口允许包含新区域、陆面模型(LSMS)、地表参数、气象输入、资料同化和优化算法。这些可扩展的接口和系统的组件的类型说明允许新应用快速定型和开发。这些功能使 LIS 包含以下两种功能:① 解决环境问题,例如研究水位问题以实现精确的地球水体和能量循环预测。② 决策支持系统,为应用领域生成有用的信息,包括灾害管理、水资源管理、农业管理、数值天气预报、空气质量和军事机动性评估等应用领域。

11.1.4.2 NAVGEM-LSM 工作流

当前 NAVGEM-LSM 不包含资料同化组件。NAVGEM-LSM 和 LIS 之间的耦合已经在进行中。第一步使用 NAVGEM-LSM 提供的长期的(通常为 1 年)初始状态来启动 LIS 系统。在一个 NAVDAS-AR 更新周期后,使用 NAVGEM-LSM 和 NAVGEM 大气状态对整个 LIS 系统进行一次完整的初始化。LIS 资料同化步生成可以被 NAVGEM 和 NAVGEM-LSM 预报使用的分析场。在这种情况下直到资料同化组件被耦合到 FNMOC 提供给 NAVOCEANO 的初始场中,才会进行 NAVGEN-LSM 预报。

11.1.5 NAAPS-气溶胶模型

海军气溶胶分析和预报系统(NAAPS)是美国海军全球业务运行的气溶胶、空气质量和能见度预报模式,该业务模式生成 6 天的全世界范围气溶胶状态预报。为了预报主要大气气溶胶的浓度和对全球能见度造成的影响,NRL 已经开发测试并将 NAAPS 迁移到 FNMOC 运行。国防部的广大用户,包括天气预报人员、任务规划者、操作员和科学家以及非国防部用户,已经开始广泛使用硫酸盐、灰尘、烟和盐气溶胶颗粒的 6 天预报。使用该模式,可以预测超过 6 天全球任意地区导致能见度明显降低的气溶胶种类的浓度。NAAPS 对世界沙尘暴降落区域:日本海和中国海、地中海和热带大西洋的预报特别有用。NAAPS 也能够精确预报北方地区、热带森林、无树大草原的大尺度烟尘羽的轨迹和消散时间。

使用火定位和燃烧排放数据库建模(FLAMBÈ)来为 NAAPS 描述每小时烟的排放量。FLAMBÈ 项目成功监测到全球火灾活动和烟的传播。威斯康星麦迪逊大学提供西半球每半小时的 GOES-8/-10 野火自动燃烧点算法(WF_ABBA)制作的火灾产品,该产品已经在 NAAPS 烟源函数中应用。FLAMBÈ 能够准实时整合马里兰大学的 MODIS 火灾产品。这些数据被合并到东半球的烟通量方案中,因而允许 NAAPS 利用全球烟源函数。目前,FLAMBE 已经成功迁移到 FNMOC 上业务运行。

气溶胶浓度的预报通过国防部预报员、运营商、规划人员和飞行员使用的分类和未分类的网络发布。对于电光(EO)传播计算,NRL 也迁移了一个相关的模式(大气和光辐射特性的预测),该模式为国防部计算感兴趣波段的不同种类气溶胶的基本光学特性。目标获取武器软件(TAWS)使用这些属性来计算倾斜路径的可见性。在 NAAPS 之前,用户基于局部状态来选择气溶胶负荷,且不得不手动输入气溶胶信息。未来世界上任何地方 6 天内的气溶胶状态在 TAWS 中自动可用。在另一应用中,NAVO 使用该预报来筛除卫星反演海面温度(SST)中的灰尘污染,从而改进飓风预报。

11.1.5.1 NAVDAS-AOD-气溶胶同化方案

NAVDAS 的气溶胶光学厚度组件(AOD)包括资料质量控制和分析单元。它应用二维变分(2D-Var)分析技术来确保经过 QC、QA、偏差校正和云检测的 MODIS MOD04 气溶胶光学厚度产品的质量。在 NAVDAS-AOD 中主要包含 4 个处理步骤:① 将 NAAPS 质量浓度转化为 $\tau b\lambda$(三维到二维的转换);② 从 $\tau b\lambda$ 到 $\tau o\lambda$ 执行 NAVDAS 2D-Var 来生成新的分析场 $\tau a\lambda$;③ 使用 $\tau a\lambda$ 来改进 NAAPS 质量浓度场 $b\lambda$

（二维到三维的转换）；④ 使用新的质量浓度场作为未来 6 小时 NAAPS 执行的初值。

11.1.5.2　NAAPS 工作流

用于 NAVDAS-AOD 输入的卫星资料有 6 小时的延迟，在 tau＝0 分析时间的分析是不可用的。相反，使用 tau＝－9 到 tau＝－3 窗口的 MODIS MOD04 资料在 tau＝－6 时刻生成分析。tau＝－6 可用的 NAAPS 的 6 小时预报作为第一猜值。新的 tau＝－6 的分析被用来初始化 NAAPS 短期 6 小时预报，生成用来初始化长期 144 小时预报的初值（tau＝0）。过去 24 小时得到的 MODIS 火灾探测数据被用来描述 NAAPS 的 144 小时预报的烟排放量。整个 NAAPS 套件使用 12 个处理器，不到 90 分钟就能够执行完成。

11.2　ESPC 耦合系统的未来

未来 ESPC 耦合系统的概要图在图 11.3 中给出。在大多数系统中将存在双向耦合，但是也存在有一些例外。当前，NAVGEM-LSM 不需要 HYCOM 的 SST 或 CICE 的冰场，但是如果未来对这些变量有需要，将直接通过耦合的 NAVGEM 和 NAVGEM-LSM 进行传输。类似地，大气中气溶胶的输入（通过 NAAPS）将影响 NAVGEM 传输给 HYCOM 和 CICE 的短波和长波辐射。除了 NAVGEM，其他系统组件不需要直接耦合。目前海军研究实验室没有对海浪、海冰应用反馈机制进行研究，因此在 CICE 和 WW3 间只是单箭头，不是双箭头。

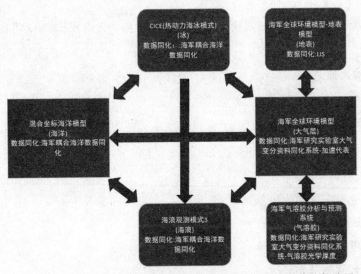

图 11.3　定于 2018 年具备初步运行能力的 ESPC 耦合系统的概略图

表 11.1 2018 年 IOC 的单个 ESPC 系统组件水平和垂直分辨率

预报频率	时效	大气NAVGEM	海洋HYCOM	海冰CICE	海浪WW3	地表面NAVGEM-LSM	气溶胶NAAPS
确定性短期	0~10 天每天	20 km70 层(T639L70)	1/25°4.5 km41 层	1/25°4.5 km	1/8°14 km	3/16°21 km	3/16°21 km
确定性长期	0~30 天每周	20 km70 层(T639L70)	1/12°9 km41 层	1/12°9 km	1/4°28 km	3/16°21 km	3/16°21 km
概率性长期	0~90 天每周	37 km50 层(T359L50)	1/12°9 km41 层	1/12°9 km	1/4°28 km	1/3°37 km	1/3°37 km

计划使用完全耦合系统来进行每天一次的 10 天短期确定性预报,每周一次的 30 天长期确定性预报,每周一次的 90 天概率预测。虽然很难精确估计未来海军 DSRC 或 FNMOC 的计算能力,但在前言中通过 FY16 已经对海军 DSRC 未来的计算能力进行了合理的评估。目前还不知道通过 FY18 关于 FNMOC 未来计算能力的评估。然而,系统的设计将采用标准模块化的设计方式并且无特定基础架构的,允许海军 DSRC 和 FNMOC 之间系统设计的灵活实现。受限于 2018 年 IOC 业务产品的可用资源,可能需要调节短期和概率预报的预报长度。长期概率预报可能是一个独立执行的集合或者可能由前面长期确定性预报组成。这仍有待确定。

11.2.1 数据流

每一个系统都有自己的输入输出流。FNMOC 和 NAVOCEANO 将负责维护这些数据流。

11.2.1.1 输入流

11.2.1.1.1 大气输入

FNMOC 将收集数据、质量控制,并以正确的格式及时地将业务系统中的大气资料分发出去,包括:

(1)常规资料。

a.无线电探空仪和测风气球。

b.下投式探空仪。

c.漂浮声呐。

d.地面和舰载观测。

e.机载观测。

f. 综合观测。

（2）卫星资料。

a. 表面风。

ⅰ. 散射计，ASCAT 和 ERS-2。

ⅱ. SSMI/SSMIS。

ⅲ. WindSat。

b. 特征追踪风。

ⅰ. 地球静止卫星（6 颗）。

ⅱ. 极轨卫星（AVHRR 和 MODIS）。

ⅲ. Combined polar/geo winds(CIMSS)。

c. 总水汽含量。

ⅰ. SSMI/SSMIS TVAP。

ⅱ. WindSat TVAP。

d. 无线电掩星弯曲角。

ⅰ. GRACE-A。

ⅱ. 5 COSMIC FM1-6(FM3 has failed)。

ⅲ. 2 GRAS。

ⅳ. Terra and TanDEM SAR-X。

ⅴ. CORISS。

e. 红外探测雷达。

ⅰ. IASI。

ⅱ. AIRS。

ⅲ. CrIS。

f. 微波探测雷达。

ⅰ. 6 AMSU-A(Channels 4-14)。

ⅱ. 3 SSMIS(Channels 2-7,9-11,22-24)。

ⅲ. 3 MHS(Channels 3-5)。

ⅳ. 1 ATMS(Channels 1-15,18-22)。

g. 臭氧。

ⅰ. 3 SBUV/2。

ⅱ. 1 OMPS-Nadir Profiler。

ⅲ. 1 OMPS-Total Column。

ⅳ. GOME-2。

h. 气溶胶光学厚度。

  ⅰ. 2 MODIS(MOD04)。

  ⅱ. 4 AVHRR(ACSPO)。

  ⅲ. VIIRS。

 i. 火物质。

  ⅰ. 2 GOES。

  ⅱ. Meteosat。

 j. 土壤水分。

  ⅰ. AMSR-2。

  ⅱ. SMOS。

 k. 海洋测高计。

  ⅰ. 海表高度异常(Altimeter Sea Surface Height Anomaly,SSHA)。

  ⅱ. 有效波高(Altimeter Significant Wave Height,SWH)。

11.2.1.1.2 **海洋输入**

NAVOCEANO 将收集数据、质量控制,并以正确的格式及时地将业务系统中的海洋资料分发出去,包括:

(1) 现场资料。

 a. 温度,盐度,来自 XBT,Argo,TAO moorings,滑翔机的剖面资料。

 b. 来自 HF 雷达和浮标的流观测。

 c. 来自 gliders 和 AUVs 的光学资料。

 d. Naval Ice Center ice edge。

(2) 卫星资料。

 a. 海表温度(Sea Surface Temperature,SST)。

 b. 海表盐度(Sea Surface Salinity,SSS)。

 c. 海表高度异常(Altimeter Sea Surface Height Anomaly,SSHA)。

 d. 有效波高(Altimeter Significant Wave Height,SWH)。

 e. 海面颜色(光学)资料。

 f. 微波海冰密集度。

 g. 卫星热通量估计。

11.2.1.2 输出流

在耦合系统中,NAVGEM 预报输出必然包含 NAAPS 和 NAVGEM-LSM 的输出。COAMPS 和 WW3 的边界条件需要 NAVGEM 输出。HYCOM 输出将包含 CICE 的输出,且 NAVGEM 的海面状态边界条件需要 HYCOM 的输出。当前每个预报时刻,NAVGEM 在 T359L50 的输出大约为 0.8 GB,在 T639L70 将增长为大约 3 GB。1/25°的分辨率时,HYCOM/CICE 对 NAVGEM 的每次预报输出大约为

0.8 GB。预报时效超过 10 天的确定性大气预报模式,早些时候每 3 小时输出一次,预报 5 天后每 6 或 12 小时输出一次。因而,10 天(30 天)确定性预报,大气和海洋/冰输出总共为大约 228 GB(~532 GB)。除了以上提到的预报系统之外,输出也反馈到例如航空器导航最优路径系统(OPARS)和国家统一业务预报能力(NUOPC)、各种目标收寻兵器系统以及许多关键性应用。最终 T359L50 上的 NAVGEM 每个集合成员的输出为 0.8 GB,因此所有集合成员的预报输出总共是 4 TB。在 FNMOC 维护的 CAGIPS 需要 NAVGEM 集合的输出。将通过系统应用设计确保这些模式输出的有效分发。

11.2.2　循环系统

为了对分布式网络运行耦合系统所面临的挑战有一个全面的认识,将会对每一个中心需要执行的任务以及任务控制和文件传输问题进行整理。基于 FY18 时间表中资源的当前映射来选择哪一个计算机中心执行任务。表 11.1 所示的所有预报将通过 NAVOCEANO 在海军 DSRC 资源上执行;并且会对各种资料同化系统的运行位置进行分配。NAVGEM,NAVGEM-LSM 和 NAAPS 的资料同化系统将在 FNMOC 执行。这些同化系统生成预报系统的初值,接着通过 FNMOC 向 NAVOCEANO 提供 NAVGEM 全球和集合模式所需的初始条件。

循环系统没有启动点,假设先前所有任务的执行已经完成。任务按执行顺序编号,具有同样编号的任务可以并发执行,且首字母不是表示海军 DSRC(N)就是 FNMOC(F)。

N1. NCODA 海洋/海冰和海浪分析

NAVOCEANO 将在海军 DSRC 为 HYCOM、CICE 和 WW3 运行 NCODA 分析系统。使用海洋、海冰和海浪的分析场来初始化海洋大气耦合预报系统的海洋状态。NCODA 分析也需要从先前 HYCOM/CICE/NAVGEM/NAAPS/NAVGEM-LSM/WW3 耦合运行得到的海洋和大气的 24 小时预报和同一 24 小时窗口的海洋的最终观测资料。NCODA 海洋/海冰和海浪分析每天运行 1 次。

N2. HYCOM/CICE/NAVGEM/NAAPS/NAVGEM-LSM/WW3 耦合预报

HYCOM/CICE/NAVGEM/NAAPS/NAVGEM-LSM/WW3 完全耦合系统需要来自于 NCODA 海洋/海冰和 NCODA 海浪分析的海洋初始化数据和来自 NAVDAS-AR 的大气初始化数据。当分析海洋/海冰和海浪时,在随后的 NCODA 中将使用海洋大气耦合系统的预报来得到大气和海洋的背景场。此外,对于运行在 FNMOC 上的各种大气资料同化分析系统来说,分布在 FNMOC 执行的海流和海冰预报是必要的。

F3. NAVDAS-AR 大气、NAVDAS-AOD 气溶胶和 LIS 陆面分析

NAVDAS-AR、NAVDAS-AOD 和 LIS 同化系统将需要海洋表面状态、大气预报和背景误差估计。要求预报覆盖 6~12 小时的同化窗口(图 11.4 显示为 6 小时)。先前 NAVGEM 集合的(仅需要 12 个小时的预报)输出将为 NAVDAS-AR 提供背景误差估计。NAVOCENO 每天将从 HYCOM 和 CICE 向 FNMOC 提供海洋表面状态的预报以及根据每天 4 次的 NAVGEM 集合 12 小时预报计算背景误差。背景大气状态使用在 FNMOC 上执行的确定性 NAVGEM 预报结果。在 NAVDAS-AR、NAVDA-AOD 和 LIS 系统中使用这些预报、背景误差估计和各种大气观测输入数据为表 11.1 描述的海洋—大气耦合系统的长期决定性和概率性预报提供初值条件。

F4. NAVGEM/NAAPS/NAVGEM-LSM 耦合预报

FNMOC 将为随后每天四次的 NAVDAS-AR 同化运行 NAVGEM 12 小时的确定性预报(与 NAVGEM-LSM 和 NAAPS 一起)。如果在 FY18 时间表的计算资源足够,则在 FNMOC 额外执行更长期的确定性预报和一个集合预报。

N4. NAVGEM 集合预报

NAVOCEANO 每天将执行 4 次 NAVGEM 集合预报来为随后的 NAVDAS-AR 生成背景误差估计并为 NUOPC 和 CAGIP 等系统的长期预报提供信息。此外,为在 FNMOC 执行的 WW3 初始化 NCODA 海浪分析提供所需的大气状态。

F5. NCODA 海浪分析

NCODA 海浪分析系统将使用完全海洋/大气耦合系统的海洋信息,NAVGEM 集合的大气状态预报和海浪观测资料来生成海浪分析和接下来 FNMOC 每天发布的 4 次预报。这与在 NAVOCEANO 运行的 NCODA 海浪分析不混淆,它通过海洋/大气耦合系统(每天运行一次)来为长期预报初始化海浪。

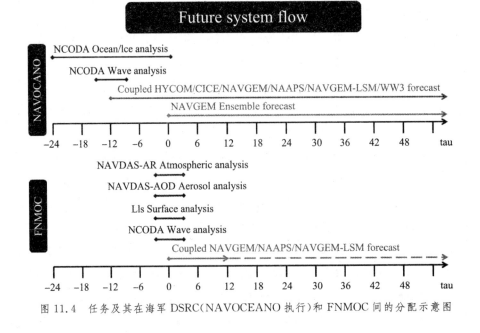

图 11.4　任务及其在海军 DSRC(NAVOCEANO 执行)和 FNMOC 间的分配示意图

11.2.2.1 传输大气资料到 FNMOC

不推荐将大气观测资料从 FNMOC 传输到 NAVOCEANO。因为大气时间尺度比平均尺度要小，因此大气输入资料流具有较大的数量和具有比海洋资料流更高的时限。到 2013 年为止，大气同化系统每个更新窗口（6 小时时间窗）处理 5 GB 的连续资料流，且到 2018 年这些数据至少增加到 40 GB。到 2025 年这些资料流每个同化窗口将超过 100 GB。FNMOC 目前拥有批文件传输（BFT）子系统和分布式处理机系统软件的客户端，其支持通过 FNMOC 防火墙/DMZ 将文件自动传入和传出到 FNMOC 受保护的系统。基于这些考虑，在 FNMOC 中执行资料同化，仅将 NAVGEM 历史文件和初值状态（到 2013 年大约为 0.8 GB）移动到海军 DSRC 是最有效的方式，NAVOCEANO 只负责运行 NAVGEM 长期预报和集合预报。

11.2.2.2 传输模式资料到 FNMOC

要求在很短的时钟周期内且满足信息安全（IA）的限制下，在 FNMOC 和 NAVOCEANO 间迁移大规模的资料是 ESPC 工程面临的最大挑战。因为只传输海洋/海冰表面数据和当前每个预报的数据量大约是 0.8 GB，所以从海洋/大气耦合系统将海洋/大气状态传输到 FNMOC 的数据不是最多的。耗费所有资源的数据量是 CAGIPS 和 FNMOC 执行 WW3 需要的 NAVGEM 集合数据。可能的解决方案是对国防研究和工程网络（DREN）Ⅲ进行升级，将 FNMOC 服务发布点的带宽提高到 OC-24（1.2 GB），预期需求的两倍。海军 DSRC 主管建议最好的解决方案是升级为 OC-48（2.5 GB），这能够以最小的额外开销完成。

11.2.2.3 作业分配控制/调度

基于 HPCMO 提供的信息，DSRC 和任意外部系统间的机器到机器的通信只允许一个行为/命令：安全拷贝（scp）。这将仅允许 FNMOC 和 NAVOCEANO 使用基于文件传递的方式建立 ESPC 任务的控制，使用 CRON 和 scp 命令在 FNMOC 和 NAVOCEANO 间发送消息。CRON 计数器将以高刷新时间（2 秒）持续探测这些消息和执行状态。这是作业调度和控制的大量后台步骤，通过综合考虑和寻找满足 IA 限制真正可行的方法，才能更好地提供服务。

11.2.2.4 计算基础架构的未来

在前言中给出了海军 DSRC 计算架构的评估；然而，对 FY18 来说，当前 FNMOC 的这些评估不能令人信服。FNMOC 的升级或海军 DSRC 计算架构的进一步改变将允许任务的再平衡。耦合系统的设计将持续采用基于中心间任务流动执行的思想（该思想最大化效率和最小化数据传输）的标准模块方法。FNMOC 更强的计算能力将减少 NAVGEM 大气集合预报数据传输的最大数据量。如果未来对 FNMOC 架构的改进足够强大，将可以移除 NAVGEM 集合数据的传输（每小时大约 4 TB），极大地减轻海军 DSRC 与 FNMOC 之间初值条件和全球耦合系统预报数据传输带来的负担。

第 12 章
业务海洋学中的资料同化

GODAE Ocean View 系统应用了多种资料同化算法,包括不同时间窗的 3DVar、EnOI、EnKF 和具有固定基的 SEEK 滤波方法。对 2014 年 2 月的业务资料同化系统输出增量在多个区域进行对比表明:涡相容系统的增量在大部分区域都是类似的,这表明相似的预报误差可被修订;而涡分辨率的系统在考察的中纬度区域可表征出更小尺度的结构,且具有更小的偏差。特别在同化卫星 SST 资料的系统中,月平均温度增量表明预报结果存在显著的 SST 偏差,这显示出表面热通量具有的系统性误差及其通过海洋模式垂直传播的方式。在未来长期的发展中,期望实现更多的先进算法来使用流依赖的误差协方差信息,新资料源的同化(例如:宽刈幅的高度测量)预计将改进 GODAE OceanView 系统中海洋状态估计和预报的精确度。

12.1 概 述

准确的业务海洋预报与再分析产品制作需要使用资料同化技术将模式场与观测资料进行结合。基于资料同化的状态估计一定程度上依赖于来自现场和远程平台观测信息的稳定与及时传输。

对中尺度海洋状态准确的初始估计为海洋温度、盐度、海流结构以及海冰变化的预报提供了坚实基础,这个初始估计可以使用具有涡相容和涡分辨能力的 GOV(GODAE Ocean View)模式系统来制作。

由 GOV 系统生成的基于资料同化的状态估计具有广泛的应用。在准实时方面的主要应用是短期海洋预报(扩展到数天)的初始化,以及通过使用耦合海洋－大气模式对扩展到几个季度的预报进行初始化。同样的资料同化系统也将被用来生成再分析产品,以用于多种目的,包括校正耦合的季节性预报以及理解海洋在过去数十年中的变化等。

12.2 业务海洋资料同化系统现状

资料同化预报系统的业务运行需要满足系统设计方面的许多限制条件:系统必须是稳定的,且能够在预设时间内使用现有计算资源制作预报和分析产品。

12.2.1 同化资料

同化到 GOV 各个预报系统中的资料列于表 12.1 中。有多种方案可以用来利用海表温度(SST)资料,一些系统直接同化来自 GHRSST(例如:Bluelink、GOFS、FOAM等)的卫星资料,另一些系统使用同化方法或松弛方法,利用来自 GHRSST 的资料进行客观分析,生成客观分析产品。大部分系统也会同化来自全球通信系统(GTS)的船舶、锚系和漂流浮标的现场观测 SST 资料。另外,GOFS 系统还同化在北美沿海附近的 C-MAN 现场观测资料。

大部分系统可以从 Aviso/CLS 中获得沿轨高度计海平面高度异常 SLA 资料,Bluelink 可从 RADS(the Radar Altimeter Database System)中获取资料,GOFS 使用由美国海军海洋学办公室(NAVOCAENO)提供的资料。几乎所有的系统都同化Jason-2、Cryosat-2 和 Altika 资料。为了同化 SLA 资料,需要一个平均动力高度MDT,获取 MDT 的方法有很多种。一些系统(Bluelink、GOFS 和 TOPAZ)采用自由模式的平均海面高度场来作为 MDT。另外一些中心,如 ECMWF,使用早期的同化温度和盐度的海洋再分析资料来获得 MDT。对底层模式而言,该方法意味着海面高度观测(SLA＋MDT)是无偏的,同化仅用来调整中尺度特征的位置,而非修正模式动力的大尺度结构。另一方面,一些系统使用基于观测的 MDT(CON-CEPTS、FOAM、Mercator 和 MOVE),这使得大尺度动力过程将与观测保持协调一致。然而,如果基于模拟结果得到的 MDT 和基于观测得到的 MDT 之间具有显著不同,该方法将引起麻烦;因为同化将会持续地修正模式场(包括次表层的密度结构)。一些系统在资料同化中使用在线或离线(Mercator)的偏差修正方法来避免上述麻烦(FOAM)。

剖面温度和盐度资料可直接从 GTS 获得或通过一个过渡处理中心 CORIOLIS 获得。Bluelink 可通过上述两种途径以及美国 GODAE 服务器访问资料，并生成整合后的资料集。类似的，一组收集剖面温度和盐度资料的平台正被所有的系统使用，收集方式包括 Argo 浮标、XBTs、静止浮标、水下滑翔机和海洋哺乳动物。TOPAZ 系统还额外同化冰系剖面资料。

来自卫星的海冰密集度资料仅在 CONCEPTS，GOFS，FOAM，North Pacific（NP）MOVE 和 TOPAZ 系统中同化，而 ECMWF 基于观测限制并调整了（而非同化）海冰密集度。大部分系统同化 SSM/I 和/或 SSMIS 卫星的资料，而 CONCEPTS 系统也利用了加拿大海冰部门海图、Radarsat 和船舶报的海冰密集度资料。TOPAZ 是唯一一个同化浮冰漂流资料（通过连续卫星图像的交叉相关进行估计获得）的业务系统。

表 12.1　准实时同化到各 GODAE OceanView 系统中的资料类型

机构（国家）	澳大利亚气象局	加拿大环境部	欧洲中期天气预报中心	英国气象局	美国海军海洋局	Mercator 海洋国际组织	日本气象厅/气象研究所	挪威气象局
卫星（海面温度）	L2 GHRSST（高分辨率海面温度组）（AVHRR.Wind-SAT）	L4 分析（CMC）	L4 分析（OSTIA）	L2 GHRSST（高分辨率海面温度组）（NOAA AVHRR，MetOp AVHRR）	L2 GHRSST（高分辨率海面温度组）（NOAA AVHRR，MetOp AVHRR，GOESE，GOES-W，MSG，MTSAT-2，NPPVIIRS）来自 NAVO	L4 分析（NOAA AVHRR）	L4 分析（全球 COBE-SST，区域 CHRSST 高分辨率海面温度组）L4）	L4 分析（OSTIA）
现场观测（海面温度测高仪）	—	船，漂流浮标，系泊浮标，来自 GTS	—	船，漂流浮标，系泊浮标，来自 GTS	船，漂流浮标，系泊浮标，CMCN 站，来自 GTS	—	船，漂流浮标，系泊浮标，来自 GTS	—
海面高度异常测高仪数据	Jason-2，Cryosat-2，Altika，来自 RADS	Jason-2，Cryosat-2，Altika，来自 Aviso	Jason-2 来自 Aviso	Jason-2，Cryosat-2，Altika，来自 My Ocean	Jason-2，Cryosat-2，Altika，来自 NAVO	Jason-2，Cryosat-2，Altika，来自 My Ocean	Jason-2，Cryosat-2，Altika，来自 Aviso	Jason-2，Cryosat-2，Altika，来自 My Ocean
平均动态地形	模型平均值（18 年平均值）	Rio and Hermandez，2004	来自仅吸收温盐数据的模型均值	CNES（国家空间研究中心）-CLS09 在线偏差校正	模型平均值	CNES-CLS09 离线调整	无模型的分析系统	模型平均值
现场资料（温盐数据）	argo（浮标），XBT，系泊浮标，由 GTS，US GODAE 和 Coriolis 合并而成	argo（浮标），XBT，系泊浮标和海洋哺乳动物来自 CORIOLIS	argo（浮标），XBT，系泊浮标和海洋哺乳动物来自 GTS	argo（浮标），XBT，系泊浮标和海洋哺乳动物来自 GTS	argo（浮标），XBT，系泊浮标和海洋哺乳动物来自 GTS 和美国海军资源部	argo（浮标），XBT，系泊浮标和海洋哺乳动物来自 CORIOLIS	argo（浮标），XBT，系泊浮标和海洋哺乳动物来自 GTS	argo（浮标），XBT，系泊浮标.海洋哺乳动物和隔离分析器来自 my-Ocean
海冰浓度	—	SSM/I，SSMIS，CIS 图表，雷达卫星，船舶报告	通过 OSTIA 产品从 EUMETSAT OSI SAF 基于 SSMIS 的规定海冰数据	来自 EUMETSAT OSISAF 的 SSMIS	来自 FNMOC 的 SSM/I（F13，F14，F15），SSMIS（F16，F17，F18）	NP 系统的 SSMIS（F16，F17，JMA 产品）	来自 EUMETSAT OSISAF 的 SSM/I
海冰漂移	—	—	—	—	—	—	—	OST-SAF（挪威气象局）

表 12.2　各 GODAE OceanView 系统使用的资料同化的特征概况

	Bluelink	CONCEPTS	ECMWF	FOAM	GOFS	Mercator	MOVE	TOPAZ
模型配置可操作地运行	近全球 1/10°;51 z 级(预定于 2015 年);MOM4.	全球 1/4°;50 z 级;NEMO.	全球 1°(赤道子午线 0.3°);42 z 级;NEMO.	全球 1/4°;75 z 级;NEMO.	全球 1/12.5°;32 个混合层;HYCOM.	两个全球系统;1/4° 和 1/12°;50 z 级;NEMO.	近全球 1°(赤道子午线 0.3°);50 z 级;MRI.COM.	北大西洋和北极 1/8°;28 个混合层;HYCOM.
	澳大利亚地区 1/10°;51 z 级;MOM4(模块化海洋模型 4).			北大西洋,印度洋和地中海均为 1/12°;50 z 级;NEMO.		大西洋(20°S—80°N)和地中海 1/12°;50 z 级;NEMO.	北太平洋 1/2°(1/10°在西北太平洋),54 z 级;MRI.COM.	
分析网格分辨率	每隔一个模型(水平)网格点	每三个模型(水平)网格点;更多的点在距离海岸 150 公里以内	与模型网格相同	与模型网格相同	1/12.5°和42 z级	每四个模型(水平)网格点;更多的点在距离海岸 150 公里以内	与模型网格相同	与模型网格相同
算法	EnOI(集合插值)	SEEK-FGAT(既定原理)(海洋)和 3DVar-FGAT(冰)	3DVar-FGAT + 误差校正	3DVar-FGAT + 误差校正	3DVar-FGAT	SEEK-FGAT(既定原理)(海洋)和 3DVar 误差校正	3DVar(海洋)和一种简单的最小二乘法(冰)	EnKF 有 100 个集合成员
初始化技术	在 1 天内 3D T,S,u,v 的自适应微调。	直接初始化	在 10 天内对 SSH 和 3D T,S,u,v 进行持续加权的 IAU	在 1 天内对 SSH 和 3D T,S,u,v 进行持续加权的 IAU	对 T,S,U,V 进行持续加权的 IAU,6 小时内的层压(用于等渗层)	在 7 天内具有 SSH 和 3D T,S,U,V 的非恒定分配功能的 IAU。	海洋:在 10 天内(全球)/5 天(NP)持续 3D T,S 加权的 IAU。冰:nudging(轻推)	直接初始化

12.2.2　同化方法

　　关于各系统使用的格点配置、算法以及初始化程序的概述如表 12.2 中所示。系统的模式分辨率分别为 GOFS 和 Mercator HR 系统(高分辨率 Mercator 系统)1/12°,TOPAZ 系统 1/8°,CONCEPTS、FOAM 和 Mercator LR 系统(低分辨率 Mercator 系统)1/4°,ECMWF 和全球 MOVE 系统大约 1°。Bluelink 在澳大利亚区域网格分辨率为 1/10°,而其他地方分辨率则低得多。NP MOVE 系统在西北太平洋也运行 1/10°网格分辨率的系统。大部分系统使用与模式相同的网格来进行资料同化。但 Bluelink,CONCEPTS 和 Mercator 使用降分辨率的分析网格来降低计算量。GOFS 在分析中使用与模式相同的水平网格,但使用的垂直网格是基于深度层而非 HYCOM 模式的混合垂直坐标层。

　　不同的业务系统使用不同的算法,包括变分(3DVar)方法和集合方法(集合最优插值,集合卡尔曼滤波,SEEK 滤波的固定基实现)。GOFS、FOAM、ECMWF 和 MOVE 的变分方案使用高效的背景误差协方差建模方案,寻找目标函数的全局最小值。这些同化方案通过预先设定的物理关系在变量之间传递信息、确定长度尺度和用于方差的权重并将信息从观测传播出去。不同的是,集合方案依赖于模式运行结果的统计信息,以确定观测信息是如何传播的。Bluelink、CONCEPTS、Mercator 集合系统使用模式先前长时间积分的结果,而 TOPAZ 系统则使用当前预报的实时更新结果。大部分系统都使用一个叫作恰当时刻初猜场(FGAT)的方案,从而使观测资料在靠近真实观测时间时进行同化。

除了 MOVE 系统,所有的系统都对完整的海洋状态进行更新(三维温度、盐度和流场、SSH 或者 GOFS 的等密面层气压),而 MOVE 系统中只有温度和盐度场直接通过同化进行更新。相对于其他系统而言,该系统流场的更新是通过使用动力关系或统计关系来计算而非直接同化流场资料。资料同化产生的修正(增量)被用来初始化预报系统,这可通过多种方式来实现,大部分方式都能够抑制非平衡增量引起的快速短暂模式响应。ECMWF、GOFS、FOAM、MOVE、Mercator 均使用增量分析更新(IAU)方法,该方法在每个模式时间步将增量部分添加到模式场,从而减小对其模式的冲击。该方法的时间周期从 GOFS 的 6 小时,到 FOAM 的 1 天,到 Mercator、ECMWF 和 MOVE 的 5~10 天。所有的系统均使用关于 IAU 的一个常数权重,除了 Mercator。Mercator 选择了一个分布函数,这个分布函数可结合两个连续周期的增量,以确保从一个周期到另一个周期的增量连续性。Bluelink 系统应用了自适应松弛法,在该方法中,使用一个依赖于增量幅度的时间尺度来对模式进行逼近分析。CONCEPTS 和 TOPAZ 则在预报执行之前直接将增量应用到初始模式状态上。

资料同化方法一般假定模式没有明显的系统性误差。但这在实际情况下通常不成立,一些研究小组尝试使用不同的方案来修正模式偏差。例如,ECMWF 使用了一个偏差修正方案,该方案在热带外将修正结合到三维温度和盐度中,而在热带内将修正加入到气压梯度场。后一种修正也被应用到 FOAM 系统中,而 Mercator 则使用了一个通用全局的三维温度和盐度的缓慢演化大尺度偏差修正方案。在 ECMWF 和 FOAM 系统中,这些偏差修正场是通过累积资料同化增量的平均值来计算的,而 Mercator 的偏差则基于先前数月的更新量使用 3DVar 方法来计算。

12.2.3　误差协方差估计

在 Bluelink 的 EnOI 方案和 Mercator、CONCEPTS 的 SEEK 方案中,三维温度、盐度、海流和 SSH 的距平的统计集合被用来估计背景误差协方差矩阵。运行一个自由模式的长时间积分,针对模式平均来计算每天的距平量,以估计一年中某个给定时期海洋状态的 7 天时间尺度的误差。距平计算滤除了低频上的时间尺度信号,保留了将被资料同化修正的高频信号(如:中尺度海洋结构)。从一个分析到另一个分析将保留大量的距平,因此确保了误差协方差的连续性。使用该方法计算的协方差将被用来表示单变量和多变量之间的协方差关系。

TOPAZ 中实现的 EnKF 方案使用 100 个集合成员来构造当前循环的背景误差协方差。为了保持集合离散度,运行一个扰动系统,该系统动态地使用大气强迫场进行持续扰动。膨胀系数常被应用到确定性 EnKF 中,该方法使用了一个更大的观测误差方差来更新距平而不是更新平均值。Mercator 系统也使用膨胀误差方差的方法:在每个同化周期,一个自适应方法计算了模式预报误差的最优方差,该方差保留了更新量与背景和观测误差协方差之间的统计平衡。

所有的基于集合的方案都要求协方差信息的局地化,以防止在长远距离上的噪音信号污染增量信息,这主要是因为集合的规模相对较小。在 TOPAZ 中应用了观测作用范围的局地化,使得观测只能影响 300 km 范围的模式变量。Mercator 使用了另一种局地化技术:在超过一个距离(两倍于局部空间相关尺度)后将协方差设置为 0。

在 ECMWF、FOAM 和 GOFS 中使用的 3DVar 方案,通过将问题分解成两部分来设置背景误差协方差矩阵:一方面是设置误差方差(对角元素),另一方面是设置与相关系数(非对角元素)函数表示有关的水平和垂直方向的长度尺度。在 MOVE 中,3DVar 被分解为三个问题:误差方差的设置,垂直相关系数的设置,水平长度尺度的设置。在 GOFS 中使用基于模式变量的估计来设置背景误差方差,该估计由模式预报差异(差异由不同更新循环间隔造成)的历史数据来计算,其中包含了观测的影响。ECMWF 和 FOAM 对背景温度方差进行参数化,该方差依赖于背景场中温度的垂直梯度;FOAM 包含了基于先前同化输出的海表季节性变化的估计。通过使用这些技术,这些系统(除了 MOVE)将一部分流依赖信息加入背景误差方差设置中。

FOAM 和 GOFS 使用 Rossby 半径来定义水平长度尺度,以表征中尺度现象,而 ECMWF 使用 2°的长度尺度,在赤道附近细化,使得对季节预报非常重要的海洋特征可以被初始化。MOVE 将全球范围划分为多个子区域(大约 50 个),在每个子区域中设置长度尺度。GOFS 中的垂直长度尺度是基于垂直密度梯度来设置的,FOAM 中的垂直长度尺度则是基于背景场的混合层厚度设置的。在 ECMWF 中,则是基于模式的垂直网格距离来设置的。

在 ECMWF 和 FOAM 中,背景误差相关系数的单变量部分是通过使用一个耗散算子来建模的,该算子近似高斯相关函数;而 GOFS 使用一个 2 阶自回归(SOAR)函数。在 MOVE 中,该部分由来自历史温度和盐度剖面资料的垂直温度—盐度(T-S)耦合经验正交函数(EOF)的单变量特征来表示。在 GOFS、ECMWF、FOAM 中使用预先确定的物理关系来设置背景场误差的多变量部分(从一个变量到另一个变量传递的信息)。在 ECMWF 和 FOAM 中,通过使用模式背景场水团的特性来将信息从温度传递到盐度,通过使用动态高度关系将信息从密度传递到海表高度,通过使用地转关系将信息从气压传递到流速。在 GOFS 中,使用状态方程和静力关系将信息从温度和盐度传递到位势高度,然后通过地转关系将信息传递到流速。在 MOVE 中,通过耦合温度—盐度经验正交函数的耦合性质在温度和盐度之间传递信息。

除 MOVE 外所有的系统都将观测误差协方差表示为一个对角矩阵,忽略观测之间的误差相关性。在大部分系统中,观测误差都是预先确定的,要么是常数,要么是季节性变化估计,且大部分系统会指定空间变化的代表性误差。在 GOFS 中,它们是基于当前状态来进行设置的,并使用了一个带有基于垂直梯度的剖面修正的查询表。

MOVE 则基于历史剖面数据设置该矩阵,使用表面两个模式层来进行近似。

12.2.4 业务应用

业务中心接收观测的延迟时间,相比它的测量时间而言,依赖于许多因素,包括传输时间及处理观测和质量控制的时间。在运行时需尽量接近实时,不同观测系统的实时性要求对业务预报系统提出了约束条件。SST 和海冰资料可以相对快速地被采用(不超过一天),高度计 SSH 资料通常两天内可用,剖面资料需要几天才能到达(依赖于平台)。因此大部分系统均有两套分析系统:一个是准实时(NRT)的分析,可提供最新的信息对预报进行初始化;另一个是延迟分析,可提供不是很及时但更加精确的信息。延迟分析被用来初始化 NRT 分析的下一个循环,使得较晚接收的观测信息仍能影响预报。具体实现方式在各系统中是不同的。

FOAM 和 GOFS 每天运行,同化所有可用的资料。FOAM 通过回溯到 2 d 前结合 T-24 h 的海洋状态将接收到观测进行同化,同化后的结果被用来初始化下一天的海洋状态。GOFS 通过使用恰当时间初猜场(FGAT)的方案将晚到的资料与模式场进行同化,并在当前分析中使用这些更新。Bluelink 每天运行,通过使用一个依赖于观测类型的时间窗口:SST 时间窗为 1 天,现场观测温度和盐度为 7 天,高度计资料为 11 天。Bluelink 中使用了一个多循环集合,其中,用 4 个独立预报成员来进行每日预报,成员之间互相错开一天。每个预报成员在不同日运行,其同化分析每 4 天运行一次。

CONCEPTS、Mercator 和 TOPAZ 每周运行一次完整的资料同化,时间窗为 7 天,另有一个先前 7 天(T-14 到 T-7)的分析场,使得后接收的资料能被 CONCEPTS 和 Mercator 同化。CONCEPTS 另外还运行了一个每日同化,该同化仅包含 SST 和海冰资料,且每日预报开始于前一天的分析场;而 Mercator 首先使用分析后的表面通量来运行模式,运行结果用来更新每天预报的初始场。TOPAZ 分析场则存在一个 3 天的延迟,这是为了允许大部分资料可被一起同化。

ECMWF 和全球 MOVE 都使用一个 10 天的时间窗。ECMWF 在一个 6 天延迟的模式中每 10 天执行一个完整的同化分析。准实时同化分析则每天更新,其同化窗口是可变的,该窗口始于可用的延迟模式的最近的分析场时刻。全球 MOVE 每 5 天运行一次,通过在准实时模式中运行 4 个 10 天的循环同化分析,以及在延迟模式中每 5 天运行一个 10 天的循环同化分析来为前 40 天提供分析结果。

每一个 ECMWF 同化分析的运行时间约 20 分钟(延迟分析的 10 天循环同化分析,不包括预报,5 个集合成员并行执行),全球 MOVE 的同化分析约 30 分钟(不包括预报),CONCEPTS 同化分析和预报约 1 小时,FOAM 和 GOFS 的同化分析和预报约 2 小时,Mercator HR 的同化分析和预报约 4.7 小时。

12.3　业务资料同化方案

为了直观显示资料同化方案的输出,与作为一个整体的预报系统相对,对来自每个业务系统的增量进行了比较(2014 年 2 月)。用增量来表示是很有用的,因为它们展示了每个分析系统生成结果的结构类型。这些依赖于模式背景场和被同化的观测(也依赖于时间窗口和执行业务系统的延迟)。也依赖于在资料同化算法中设置的误差协方差结构,以及资料同化算法本身。

正如上节指出的那样,不同的系统运行不同的循环周期,因此不可能显示完全相同的周期的增量。对应的 ECMWF 场是 10 天周期,2 月 14～23 日;对应的全球 MOVE 场为 10 天周期,2 月 15～24 日;对应的 NP MOVE 场为 5 天周期,2 月 20～24 日;Mercator 和 CONCEPTS 场为 7 天周期,2 月 19～25 日;Bluelink、FOAM、GOFS 场为 7 天内每日增量之和,这 7 天与 Mercator/CONCEPTS 场相同。由于不同的周期产生的增量有效期不同,重要性也有所差异。基于同化时间窗口的场的简单缩放是不恰当的,因为预报误差的增长是非线性的(每日增长的 10 天累计并不等同于运行一个 10 天同化周期的结果,即使是在相同的系统中)。为了在相同的颜色范围内画出可比较的场,我们将每个场的空间均方根正规化为 1(温度单位 K,流速单位 m/s);乘数因子显示于每个子图的括号中。交叉区域画图时使用的乘数因子是基于区域确定的。

12.3.1　5～10 天增量的区域对比

针对 4 个区域 5～10 天的增量进行对比。以东澳大利亚流(EAC,East Australian Current),黑潮与墨西哥湾流为例,从中可以看出涡相容和涡分辨的两种资料同化系统是如何描绘其差异变化的。一些系统被用来初始化更长时期的预报,热带太平洋区域(对于季节预报的初始化很重要的区域)也在图中显示出来。在每个区域,只有那些可分辨或可相容该区域主要特征的系统才被显示。特别地,ECMWF 和全球 MOVE 增量只在热带太平洋区域显示,因为它们没有表现出边界流区域的中尺度结构,而 Bluelink 只在 EAC 区域显示,因为其他区域分辨率远低于该区域,TOPAZ 只在湾流区域显示,NP MOVE 只在黑潮区域显示。

图 12.1 显示了在 EAC 区域的温度增量的空间映射。为了考察它们与增量垂直结构的相关性,图中给出了在 35°S 附近深至 500 m 的剖面。尽管使用了不同的模式和同化方案,由 Mercator、Bluelink、CONCEPTS、FOAM(区域:30°S～40°S,160°E 以西)生成的增量也具有某些相似之处。增量的大小在每个系统中都是不同的,但其位置和增量变化的范围是类似的。从东澳大利亚海岸开始移动的正—负—正温度增量三极结构能在大多数系统中反映出来,而 Mercator HR 则产生了靠近海岸的负距平。在该时期

这些特征现象的附近只有很少的现场观测温度资料,因此它们必须使用与高度计 SLA 资料的映射关系来调整温度,该映射是通过资料同化系统的多变量特性得到的。最大温度增量对应的深度在各系统中是不同的,FOAM 和 GOFS 在大约 100 m 处出现最大值;Mercator,CONCEPTS 和 Bluelink 在 50 m 以下具有更宽广的垂直结构,Mercator/CONCEPTS 最大值接近于 200 m 深,Bluelink 则接近 300 m 深。这些差异主要是因为使用了不同的方法将高度计资料投影到次表层密度场:GOFS 和 FOAM 使用基于当前模式背景场的流依赖参数化方式,Bluelink,Mercator 和 CONCEPTS 则使用集合统计估计的方式。

各系统生成的海表流速增量(考虑对两个速度分量的增量)显示在图 12.2 中,等价的区域和时期如图 12.1 所示。虽然在 Mercator LR 中使用的降分辨率分析网格导致了不够平滑的结构,但 CONCEPTS,FOAM 和 Mercator LR 的流速增量的水平范围是类似的。Bluelink 和 GOFS 流速增量具有比其他系统相对较小的空间尺度,这显示出它们与其他高分辨率模式的差异,高分辨率模式有能力分辨(而非相容)该纬度下的中尺度特征,增量的比较也显示出不同同化方案的能力。FOAM 的同化方案对近海岸线所有资料类型都增加了观测误差,这使得其流速增量在海岸附近接近于零。

图 12.3 显示了在黑潮区域大约 100 m 深处温度增量的情况。GOFS 和 Mercator HR 系统具有比其他系统更小的尺度特征,这是由于其具有更高的分辨率。这些系统在本区域与在 EAC 区域相比,具有的相同特征变少,表明这个区域这个时期内的预报误差在任何系统中都是不同的。然而,在约 154°E 的剖面图中,所有系统的增量除了 CONCEPTS 之外都表现出中尺度特征。

在墨西哥湾流和美国东海岸间的分界处附近,CONCEPTS、FOAM、Mercator LR 和 TOPAZ 的增量均有一个双极结构,这表明同化修正了一个模式偏差,该偏差会引入过多的侧边界混合,如图 12.4 所示。GOFS 和较小面积的 Mercator HR,在本区域的双极结构较弱,但 GOFS 在本区域边界混合处具有小得多的偏差。这些改进一方面来自更高的模式分辨率,另一方面来自 HYCOM 模式 GOFS 实现方法中侧边界混合表示方法的改良。

图 12.5 显示了在东热带太平洋区域每个分析系统生成的温度增量的情况。在行星波传播很快的赤道附近,水平去相关尺度更多地依赖于同化窗口的长度而非海洋模式的分辨率。从水平子图可看出,ECMWF 和 MOVE 更长窗口和更低分辨率的季节预报系统在赤道附近具有比其他分析系统大得多的东—西尺度。从赤道向两级方向,CONCEPTS 和 Mercator 的长度尺度与 FOAM 和 GOFS 相比减小得快很多。剖面图显示,每个系统在该区域西部约 180 m 深处和东部约 20 m 深处的温跃层产生最大的增量。ECMWF 和 MOVE 系统增量中也可以清晰地看到更大的水平尺度特征,同时其他系统的增量包含了更多小尺度的结构。在该区域的西部,FOAM 系统比其他系统产生的增量具有更大的垂直范围,可能与在该区域的误差协方差的设置有关。

12.3.2 月平均增量的全球对比

图 12.6 显示了每个系统关于海表和约 100 m 深度的全球月平均温度增量。这些诊断表征了对预报偏差的估计,但是这仅是一个在该区域的个例,且观测偏差可能污染信号。

FOAM 和 GOFS 在表面有一个清晰的图案显示,在热带有负增量,在南半球中纬度有正增量。这两个系统同化卫星 SST 资料,而其他系统松弛或者同化客观 SST 分析资料,这可能是其在增量方面的模式偏差更为明显的原因。热通量中的系统性误差可持续加热/冷却表面层,导致产生较大的平均增量。在 GOFS 系统中使用的热通量被调整来校正大气模式强迫误差(通过添加跨越大多数热带区域的热量),用来最小化 5 天的 SST 预报误差。该修正导致模式在更新间隔(24 小时)中变得太暖,这反过来导致表面温度增量平均来说是负的。在 FOAM 中没有这样的修正,但底层热通量也假定存在该偏差。进一步深入考察这些偏差,将它们与热通量差异联系起来可能是对本工作有益的延续。

几乎所有的系统在热带东太平洋的冷舌区域都出现了偏差,该偏差在月平均增量比一周增量要明显得多。这个时期与一个发展中的负 SST 距平是吻合的,同化也会增加更冷的 SST 量值。ECMWF、FOAM、GOFS、Mercator 系统中,在约 100 m 深处,资料同化引入了一个中心位于赤道上约 130°W 的冷距平。西部边界流区域在几乎所有系统中都能清晰地看到,而涡相容和涡分辨系统能修正中尺度结构位置上的持续误差,较低分辨率系统则修正较大尺度的预报误差。

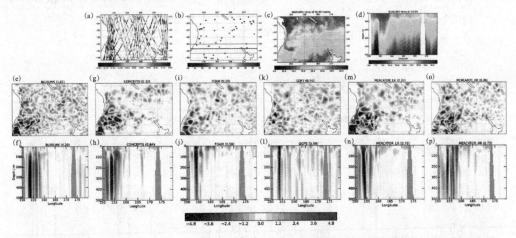

图 12.1 2014 年 2 月 19 日～25 日 EAC 区域标准化的温度增量。(a)和(b)分别显示 SLA 和用作参考的剖面资料范围。(c)～(d)表示平均到相同时期的 Bluelink 分析。(e)～(p):上面一排显示了 100 m 深度的 T 增量;下面一排显示的是沿着 35°S 从 150°E 到 180°E 的横截面的温度增量。括号中的数字表示为了使每个场的均方根达到 1 K 的量级而应用到子图中的标准化

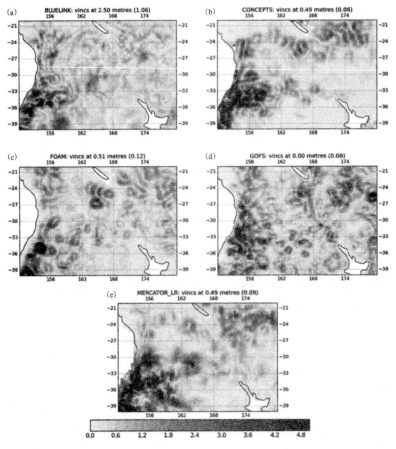

图 12.2　2014 年 2 月 19～25 日 EAC 区域顶部分析层速度的标准化增量（考虑了速度的两个分量的增量）。括号中数字表示为了使每个场的均方根量级为 1 m/s 而应用到子图中的标准化

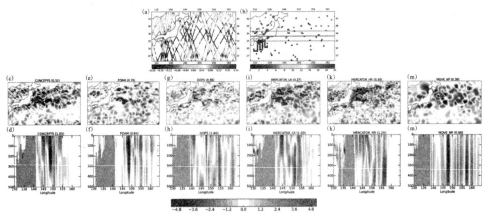

图 12.3　2014 年 2 月 19～25 日 Kuroshio 区域的标准化后的温度增量（除了 NP MOVE，其分析对应时间为 2014 年 20～24 日）。（a）（b）表示 SLA 资料和用作参考的剖面资料范围。（c）～（n）：上一排表示 100 m 深的温度增量；下一排表示沿着 35°N 从 130°E 到 165°E 的横截面的温度增量。括号中数字表示为了使每个场的均方根量级为 1 K 而应用到子图的标准化

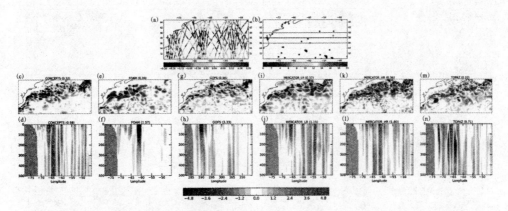

图 12.4　2014 年 2 月 19～25 日在墨西哥湾流（Gulf Stream）区域正规化后的温度增量。（a）（b）表示 SLA 资料和用作参考的剖面资料范围。（c）～（n）：上一排表示 100 m 深的温度增量；下一排表示沿着 38°N 从 78°W 到 45°W 的横截面的温度增量。括号中数字表示为了使每个场的均方根量级为 1 K 而应用到子图的标准化

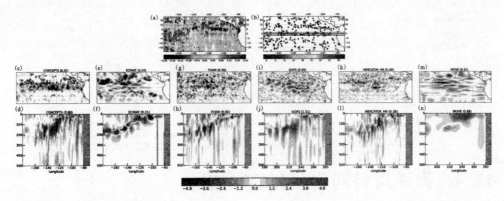

图 12.5　2014 年 2 月 19～25 日（全球 MOVE 对应时间为 16～24 日）在赤道太平洋中部和东部区域正规化后的温度增量。（a）（b）表示 SLA 资料和用作参考的剖面资料范围。（c）～（n）：上一排表示 100 m 深的温度增量；下一排表示沿着赤道从 180°E 到 70°W 的横截面的温度增量。括号中数字表示为了使每个场的均方根量级为 1K 而应用到子图的标准化

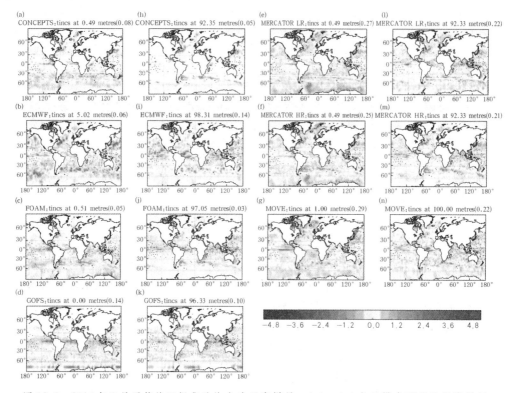

图 12.6　2014 年 2 月平均的正规化后的全球温度增量。(a)～(g)表示模式顶层的温度增量；(h)～(n)表示 100 m 深处的温度增量。括号中数字表示为了使每个场的均方根量级为 1 K 而应用到子图的标准化

12.4　海洋资料同化存在的问题

12.4.1　资料及时性问题

使用最新的接收资料需要对业务系统有新的要求，因为目前在及时性方面具有不足，尤其是在观测系统中。作为该问题的例子，关于美国海军研究实验室（NRL）接收的现场观测剖面类型的接收及时性如图 12.7 所示，时间为 2012 年 9 月～11 月。这些及时性估计与接收 GTS 资料的业务中心比较接近。一些资料类型非常及时，而其他资料的到达速度则缓慢得多。一些来自海洋哺乳动物身上传感器的剖面资料具有非常重要的影响，有很重要的价值。任何一种加速这些资料传递的方法都可使这些资料被更好地利用；目前在海洋哺乳动物研究单位（SMRU）进行的海洋哺乳动物传感器铱星通信的工作，有可能改进该资料的传输及时性。在图 12.7 中看到，Argo 资料的及时性不如其他现场观测平台，但 Argo 对业务海洋预报的重要性毋庸置疑，任何加速这些资料传输的方法都可以使其被更好地利用。

12.4.2　大西洋经圈翻转环流对资料同化参数的敏感性

对于用来制作海洋再分析的系统来说(如 ECMWF 海洋再分析系统 ORAS4),其中一个挑战是对近岸观测的同化,特别是在强西部边界流区域中。图 12.8 展示了在两个不同的同化实验中 26°N 附近的大西洋经圈翻转环流(AMOC)的时间演变,这两个实验系统中观测误差标准差(OESD)在海岸线 300 km 和 800 km 的范围内随着距离的变化而增加。AMOC 模拟的结果对近岸观测 OESD 具有很强的敏感性。当近岸 OESD 在 800 km 范围内被放大时(DC800 km,红线),AMOC 比它在 300 km(DC 300 km)范围内被放大时强得多。年际变化的范围相对这个参数也是在改变的。对大尺度气候的极端敏感性表明了 OESD 独立的基于传输的估计(如来自 RAPID 的估计)的重要性,其对于资料同化研究的持续发展也至关重要。

12.4.3　赤道附近的同化改进

赤道附近的主要平衡关系是海面下的压强梯度力与风应力之间的平衡。剖面和高度计资料的同化引起压强梯度力的改变,将会导致风应力的不平滑,也将引起虚假的赤道波和垂直速度。在 FOAM 中使用的压强差修正方案能够减小长时期存在的不平衡。然而,我们仍然可以从较短时间尺度的不平衡上看到在赤道流和垂直速度上进行资料同化的影响。在压强偏差修正方案中,修正是从累积的温度和盐度增量中计算的,可以被认为是一个偏差修正。瞬时压强修正是根据当前分析步的温度和盐度增量来计算的。图 12.9 中显示了在 24 小时 IAU 步之后在赤道大西洋截面的垂直速度距平场。距平是通过用 IAU 垂直速度减去垂直速度来计算的,后者来自相同初始条件的控制实验。在这些实验中,温度、盐度、SSH 和 SST 观测的同化周期为 1 天。图 12.9 显示了有瞬时压强修正和没有修正的垂直速度距平。存在瞬时压强修正的情况下,垂直速度距平显著减小。后续工作将考察在逐渐远离赤道时应该如何减小这个修正,以及应该如何将其应用到资料同化系统的循环中。

12.4.4　4Dvar 对高频变化的改进

日本气象厅(JMA)计划开展西北太平洋(WNP)4DVar 同化模式的业务应用,该模式在气象研究所(MRI)开发,在 2015 年作为海岸监测和预报系统的一部分被使用。模式的网格分布与 NP MOVE 的 WNP 部分是相同的:在日本附近的水平分辨率是 0.1°。模式的资料同化方案基于 MOVE 的 4DVar 版本 MOVE-4DVar。模式场被用来监测和进行短期(~10 天)的海洋预报,使用 IAU 来初始化覆盖濑户内海的更精细分辨率(2 km)的近海模式。

如图 12.10 所示,4DVar 方案具有改进高频现象的能力。将带有 MOVE-4DVar 方案的同化模式与当前业务方案 MOVE-3DVar 的模式进行了对比。两者的同化周期长度均为 10 天。黑潮路径的高频变化在 MOVE-4DVar 中再次出现,这使得在八丈岛附近的海平面变化得到很好的改进,正如图 12.10(a)所示。图 12.10(b)表明,运行

4DVar 的模式中,在 138°E 附近,冷涡旋发展的再现引起黑潮路径的曲折,且将海平面调整到了更接近检潮仪观测数据的地方。对高频海平面变化的改进,不仅出现在开放海域,还出现在近海区域,这提高了预报的精确性。同时,在近海更精细分辨率模式中的 SSH 场也被改进,该模式通过 IAU 使用 WNP 的同化分析场来进行初始化。这些结果表明,深入研究能够初始化高频过程的更复杂的资料同化技术是很必要的。

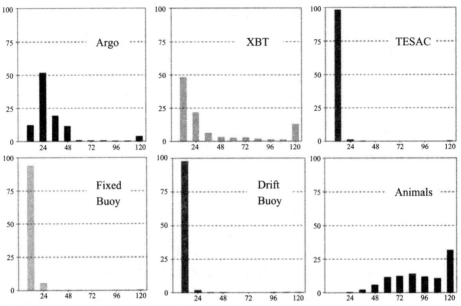

图 12.7　在 NRL 中观测的接收时间与剖面资料类型的测量时间之间的差异。结果以条形图显示,横坐标范围是从测量时间后的 12 小时到 5 天,时间为 2012 年 9 月~11 月

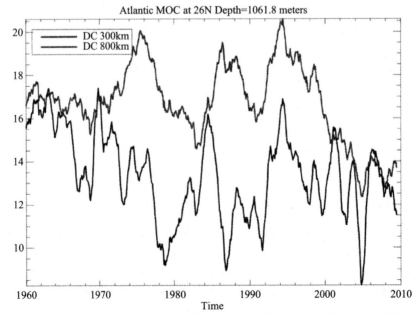

图 12.8　由与 ORAS4 中相同系统引导的来自两个敏感性同化实验的大西洋经圈翻转环流。其中,观测误差在离海岸 800 km 范围内和 300 km 范围内被放大

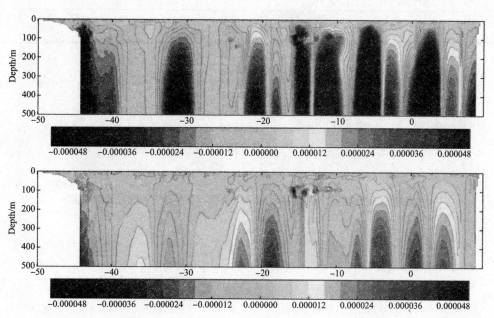

图 12.9　大西洋中沿着赤道的横截面的垂直速度差异(IAU 后 22.5 小时对比不同化资料的情形),(a) 同化所有资料,(b) 使用了瞬时气压修正量来平衡 T/S 增量

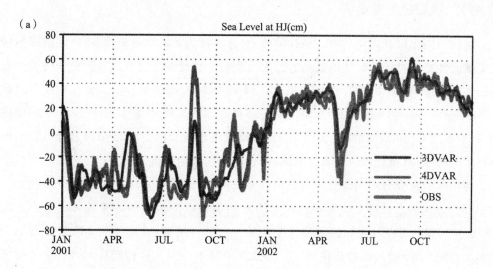

图 12.10　(a) 在 Hachijo 岛(HJ)的 WNP 可同化模式(assimilative model)的海平面时间序列,对应三种方案分别为 MOVE-3DVar、MOVE-4DVar 和潮汐测量得到的观测。来自模拟的时间序列和观测之间的修正量(RMS 差异),对于 MOVE-3DVar 来说是 0.925(14.05 cm),对于 MOVE-4DVar 是 0.968(9.27 cm)。(b) 2001 年 8 月 23 日 SSH 的水平分布,左边为 MOVE-3DVar,右边为 NOVE-4DVar。HJ 的位置在左图中标出

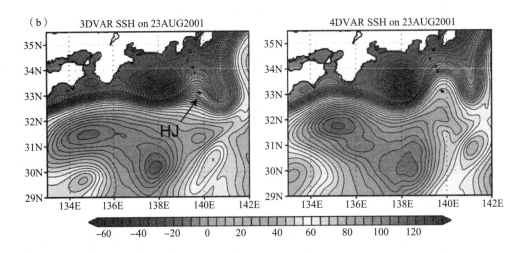

图 12.10 （a）在 Hachijo 岛（HJ）的 WNP 可同化模式（assimilative model）的海平面时间序列，对应三种方案分别为 MOVE-3DVar、MOVE-4DVar 和潮汐测量得到的观测。来自模拟的时间序列和观测之间的修正量（RMS 差异），对于 MOVE-3DVar 来说是 0.925（14.05 cm），对于 MOVE-4DVar 是 0.968（9.27 cm）。（b）2001 年 8 月 23 日 SSH 的水平分布，左边为 MOVE-3DVar，右边为 NOVE-4DVar。HJ 的位置在左图中标出

12.4.5　误差协方差评估

观测与同化前和同化后模式估计的差异（分别称为更新和分析残差）为评估资料同化系统的性能提供了有价值的信息。这个信息对于估计误差协方差以及评估误差协方差的一致性具有很重要的作用。图 12.11 将"Desroziers diagnostics"方法应用到 ECMWF ORAS4 再分析系统中，并进行了一致性检查。图中展示了一个 40 年时间序列，针对上层 50 m 范围内，在观测空间中对指定的温度 BESD 和期望的温度 BESD 温进行了全球平均（蓝色曲线代表设定值，红色曲线代表期望值）。

使用垂直密度分层的背景场对指定的 BESD 进行参数化。在指定的 BESD 和期望的 BESD 之间的差异可以作为评价误差协方差是否近似最优的一个信号。在指定的 BESD 与期望的 BESD 之间的季节性变化是一致的。然而，在期望的 BESD 中有一个值得注意的衰减趋势，该趋势在指定的 BSED 中并未出现。这种趋势大致反映了观测数量的增长趋势，也反映出背景状态正变得更加精确的情形，尤其是同化 Argo 资料之后最近十年的结果。观测网络在背景误差上的重要影响并未被 ORAS4 中使用的状态独立的参数化所捕捉，这表明改进背景误差估计方法是必要的。从这个角度讲，背景误差中体现流依赖特性的方法（如 EnKF 或混合集合变分方法）是很有发展前景的。

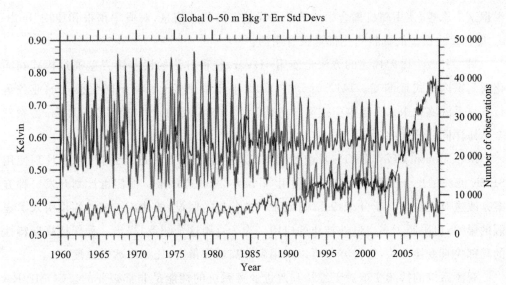

图 12.11　ECMWF ORAS4 再分析中的月平均温度背景误差标准差(BESD)的时间序列:
(1) 同化系统中指定的 BESD;(2) 使用 Desroziers(2005)方法确定的期望的 BESD

12.5　未来发展

大量业务组都在探索如何改进当前使用的资料同化方法。一些 GOV 系统为季节预报提供初始条件,这使得概率预报成为一种可能。短期概率预报可以改进针对搜索和营救以及石油泄露方面应用的产品。NRL、ECMWF 和 FOAM 正在开发一种将集合信息加入变分框架中的混合方法。基本思想是使用一个扰动的模式和扰动的资料同化系统来模拟系统状态误差的演化。状态的集合提供了分析和预报误差的流依赖估计,可以用来初始化概率预报和估计每个资料同化周期内的背景误差协方差。因为高分辨率海洋模式计算量较大,所以实际应用中只能使用少量集合成员。如何将有限的集合信息有效地和高效地使用到变分同化背景误差协方差估计中去,这是一个重要的挑战。一种方法是使用集合成员并利用已存在的误差协方差模型来估计参数,比如方差和相关距离尺度。另一种方法是使用集合来计算协方差矩阵的采样估计,应用局地化和滤波技术来滤除与采样误差有关的伪协方差。第三种(混合)方法则涉及前两种协方差形式的一个加权的线性组合,目的是改进强壮性和灵活性。

为了提供生成集合信息时需要的扰动,在离散方程中加入模式不确定性的一个显式表示,将确定性预报模式变换为随机预报模式。这些不确定性可通过加入状态变量不确定波动的随机过程来模拟。NEMO(Nucleus for European Modelling of the Ocean)的当前版本已经包含了一个随机扰动的选项,该扰动在模式积分期间被激发。

根据这个思想,使用随机集合模式传播海洋状态的相关信息,对概率预报和使用"built-in"集合模式误差的资料同化都是很有用的。

另一种改进误差描述的方法是使用4DVar,这种方法的误差协方差通过模式在同化时间窗内隐式地演变。JMA计划在2015年开始WNP 4DVar同化模式的业务运行。该系统将在未来5年内引进潮汐的估计。JMA计划在2020年引入4DVar方案到全球海洋同化模式中。

Mercator和CONCEPTS目前使用基于固定集合的方法进行预报,未来计划使用SEEK滤波的集合信息以便更好地利用"日误差"来改进预报。他们也计划开发一种方案来改进对变量非高斯分布特征(打破了线性分析的假设)的使用。线性假设引入了虚假的影响,也限制了多变量外推法的应用。为了克服这个缺点,提出一种保持高斯特性的局部失真变换方法,这种方法可以应用到非高斯变量上,比如海冰密集度。

观测系统的持续变革对于维持和改进业务系统的性能是非常必要的。COMPIRA(Coastal and Ocean measurement Mission with Precise and Innovative Radar Altimeter)和SWOT(the Surface Water Ocean Topography)的宽刈幅卫星高度资料能够提供有效的信息约束GOV系统的小尺度海洋状态。同化卫星(比如Aquarius和SMOS)测量的海面盐度也能够改进GOV系统的近海面盐度场。

在不久的将来,很可能发生的情形是:新卫星的使命是在像素级上传递状态变量测量的组合,以及通过图像的方式传递流的结构信息。这些信息由宽刈福高度计,如SWOT或者静止轨道上的水色成像仪提供。对于海洋和近岸预报的一个关键挑战是同化方法的改进,以便在更高的分辨率上提供关于流的额外约束条件,并生成更精确的物理协调的场。

第 13 章

业务海洋学中卫星观测

卫星提供了关键变量来约束海洋模式,并为其应用提供服务。改进资料同化技术和开发高分辨率卫星观测资料的协同利用将是未来的重点方向。

13.1　概　述

卫星海洋学是业务海洋学中的一个重要组成部分。卫星提供实时的、全球的、高时空分辨率的海洋关键变量的观测,这些变量通过资料同化来约束海洋模式,并为应用提供服务。GOV(GODAE OceanView)与卫星海洋学界保持着紧密的联系。在过去十年,对于业务海洋学来说,主要的进展在于开发和优化卫星观测的使用。

业务海洋学严重依赖于高质量的卫星和现场数据的准实时和可用性,这些数据需要足够大的时空采样。观测数据通过资料同化来约束海洋模式并进行验证。资料的数量、质量和可用性直接影响海洋分析、预报以及相关服务的质量。资料本身产品也可直接在应用中使用,这需要一个合适的、长期的全球海洋观测系统。气候和业务海洋学应用都需要这个主干系统。而且,业务海洋学对于准实时资料的可用性和更高分辨率的观测具有特别的需求。由海平面和海表地转流、海表温度 SST、海洋水色、海表盐度 SSS、海浪、海冰和风等要素构成核心的业务卫星观测,这些观测在全球、区域和近岸海洋监测与预报系统中都是必不可少的。观测的长期性和连续性是非常重要的。业务海洋学中的特别需求如下。

• 除了气象卫星之外,需要高精度(高级沿轨扫描辐射计 AATSR)SST 卫星给出更高绝对 SST 精度测量数据。另外,也需要微波来提供一个全天候的全球覆盖。

·至少需要 3~4 个高度计来观测中尺度循环。这对重要的海浪高度测量也是有用的。高精度高度计(Jason 卫星)的长期规划也是必要的,可将其作为对其他任务和对气候信号监控的一个参考。

·海洋水色资料的重要性不断增长,尤其是在近海区域。全球覆盖,至少需要两个低轨道卫星。

·至少需要一个以上的散射计对高空间分辨率的近表面风进行全球监控。将散射计与无源辐射仪结合对海冰进行监测也是非常重要的。

·对于海浪、近岸风、锋面流、海冰特征和浮油监测等来说,多种 SAR 卫星观测是必要的。

为了连续不断地传输高分辨率观测,要求在卫星或设备失效的情况下,仍能满足业务约束条件,如准实时资料分布和冗余,这就需要虚拟星座的国际合作与开发。

卫星资料也需要实测资料来进行补充。实测资料用来校正、检验卫星观测的长期稳定性,作为卫星观测的补充,提供海洋内部的测量也是必要的。

13.2　过去及现状

13.2.1　卫星高度测量

卫星测高是业务海洋学中最重要的技术之一。所有的全球业务海洋系统现在都依赖于多个高度计资料集,且对高度计星座的状态非常敏感。图 1 显示了雷达高度计的发射时间表。近五年对卫星高度测量来说是一个重要时期。目前仅有较少的卫星在运行中(名义上有三个,有两个处于停机状态),正处在两代高度计间的过渡期:Jason-1,ENVISAT 和 GFO 已被 Jason-2,CryoSat-2,HY-2A 和 SARAL/AltiKa 所取代。另外,2008~2013 也是各航天局之间热忱合作的一个时期,包括第一代测高任务(NASA,NOAA,ESA,CNES),Eumetsat,以及来自中国(CNSA)和印度(ISRO)的航天局之间的合作。

这个过渡始于 2008 年 GFO 的退出和 Jason-2 的发射,后者保证了在 TOPEX/Poseidon 和 Jason-1 历史轨道上记录的连续性。Jason-2 的试运行非常快速和平稳:发射后仅一个月,Jason-2 就作为 Jason-1(遭遇机载异常)的临时后备卫星开始业务运行。在 Jason-2 经历校正与验证之后,就开始为业务海洋学提供最优采样,而 Jason-1 被移到一个交叉地面轨道。在这个时期,Jason-1 继续提供高质量资料,直到 2013 年春季。类似地,退化的 ENVISAT 也被移到一个新的轨道,在该轨道上它继续提供业务长达两年多,直到在 2012 年春季退出服务,总共业务运行了 10 年之久。

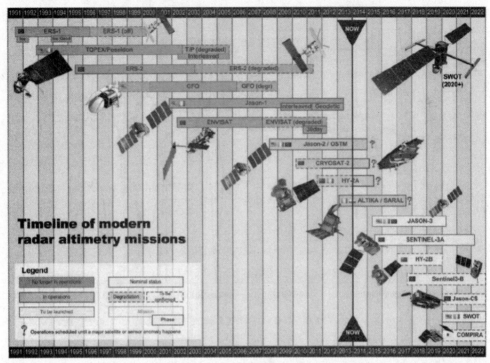

图 13.1　高度计卫星发射的时间表

　　Jason-1 和 ENVISAT 的退出,以及 SARAL/AltiKa 的推迟发射,表明了高度计星群是多么的脆弱。图 13.2 显示了在 AVISO 的多个高度计在每个任务中的相对贡献(以％表示),这个贡献来源于信号分析的自由度。根据 3 个任务的良好覆盖率,每个传感器的贡献应该是 25％~40％。然而,图 13.2 显示出了与每个任务的中断、丢失或发射有关的一系列峰值。这些事件迫使高度计和 GOV 研究者努力工作来确保业务模式仍然能以一种实时的方式来接收高质量海表地形数据,这在它们的同化和验证中是很必要的。ESA,CNES 和 NOAA 的共同努力,使得 CryoSat-2 新的产品集在 2011 年开始发布。尽管 CryoSat-2 并非一个功能齐备的海洋学观测设备,但是它可以减轻 ENVISAT 的退出对业务海洋学造成的影响。类似地,仅在发射后四个月,CNES 和 ISRO 在 SARAL/AltiKa 合作并提出了一个业务的和高质量的产品计划,虽然 AltiKa 在 Ka 波段的技术还有所欠缺。GOV 模式能够非常快速地同化这个新的高度计资料,将其作为几个月前退役的 Jason-1 的一个替代。最后,NSOAS 和 CNES 的合作也解决了中国第一代测高仪器 HY-2A 生成的高精度产品中面临的一些问题。两个部门在 2014 年开始制作业务产品。

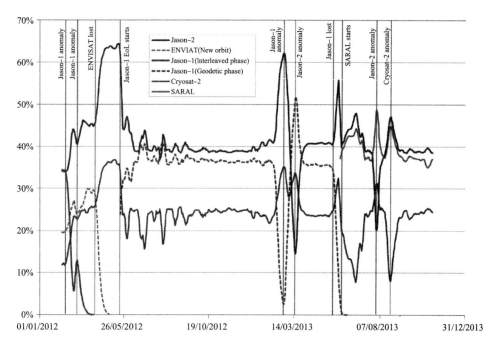

图 13.2　2012～2013 年间在多任务 AVISO/DUACS 地图中每个高度计的相对贡献。贡献来源于信号分析的自由度。单位:%

在过去 5 年除了高度计的改变,也实现了一些有益于业务海洋学和 GOV 的改进。第一,Jason-2 的轨道测定精确度达到了新的水平(机载轨道上实时传输 RMS 为 3 cm,基于地面的轨道准实时传输 RMS 为 1 cm)。第二,通过使用来自 ESA 的 CryoSat-2 的未加工资料,延迟一多普勒(Delay-Doppler,或 SARM)高度计目前正被 CNES 常规化和全球化运行。SARM 技术的好处不仅包含具有更高的沿轨迹分辨率和更高的精度,也包括对人为因素的更高的适应能力,这些人为因素会限制尺度小于 100 km 的高度计的使用。ESA 通过使用 Sentinel-3 算法来应用 CryoSat-2 资料生成海岸 SARM 样本。虽仍处于研究阶段,但所有这些示例为 GOV 模式提供了一个平滑的方式来加大对即将到来的 Sentinel-3 和 Jason-CS 的全球 SARM 样本覆盖。第三,开发了针对沿海高度测量的特别算法。最后,特别地,关于当前平均海平面高度(MSS)的精确度突破使得在未知地面轨迹(HY-2A)和测地轨道(Cryosat-2,Jason-1'Extension of Life'phase)上的高度计的业务使用成为可能。尽管存在这个显著的改进,测地轨道卫星也还未达到与重复性轨道卫星相当的水平:图 13.3 显示当 Jason-1 被放置到一个测地轨道时,SLA 方差的 RMS 增加了接近 2.5 cm。

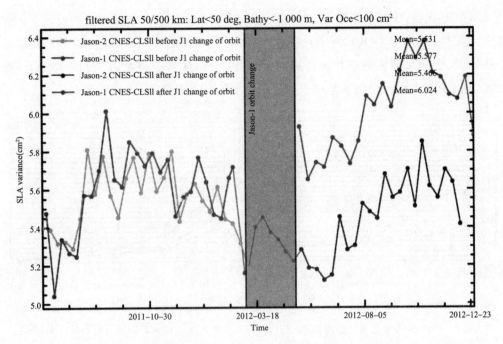

图 13.3　Jason-1 轨道改变前和改变后(也被称为生命周期的扩展),来自 Jason-1 和 Jason-2 的带通滤波(50～500 km)后的海平面距平的方差。当网格化平均海平面用于测地相位(相对于严格重复轨道的平均轨迹)时,方差增长量级约为 2.5 cm

13.2.2　重力测量

　　为了充分探索海洋学应用中的高度测量,准确理解海洋水准面是一个基本要素,特别是同化到业务海洋预报系统中时。由高度计测量的海平面高度(SSH)是在椭圆体之上的海平面高度,与由水准面高度值得到的绝对动力地形(ADT)是不同的。通常,ADT 是通过估计一个平均动力地形(MDT)并将之添加到海平面高度异常上得到的。在水准面有足够精度的空间上,MDT 是由高度计平均海平面高度(MSSH)与水准面之间的差异得到的。

　　由于 GRACE 和 GOCE 空间重力测量仪器的使用,过去 5 年,我们对水准面的了解有了很大的进步。GRACE 在 2002 年 3 月 17 日发射。发射成功后 30 天,新的重力场就可以使用,它可提供关于气候上重要过程的新见解,比如冰盖与海洋之间的质量交换,海洋内部的质量重分配,以及在降雨和水分方面的大尺度变化。在 2010 年,人们认识到长期资料集的重要性,为了与计划中的后续任务(2017 年 8 月发射)进行衔接,在 GRACE 轨道生命的末尾阶段,决定对其使命周期进行扩展。最新的 GRACE 地球水准面模型是通过使用从 2003 年 3 月到 2013 年 5 月的近 10 年 GRACE 资料来进行估计的。这为 MDT 估计和空间尺度降到 200 km 的平均地转流的估计提供了高价值的信息(图 13.4)。为了分辨水准面的最小尺度,且为了在水准面静止部分的计算方面补充 GRACE 设备,GOCE 卫星于 2009 年 3 月 17 日被发射到一个低得多的轨道上。在 2010 年,第一批基于 GOCE 两个月资料的水准面模型就能够以一个全新的精度提供在 150 km 尺度的水准面的估计。从那时开始,这个精度就被持续改进(图 13.4)。在 2013 年 4 月发布的最后版本是基于 3 年的再加工 GOCE 资料。

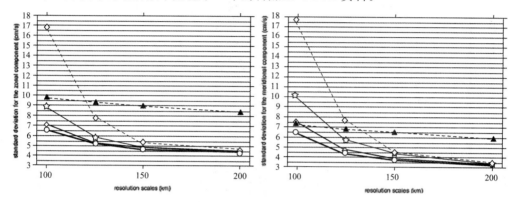

图 13.4 (Mulet et al. 2012):来自实测资料的经圈和纬圈平均流与来自 3 个 MDT 资料的平均流之间差异的全球海洋范围的标准差(cm/s)。MDT 资料来源于 GOCE 水准面的后续版本:EGM_TIM_R1(星形),EGM_TIM_R2(菱形)和 EGM_TIM_R3(圆形)。菱形显示了来自 ITG-GRACE-2010s 水准面的结果。三角形显示了现场的标准差

基于新一代 GRACE/GOCE 水准面模式的 MDTs 被认为可以大幅改进同化高度测量的 GOV 系统的性能。在过去五年,即使在小于 100 km 的尺度上,同化高度观测的海洋数值模式的分辨率也增加了对 MDTs 估计的需求。这可以通过对空间重力资料、高度测量资料和实地测量资料(比如 Argo 水文剖面和漂移浮标等)的综合使用来实现。图 13.5 显示了使用 GRACE,GOCE,高度测量和实地测量的资料组合得出的平均地转流的强度情况。

13.2.3 海表温度

高分辨率温度组织(GHRSST)为业务海洋学提供 SST 资料,这已成长为一项成熟、持续和重要的服务。GHRSST 成员提供一套全球高分辨率 SST 产品(准实时,每天一次)来支持业务预报系统和科学研究。从 2009 年开始,在 GOV 的支持下,GHRSST 的主要发展包括以下几个方面:① 在国际性的区域/全球任务共享(R/GTS)框架下,服务和资料量的显著增长;② 对于学界达成一致的 GHRSST 资料处理规范(GDS)2.0 版本的维护,该规范将所有 SST 资料以一种通用的格式给出,并伴有不确定性估计和辅助资料;③ 将努力方向定位到对气候资料的长期记录,以支持再分析和后报;④ 一个新的 SST 气候资料评估框架(CDAF),管理关键资料流,进行新卫星传感器的无缝整合。

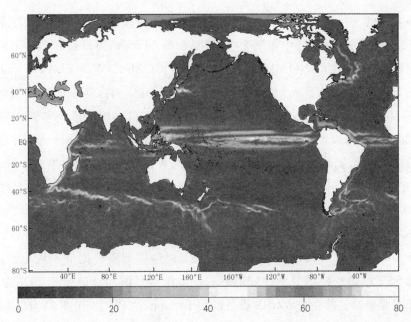

图 13.5 1993～2012 期间地转流的平均速度(cm/s),综合高度测量、重力测量、水文测量和漂流资料而得

13.2.3.1 无源微波 SST 传感器

TRMM 微波成像仪(TMI)(10 GHz 波段)仍然保留在业务模式中,为模式提供在南北 40°纬度之间的 SST。新的全球降雨任务(GPM)微波成像仪(GMI)在 2014 年 2 月发射,作为 TMI 的后继者,现在正在服役期中。GMI 使用了比 TMI 更大的 1.2 m 天线,可获得更好的分辨率。GMI 运行在一个 65°倾斜的非太阳同步轨道上,提供比 TMI 更好的覆盖(南北纬 65°之间)。在 Aqua 卫星上携带的 AMSR-E 设备位于 6.9 GHz通道,自从 2001 年 5 月开始,几乎每天提供无源微波全球 SST 覆盖。这个设备在 2011 年 10 月停止了正常运行,但从 2012 年 12 月开始进入一个缓慢旋转的模式,提供有意义但非常粗糙的采样。在 AMSR-E 和 GCOM-WAMSR/2(在 2012 年 5 月作为 AMSR-E 后继者成功发射)之间进行交叉对比。AMSR/2 有一个比 AMSR-E 更大的天线,提供改进的空间分辨率和额外的 7.3 GHz 通道来减轻无线电频率干扰(RFI)的影响。AMSR/2 现在能够实现无源微波 SST 资料的全球覆盖。WindSat 是一个多通道偏振无源微波辐射仪,被置于美国的 Coriolis 卫星上,该星发射于 2003 年 1 月 6 日。Windsat 主要使用 6.8 和 10.7 GHz 通道,具有前向散射和后向散射测量能力。由于 Windsat 的偏振能力,海洋表面向量风可被反演出来,这对 SST 的反演有所帮助。

13.2.3.2 热红外传感器:静止的和极轨的

SST 静止成像仪的当前星群每 3 小时提供一次全球覆盖测量(在很多情况下有更高的时间分辨率),在未来 5 年将有新的能力更替。新的挑战是如何改进设备,在 SST

日变化率采样的支持下，实现不同卫星成像仪之间和内部的校正。下一代静止成像仪将提供 10 分钟间隔的资料（比如到 2014 年夏季的 MTSAT-3），这对于在无云条件下的每日采样是很有用的。NOAA/NESDIS 已经为 GOES-E/W，MTSAT-2 and MSG-3 业务静止 SST 产品实现了一个完全物理化的 SST 算法。对这些静止 SST 资料以及从 2004 年到目前相关 5 km 混合 SST 分析（使用来自大量机构的极轨和静止轨道的产品）的再加工已经完成了。Terra 和 Aqua 卫星上的 MODIS 设备在轨道上分别工作了 14 年和 12 年之后，仍然运行良好。这些设备每两天提供一次全球覆盖的 1 km 分辨率的 SST 资料。在 NOAA 卫星序列上的后面两个 NOAA AVHRR/3 设备已经在轨道上运行，可以为业务和研究团体的需求提供服务。在 2007 年 5 月中旬，EUMETSAT MetOp-A AVHRR/3 被宣布实现完全业务化。在 2013 年 4 月，MetOp-B AVHRR/3 替换掉了 MetOp-A。AVHRR Pathfinder SST 时间序列资料提供了从 1981 到 2012 年的全球 SST 的最长持续时间序列。下一步工作是反演和处理始于 1978 年的早期 AVHRR 卫星资料。第一个 VIIRS 设备搭载于 Suomi-NPP 上，于 2011 年 10 月 28 日发射（被设计来替换业务 AVHRR 设备），红外资料流于 2012 年早期开始提供。VIIRS IR 频段是无放射性污染的，初步评估表明 SST 具有很高的质量和精度。

在 2012 年 4 月 8 日，ENVISAT AATSR 停止运行。AATSR 是唯一一个能用到 SST 星群中的双视野传感器，可提供关于 SST 资料的显著改进的大气修正，该修正允许资料被用到一个参考传感器容量上。在 Sentinel-3 发射之前，运行了 10 年的 AATSR 退出服务，留下了一个 3 年的没有双视野参考传感器的空窗时期。一些措施被用来减轻这个影响，包括使用 MetOp-A AVHRR 和红外大气垂直探测干涉仪（IASI）来"沟通和填充空窗"，该设备在 AATSR 正常运行的时候在天空运转，并期望其在 Sentinel-3 发射的时候仍在天空运行。从 2011 年 3 月开始，来自 IASI 设备的高质量 SST 在 GHRSST 框架中已经是可用的，该设备在一个 50 km×2 200 km 的狭长刈幅上提供 12 km 空间分辨率的资料。大量的精力被投入到理解和开发在全球和区域尺度上的传感器内偏差修正方法上。

13.2.4 海洋水色辐射测量

海洋水色辐射测量（OCR）传感器数据可以被用来常规地生成多种相对成熟的生物、生物地球化学和生态学参数的资料（如，叶绿素-a 浓度，散射衰减系数，初级生产力和总的悬浮物质）。OCR 资料目前广泛地被业务中心使用来验证海洋生态模式。在模式中 OCR 资料的同化仍然是一个活跃的研究领域，几个 GOV 中心已经包含了试运行的 OCR 颜色资料同化。NRT 叶绿素资料已被同化到 MyOcean 地中海生物地球化学模式和黑海模式中。一个扩展的业务重点是生态预报，该预报非常依赖于 OCR 资料。例如，国家海洋局（NOS）就使用来自 NOAA 海岸观测计划的 OCR 资料，该计划是

NOAA 有害海藻爆发业务预报系统（HAB-OFS）的一部分。

虽然极富挑战性，但对海岸监控来说 OCR 资料的使用变得越来越重要。在过去五年，算法性能持续改进，可用的实地观测被用来开发和验证健壮的和区域调整的海岸 OCR 资料产品，包括叶绿素-a，总悬浮物质、初级生产力、溶解的和微粒状的有机碳浓度。近岸海洋盐度的替代算法也被开发出来，该盐度基于与地表径流有关的海洋水色特征。新的产品同样正在被开发和探索，包括浮游植物功能类型（PFTs）的识别。

所有这些业务应用都强烈依赖于卫星 OCR 观测的持续可用性。最近 5 年可能对 OCR 资料的用户来说是一个挑战时期。高度受欢迎的 SeaWiFS 卫星在 2010 年停止运转；ENVISAT 平台，带有可提供 300 m 完全分辨率资料和 15 个光谱带的开创性 MERIS 传感器，在 2012 年停止运转。在那个时间点，唯一广泛可用的全球 OCR 资料来自于在 Terra 上的 MODIS 传感器（存在显著的校准问题），以及在 Aqua 上的 MODIS 传感器（已超设计寿命，虽显示出退化的信号，但在 NASA 持续的努力后其资料仍然具有很高质量）。因此，新的资料源对于 OCR 资料的持续提供是非常重要的。发射于 2011 年的 Suomi NPP 卫星携带了 VIIRS 传感器，在 NOAA 的业务平台基础上提供海洋水色资料和 SST 资料。VIIRS 可提供高质量全球海洋水色产品，虽然从 2013 年开始发现了一些校准问题，但是现在这些问题似乎得到了解决。除了这些极轨 OCR 资料集，韩国 GOCI 传感器也显示出对同步海洋水色成像仪的极好使用，其可用来观测在几小时时间尺度上的与潮水和其他高频动力相关的沉积物再悬浮以及其他近岸现象，同样也可帮助解决近海岸云覆盖的重大问题。

业务海洋学也要求开发专用的 OCR 资料整合基础架构。一个例证就是，过去 5 年中欧洲已开发了一个海洋水色主题整合中心（Ocean Colour Thematic Assembling Centre），作为 MyOcean 系统的一部分。从 2010 年开始，该中心就为全球和欧洲区域的海洋生成和传输 OCR 产品（图 13.6）。通过合并可用的海洋水色 L2 产品，该中心每天生成一次全球产品。区域资料集是通过使用 L1 到 L3 的精细处理链来制作的。这使得在一些区域（如地中海和黑海）中 OCR 产品精度有显著改进。在这些区域中，大的偏差将影响全球产品。这些区域处理也使得在欧洲区域海洋的陆架部分的叶绿素估计得到了改进。

另一方面需要强调的是，一个业务服务，除了传输最佳可能质量的准实时资料外，也需要提供最高可能质量的持续时间序列的延迟传输。为了满足气候质量卫星时间序列资料的需求，NASA 提供对来自数值海洋水色传感器资料的常规再加工，并且 ESA 设立了一个新的规划（气候变化对策 Climate Change Initiative）。NOAA and Eumetsat 也计划实现对业务 VIIRS 和 OLCI 海洋水色资料的常规再加工，以支持在渔业、气候与其他研究和应用方面需要持续高质量时间序列资料的用户。

13.2.5 海冰

低分辨率无源微波传感器从 1979 年到现在一直在提供重要的海冰面积和密集度资料。了解了这些资料集的重要性(比如:作为季节性预报的输入,气候建模的参考,耦合海洋与海冰模式的约束)之后,人们正在努力量化这些资料的精确度(特别是在夏季),以及整理海冰反演算法。然而,海冰覆盖面积资料仅给出了完整图像信息的一部分,完整信息应包括海冰厚度,以用来估计总的海冰体积。最大的希望托付给了在 2010 年 4 月发射的 CryoSat-2,该卫星携带一个针对海冰出水高度测量的高度计。这项技术的一个限制是总的海冰厚度估计的不确定性。当前的研究将 CryoSat-2 的资料加入进来,证实了北极海冰体积减小的趋势。北极冰封期薄海冰的厚度也可以由 SMOS 资料得到,这使得这些资料补充了 Cryosat 厚海冰的估计。通过整合新的卫星资料(如 SMOS 和 CryoSat)和其他信息(如耦合海洋海冰模式)来获得更精确的海冰体积估计,在海冰厚度分析方面的挑战仍然存在。

在 2014~2019 年,由于低分辨率散射仪和辐射仪的使用,海冰位移估计受到了大量关注。这种资料从 20 世纪 90 年代就开始制作,被广泛地用于模式中,促进了对海冰的描述和长期监控。散射仪使得在冬季能对常年海冰进行检测和跟踪:在 ERS-1&2 散射仪帮助下,ASCAT-A 再校准资料(2007~2014,于 2014 年可用)将对长期的首年/多年海冰面积的时间序列(从 20 世纪 90 年代开始是可用的)做出贡献。

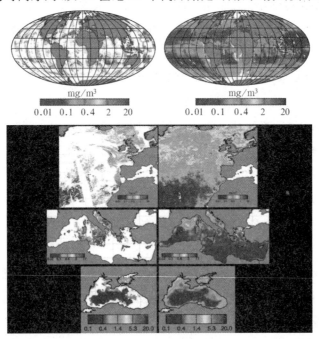

图 13.6　NRT 全球、西北大西洋、地中海、黑海区域资料,由 MyOcean 海洋水色专题整合中心(Ocean Colour Thematic Assembly Center)发布。L3 每日产品(左列)和对应的 L4 产品(右列)。单位:mg/m³

高分辨率海冰分析依赖于 SAR 资料。通过使用来自 ENVISAT 和 Radarsat 的双极 SAR 资料,已经实现了海冰的自动分类。重复性高分辨率 SAR 资料也允许对海冰流变学和畸形场替换进行估计。随着在 2014 年 4 月 3 日 Sentinel 1-A 卫星的发射,可用于准实时海冰监测的 SAR 资料的数量将会明显增加。

13.2.6 来自散射仪和辐射计的海表风

在极轨卫星上的散射仪是全球海洋表面风速和方向资料的主要来源。在过去 5 年,下列散射仪已经投入业务使用:在 METOP 卫星上的 ASCAT-A(2006 至今)和 ASCAT-B(2013 至今),在 Oceansat-2 上的 OSCAT(2009~2014)以及 HY-2A 上的散射计(2011 至今)。由于卫星之间存在重叠时期,覆盖全球海洋的散射计风在二十多年时间(1992 至今)内一直可用。需要持续的努力来加强表面风速和方向的精确性,来自不同星载散射仪的反演的一致性,以及它们的时空分辨率。目前的一些研究评估了在 ERS-2,QuikSCAT 和 ASCAT 等风资料之间的差异,该差异为设备特性和地球物理参数的函数。新方法被使用来减小不同散射仪之间的偏差,将被应用到 ERS-1、OSCAT 和 HY-2 资料上。为了满足增加时空分辨率的要求,多个研究已经考虑了通过使用地球统计和变分方法,从基于散射仪的风资料和模式场来制作天气意义下的风分布图的问题。图 13.7 显示了空间分辨率为 0.125 km(经度和纬度方向相同)的 6 小时风场的例子。

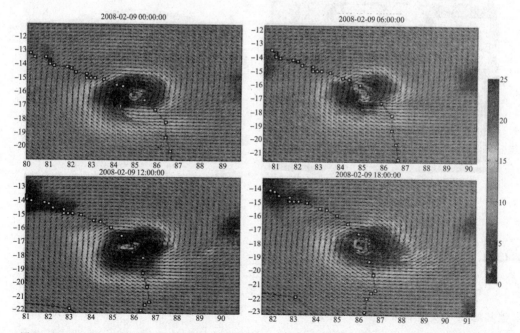

图 13.7 2008 年热带气旋 Hondo 期间,2 月 2 日 4 个时次(00h,06h,12h,18h UTC),由修正 QuickSCAT 和 ASCAT 风观测估计的混合风场的例子。小圆圈表示气旋路径。单位:m/s

13.2.7　海表盐度

对测量海平面盐度(SSS)的科学实用性在海洋学界越来越被认可。SSS 在温盐翻转环流、年际大尺度变化(如 ENSO)的动力过程中扮演着重要的角色,对全球水量平衡循环的海洋支流来说是一个关键的示踪物。SSS 也被要求在它的初始规划中提出特定需求来约束海洋模式和 GODAE,该需求指导着卫星任务的开发。两个卫星任务:ESA 泥土湿度和海洋盐度(SMOS),NASA-CONAE Aquarius/SAC-D,已经在轨运行 3~4 年,其目标是测量盐度。

两个传感器使用不同的技术方法,但在相同的光谱频带上运行(L-频带)。它们提供 SSS 资料,空间分辨率从 50 km(SMOS)到 100 km(Aquarius),时间尺度从周际到月际(图 13.8)。卫星 SSS 资料相对漂移浮标的现场验证显示,在轨 4 年之后,在热带、中高纬度地区的 50 km×50 km 开放海洋区域的 10~30 天平均的来自 SMOS 的 SSS 反演资料,目前的总体精度分别为 0.3 psu 和 0.5 psu。大量的努力被用来改进资料的质量,这也显示出 SSS 卫星产品的科学吸引力。若干科学研究已经揭示出这些新资料集的强大潜力。目前正在努力论证卫星 SSS 资料同化对海洋分析和预报的影响。测量误差仍是一个问题,由于资料集和产品的不断改进,在未来几年将有更多的工作需要开展。

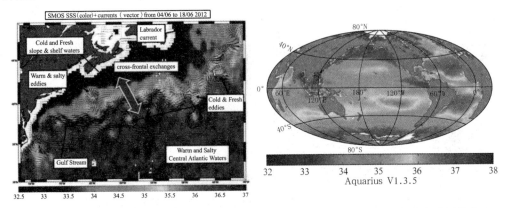

图 13.8　来自 GulfStream 区域 SMOS 资料的海平面盐度(10 天平均值),与来自高度测量的暗合流进行了叠加(左)。来自 Aquarius 传感器的每月全球平均 SSS。单位:psu

13.2.8　海浪

对于在离岸操作/工程、渔业、航线和海岸/港口管理方面的多种应用来说,了解海浪和海浪气候是非常必要的。在 2014~2019 年,在开发和制作高度计和 SAR 海浪产品的统一数据集方面取得了重要的进步。这对于数值海浪建模和应用是非常宝贵的。特别地,已经有多个高度计能够持续地提供全球覆盖的精确的海浪高度观测,这些观测对于通过资料同化来校准和验证数值海浪模式,以及改进其预报技能来说是必不可少的(Lefèvre 等,2006)。在 1991~2012 年间连续运行在 ERS-1,ERS-2 和 ENVISAT 卫星上的 ESA 合成孔径雷达(Synthetic Aperture Radar,SAR)系列设备,对海浪观测和建模有一个可衡量的影响,例如其对在长距离上涌浪衰减的充分确定。关于海浪和涌浪的 SAR 成像机制的主要理解已经达成一致。为了重新得到海面波浪振幅的更精确估计,尤其是对于短波长的波浪系统,该成像机制的非线性仍然需要研究。攻克这些具有挑战性的问题的突破点就是加强在剧烈风暴中的极端海洋状态、交叉海浪等的 SAR 海浪成像的考察和应用,加强异常事件的识别,加强浪-流以及对大气-海洋通量复杂相互作用在表示上的改进。

13.3　未来挑战

13.3.1　主要挑战

未来卫星海洋学观测的挑战可分为以下三个方面:① 连续性和可靠性;② 分辨率和覆盖率;③ 知识。

13.3.1.1　连续性和可靠性挑战

如果我们的观测能力能够保持下去而不会退化,业务海洋学服务的好处才能体现出来。同样地,气候变化研究需要长期和不间断的观测。这就需要长期的规划性的协作和投入,业务运作的能力,以及实验传感器到业务使用之间的更快的过渡。各业务部门也需要在测量方面与 R&D 机构进行合作。

13.3.1.2　分辨率和覆盖率挑战

很多关键的海洋现象仍然采样不足,这就要求更高的空间和时间分辨率。模式分辨率正有规律地增长,但观测能力并未跟上。处于首要地位的沿海区域需要以小尺度划分。也有越来越多的证据表明需要更好的次中尺度的海洋动力现象观测。分辨率和覆盖率方面的挑战已通过开发虚拟星座被部分解决了,但仍需发展新的和改进的观测能力。

13.3.1.3　知识挑战

知识挑战被要求用来改进当前的观测能力(如平台、传感器和算法),以及开发全新的卫星观测能力(如海表流)。融合多种类型的观测以提炼更好的信息是另一种方案。特别地,为了实现对上层海洋动力过程的更好的理解和监控,需要一种结合遥感观测的新的框架。

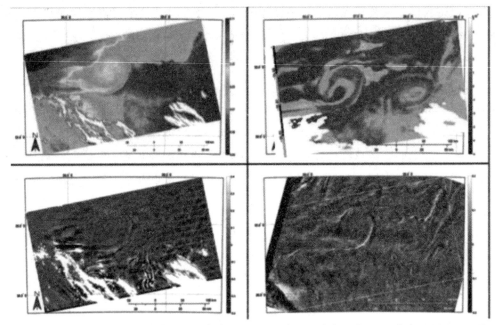

图 13.9 类似蘑菇的涡旋结构以及尺度为 5～50 km 的细丝的表面表示。（左上）MODIS SST 地图,（左下）来自 MODIS 反射短波信号的平均平方斜率,（右上）源自 MODIS 的叶绿素-a 地图,（右下）同期 Envisat ASAR 反向散射成像仪

13.3.2 近期任务

13.3.2.1 Jason-3 and Jason 服务连续性

为了延续关于 T/P 的参考测量和长时间序列,以及延续 Jason-1/2 系列,下一个重要的步骤是发射 Jason-3(2015 年年中)。为了确保参考测量的连续性能够持续到 2020年代和 2030 年代,除了 Jason-3,还提出了 Jason 连续服务系列(Jason-CS/Sentinel-6)。Jason-CS 将使用高分辨率来增强高度测量,这种高度测量基于一种与 Jason 低分辨率模式以非独占方式进行结合的 SAR 模式能力。通过这种方式,将建立起与先前版本完全向后兼容的机制,同时也满足了未来中期的分辨率和覆盖要求。

13.3.2.2 Sentinel-3

Sentinel-3 任务有时也被称为"海洋哨兵",因为它汇集了海洋水色辐射测量、参考海表温度反演和 SAR 模式测高。它将引出一系列卫星,每一个有 7 年寿命,总共 20年,包括 2015 年年底发射的 Sentinel-3A 和 2016 年年底发射的 Sentinel-3B。在完全业务时期内,两个相同的卫星将以 180° 的相位延迟保持在同一轨道上。Sentinel-3A 和 3B 将搭载海陆彩色成像仪(OLCI)(提供海洋表面的多通道宽列光学测量),双视锥成像辐射计(被称为海洋和陆地表面温度辐射计,SLSTR),双频率 SAR 测高计(SRAL)。

13.3.2.3 HY-2 系列

中国已制定并实施了 HY 卫星发展的几个中期和长期的国家计划。HY-2A 卫星从 2011 年 10 月开始业务运行。它带有高度计、微波辐射计和散射计。HY-2B2015 年获得批准，并于 2016 年年底发射，HY-2C 在 2019 年服役。关于高度计星群（被称为高清卫星网）的长期计划也正在讨论之中。

13.3.2.4 Sentinel-1

Sentinel-1 是一个 C 波段合成孔径雷达（SAR）成像的卫星。它带有 12 米长的雷达天线，它可以在四种不同的模式（20×20 km 波模式，>80 km 带状图模式，>250 km 公里的宽条带模式，>410 km 超宽条带模式）下运行，有单偏振和双偏振两种方式。Sentinel-1 任务被设计为业务的双卫星星座。Sentinel-1A 于 2014 年 4 月 3 日启动，Sentinel-1B 在 2015 年年底推出。

13.3.2.5 SWOT

NASA/CNES/CSA 表面海洋地形（SWOT）卫星是一个宽条带测高卫星，使用 Ka 波段 SAR 干涉技术，目标是在空间分辨率和海面高度精确性方面实现数量级的提高。SWOT 在 2020 年推出。SWOT 的目的是每 21 天在 1 km 的网格上提供海面地形（南北纬度 78°之间）的全球地图全覆盖。SWOT 将为海洋动力学提供 15 km 的有效分辨率，相比之下，来自当前网格沿轨迹测高数据的可用分辨率只有 150 km。虽然 SWOT 是面向研究的，但其测高新方法有很大潜力，能够为下一代海洋模式和海洋应用提供有价值的精细尺度的资料集。JAXA 正计划一个新的 X 波段干涉 SAR 高分辨率测高任务，称为 COMPIRA。

13.3.2.6 CFOSAT

中国—法国海洋卫星（CFOSAT）上的表面波调查与监测（SWIM）系统已经运行，对该系统的一个重大期望就是可在表面波的先进建模方面补充其他观测的不足（实地、卫星高度计和 Sentinel-1）。特别地，为了更进一步帮助研究海气动量通量，SWIM 可结合散射仪，在约 70 km×70 km 的范围内提供改进的表面波方向谱。

13.3.2.7 来自气象规划的海洋测量

全球数值天气预报义务性卫星计划也保证了一些重要的海洋观测数据的连续性。地球同步第三代气象卫星（第一颗卫星于 2018 年推出）将搭载 4 个灵活组合的成像仪，这些成像仪继续在二代气象卫星上进行 SEVIRI 观测。METimage 作为欧洲气象卫星应用组织极轨系统（Polar System）第二代（EPS-SG）计划（post 2020）的一部分，是一种多光谱成像辐射计，在 EPS/METOP 卫星系列中是 AVHRR 的继任者。EPS-SG 还包括散射计 SCA，是在 EPS/METOP 上的 ASCAT 的后继者。在 Suomi 国家极轨合作（Suomi NPP）平台上的可见光红外成像辐射计套件（VIIRS）于 2011 年 10 月推出,延长了由 AVHRR 和 MODIS 发起的 SST 和海洋水色测量的时间。VIIRS 传感器也将搭载到业务联合极地卫星系统的平台上,如 JPSS-1 和 JPSS-2。PSS-1 2017 年发射。这些可由 NOAA 的下一代地球同步平台进行补充,如 GOES 系列卫星（GOES-R 2016 年发射）。

13.3.2.8　微波 SST

无源微波 SST 资料被众多业务海洋学团体所应用。未来面临的主要挑战是确保无源微波 SST 的业务连续性。JAXA 正在讨论 GCOM-WAMSR/2 的后续计划。从长远来看,需要优先考虑建立具有冗余能力的无源微波 SST 测量计划。欧空局（ESA）也已经对 Microwat 无源微波多频卫星任务进行了预研。在天线技术方面的重要改进被要求用来增大真实孔径,以解决在改进空间分辨率方面的用户需求。

13.3.2.9　海表盐度

目前欧洲方面正在研究关于 L 波段无源传感器的几个卫星计划,以作为 SMOS 的后继者:SMOSOps、SUPER MIRAS（ESA led）和 SMOS NEXT（CNESled）,后者是针对高分辨率（1～10 km）SSS 绘图的。需要注意的是,2015 年初,美国航天局（NASA）的土壤水分主动—无源卫星 SMAP 在 40 km 量级的分辨率上提供 L 波段亮温的全球测量。虽然集中在土地科学应用上,但 SMAP 将带来非常有趣的数据,以补充海洋上的 SMOS 和 Aquarius 观测。

13.3.2.10　同步卫星海洋水色观测

韩国静止海色仪（GOCI）增强了海洋水色产品的时间覆盖范围。后续 GOCI（GOCI-Ⅱ）于 2018 年至 2028 年服役。其他几个对地静止卫星也已经推出（Geo-Cape、Geo-OCAPI 和 Geo-Oculus）,还有一些处于开发的早期阶段。关于对地静止海洋水色辐射测量的综述参见 IOCCG 报告 12（IOCCG2012）。

13.3.2.11　测量任务

海洋表面流任务。通过使用雷达探测,人们在映射的海流区域已经做了大量的工作;通过应用来自 SAR 设备的多普勒距平和沿踪迹干涉,已经取得了很多鼓舞人心的结果。为了制作海洋表面流的 2D 地图,多样性的方位角是必要的。为此,设备可设计成覆盖细带的方式（由前后倾斜天线照射）,以满足在准正交方向上的分析。

海洋生物学、生物地球化学和高光谱测量。美国航空航天局（NASA）的 PACE（预气溶胶 Pre-Aerosol,云和海洋生态系统）任务是制作全球海洋水色测量产品,并提供海洋生态和全球生物地球化学的扩展数据记录。偏振测量则提供对云和气溶胶的扩展数据记录。高光谱测量,将有助于解析水成分光学活性,随着新方法和新手段的发展,还应当有助于减少沿海地区海洋水色估计的不确定性,并有助于促进滨海分析和生态预报中 OCR 资料的使用。

13.4　未来发展

2014～2019 年,在确保高频卫星观测的实时可用性方面和开发业务海洋学中卫星观测的使用方面都取得了重要的进展。多任务高分辨率高度资料现在已经稳定可用。在实时性、新产品等方面都取得了很多改进,主要的努力用于在有限的时间内实现业务资料流的处理。来自 GRACE 和 GOCE 的新 MDTs 对资料同化系统有重要的影响,进一步的改进也在进行中。由于引入了 GHRSST,SST 资料处理方面和不同类型传感器使用方面都得到了很大的改进。在业务海洋学中海洋水色资料的使用已经实现,在资料评估、资料处理和资料整合系统方面也有持续的进展。SMOS 和 Aquarius 已经展示出空间测量 SSS 的可行性和效果。现在,海洋学界和 GOV 需要充分投入到对资料的严格评估和应用中。

模式和资料同化技术的改进使得对卫星观测资料有了更好的应用。但是卫星观测的信息内容并没有被充分利用。需要使用新的理论框架来更好地开发卫星资料的高分辨率信息,也需要对资料同化方法进一步改进。使用海洋水色资料来支持生态学和生物地球化学的模式开发和业务实现将是很有发展潜力的,但是其开发将滞后于其他遥感技术。对于业务海洋学来说,这是一个具有挑战性的和高优先级的研究课题。

现场测量资料是必须要有的,可用来校准、验证以及补充卫星观测。虽然 Argo 现场观测系统与卫星高度计和海洋业务系统的整合表现出显著的进步,但是实地观测系统的发展仍将得到长期关注。

最后,值得注意的是,对于关键的核心海洋变量,卫星观测系统的状况在 2014～2019 年并不是最佳的。在海洋业务系统中存在服务质量降低的重要风险。虽然通过对新卫星任务的快速业务应用,这些风险都被最小化了,但如何确保高分辨率卫星观测系统的长期最优化仍然是一个挑战。对未来十年的任务评估显示出清晰的进展情况。卫星群应该继续改进,对业务海洋学具有潜在巨大影响的新任务也应该被论证。另一方面,整合国际合作以实现卫星观测(来自越来越多的航空局)的最优利用将是非常重要的。国际合作机构(如 GOOS,CEOS,WMO)和组织良好的科学团体[OSTST(高度),GHRSST(SST),IOCCG(海洋水色),IOVWST(风)]是必不可少的。特别地,航空局应该针对用户需求仔细评估轨道与相位误差从而进行调整,使得在不同的任务和传感器间的协同达到最佳。对于所有的重要海洋变量,也需要更多的努力来保证得到均匀的和校准后的来自多个任务的资料。

第 14 章

全球和区域海洋预报系统的现状与未来

全球和区域海洋业务预报系统在近几年里取得了极为显著的进展。全球海洋资料同化试验（GODAE）海洋观测组织（OceanView）通过伙伴间的合作和经验分享的方式来支持各国家的研究团队。一些系统已经建立并经历了准业务化发展，而且这些系统中多数现在已经实现业务化并可以提供重要海洋物理变量的中长期预测。这些系统都是在通用海洋环流模式（OGCMs）和数据同化技术的基础上发展起来的，数据同化能够使用不同类型的观测来修正模式预报结果。一些系统耦合了生物地球化学模式，也有一些系统使用海洋—海浪—海冰—大气耦合模式。

使用观测资料对产品进行定期验证，以评估它们的质量。数据和产品的实现和组织，以及为用户提供的服务已经进行了很好地尝试和测试，且大部分产品对用户来说都是可用的。在开发过程中，不同用户之间交互是需要考虑的一个重要因素。

14.1 概 述

在 2010～2019 年，全球和区域海洋业务预报系统取得了非常显著的发展。一些系统已经建立并经历了准业务化的发展，且其中大多数现在已完全业务化，并能提供重要海洋物理变量的中长期预测。参照 GODAE 战略计划（2000 年），这里我们用"业务化"一词来描述以日常和定期方式，并基于预定的系统性方法和持续的性能监测进行的处理过程。基于这个术语，定期的再分析可以被认为是业务系统的一部分，因为其可以是气候数据的系统化分析和评估。

海洋预报系统的发展通常聚焦于区域需求的国家任务。GODAE 给予各国不同的研究团队之间进行合作的机会,并为全球海洋预报系统的发展提供了一个坚实的基础。GODAE 旨在建立一个观测、通信、模拟和同化的全球体系,用于提供规范而全面的海洋状态信息,并推动和促使这一资源的广泛利用,以最大化其社会效益。

在 GODAE 的 10 年计划末期,GODAE 演变成 GODAE OceanView,在巩固和提高海洋分析和预报系统方面提供协调和指导,继续促进全球和区域海洋预报系统的发展和运行。

14.2　GODAE OceanView 科学团队

GODAE OceanView 科学团队(GODAE OceanView Science Team,GOVST)成立于 2009 年,并联合来自于 JCOMM(海洋学和海洋气象学联合技术委员会)的 ET-OOF 团体(业务预报系统专家组),承担着业务海洋系统的持续改进任务。来自不同国家的多个机构发展和运行参与该团队的计划合作,这些国家包括欧洲(法国、英国、挪威、意大利)、美国、澳大利亚、加拿大、日本、巴西、中国和印度(图 14.1)。

GODAE OceanView 科学团队(GOVST)的愿景和目标:

"GODAE OceanView 科学团体(GOVST)的创建使命是规范、监督和促进旨在协调和整合与多尺度、多学科的海洋分析和预测系统相关的研究活动,从而提高 GODAE OceanView 的研究和应用价值。在接下来十年里,科学团体将在以下方面提供国际间的协调和指导:

·巩固和改进全球/区域的分析系统和预报系统;

·下一代系统的持续发展和科学测试,新的系统涵盖了生物地球化学和生态系统,并从开放的海洋延伸到大陆架和沿海水域;

·开发其他应用能力(天气预报,季和年代际预测,气候变化检测及其对沿海的影响等);

·对观测系统各组件贡献的评估;对海洋观测系统设计和实施的科学指导。"

可以预见,GODAE OceanView 的科学团体(GOVST)将协调一些活动计划,而这些活动是通过各成员国家的资助来实施的。GOVST 将提供一个论坛,在这里参与全球海洋分析和预报的主要业务和研究机构(国家团体)建立合作机制。团体的首要目的是:通过交流信息和专业知识,进行联合评估以加快系统的改进和开发。科学团队由那些能够引领一个国家海洋分析预报系统(这个领域的专业知识包括观测,建模和数据同化)及重要观测系统(如 Argo、GHRSST 和 OST 的科学团队)建设和改进的科学家组成。

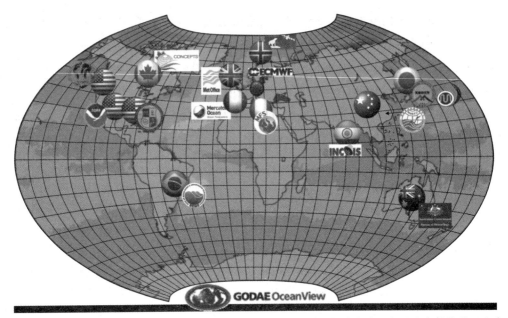

图 14.1 拥有在 GODAE 和 GODAE OceanView 中发展的海洋预报系统的国家及业务机构地理分布

GOVST 国家代表成员,负责汇报与 GODAE Ocean View 有关的国家活动。每年所有国家代表向 GODAE Ocean View 提供更新版的与海洋分析和预测有关的国家能力报告,详细介绍其系统最重要的特征。这些报告可在 GODAE Ocean View 的网站获取。自创办 GODAE Ocean View 以来,虽然这些文档的结构发生了变化,但是目前提供给不同系统的报告仍有着较高水平的统一性。这是为了鼓励信息交流和不同国家系统间合作所做出的努力。

14.3　海洋预报系统的发展

自 20 世纪 90 年代初开始,各个国家开发了越来越多的预报系统。图 14.2 描述了海洋预报系统的演化过程,给出了各种预报系统的开始业务化的年份。最早的系统是由英国气象局(Met Office)、美国 NRL/海军海洋学办公室和 ECMWF 于 1997 年,法国海军于 1998 年开发的。随后在 21 世纪的前五年,许多其他全球和区域尺度预报系统被法国、意大利、日本和挪威等国家开发出来。澳大利亚和加拿大在 21 世纪开始的 10 年里开发了他们自己的系统。最近几年,中国、巴西和印度也开发了海洋业务预报系统。所有的预报系统都在不断发展,以试图提供日益准确的产品。

一个预报系统的发展/执行/业务运行是科学和技术之间平衡的结果。这两个方面的演变以及财政政策、用户需求之间的关系,可以用来解释图 14.2 中所示的演变过程。

预报系统是基于海洋动力学和资料同化方案的数值模式,资料同化方案用于将观测资料融合到模式中,以提供对过去状态最准确的描述和对预报来说最佳的初始条件。因此,将海洋环流模式(OGCMs)预测的物理场和足够数量的观测引入到同化系统是必要的。这些 OGCMs 以及他们的组件和资料同化对计算资源的要求很高,因此计算机能力是水平和垂直网格分辨率提高的一个限制因素。在 20 世纪 90 年代末期,较强大的超级计算机的性能小于 1 TFLOPS(每秒浮点操作),但到截稿时,具有代表意义的高性能计算机性能已达到 100 TFLOPS~1 PFlops,且有些计算机已经具有实现 100 PFlops 的能力。国家机构可用的超级计算能力正在持续增加,这有利于更高分辨率预报系统的发展。基于同样的原因,更复杂的同化方案能够实时同化不同平台的观测资料,并能够针对不同的海洋参数运行。随着计算能力的进步,在区域和全球尺度上,近实时地业务运行高分辨率海洋预报系统是可能的。

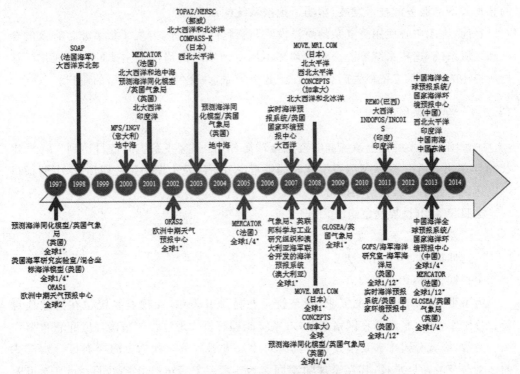

图 14.2 不同国家业务运行中的海洋预报系统发展的时间演变

在科学技术上,海洋环流模式也在不断发展,以便能够包括不同的参数化方案,如更准确的平流方案、更复杂的垂直混合参数化以及新的垂直坐标方案。现在几乎所有的 OGCM 代码能够显式地求解正压分量,因此可以引入潮汐信号。

为了通过资料同化技术校正模式以及验证模式和预报产品的有效性,对现场和卫星观测近实时的海洋监测网络是必须的。全球范围内现场观测的数量,特别是温度和盐度,在 2000~2013 年增加显著,这主要归因于 Argo 剖面资料的增加。每年收集的 Argo 剖面数量已经从 2003 年的 50 000 个增加至 2013 年的超过 150 000 个,其中在 2003 年到 2006 年(从 Argo GDAC 剖面的直方图可以看出)大幅增加。可用盐度观测资料的数量也在大幅增加,这是因为在 Argo 之前,相比于温度只有很少的盐度观测资料,也就是说 Argo 资料包括的温度观测资料比可用盐度观测资料的比例要高得多。此外,适用于业务预报系统需求的数据集已经被开发出来,而且由于仪器如传输组件和通信系统的技术进步,这些仪器有能力提供越来越多的近实时观测资料。

对于一个预报系统循环周期的设置,观测数据分发的及时性是一个关键点,因为它将决定你能够同化多少数据,多长时间必须返回执行同化分析。

能够用于预报系统的卫星观测资料包括海平面高度异常、海面温度、海冰、风和海洋水色。卫星测量的数量取决于多种因素,如传感器的类型和数量、传感器的分辨率、单个传感器的覆盖范围以及重访时间。最近几年,可用于业务海洋学的卫星产品在数量、质量和时效性(即近乎实时的可用性)上都有所提高。所有这些因素,以及针对用户的数据和产品服务的技术发展,影响了预报系统的演变。

目前,许多中心使用更复杂的海洋模式与资料同化技术,开发了很多非常有效的全球和区域系统,这些系统可以正确地预测不同空间和时间尺度上主要的海洋变化。这里所描述的所有系统正在生产实时预测/分析产品,并交付给不同类型的用户。

14.3.1 全球系统

一些国家开发的预报系统能够覆盖全球海洋,目前这些系统的数目达到 12 个,比 2009 年多出 30%。这些预测系统能够提供全球分析以及中期和延长期预报,中期预报可以达到 7 到 18 天,长期预报可达 7 个月。

参照 WMO(世界气象组织)的定义①:

· 中期预测:3 至 10 天。

· 延伸期预测:10~30 天。

· 长期预测:30 天到 2 年。

为了更好地满足用户的需求,新系统正在持续开发中,而现有系统也在持续地更新。分辨率,即水平和垂直网格离散,对系统能够解析物理过程的精确程度起着重要作用。通常,模式分辨率涉及模式是否具有对中尺度涡的分辨能力。海洋涡可分辨模式的定义涉及罗斯贝半径,其在全球的不同区域半径从几 km 变化到几百 km。赤道附近,罗斯贝半径达到最大值 230 km,而在高纬度地区和大陆架地区,其降低到 10 km 以下。为了定义两个格点之间分辨第一个斜压变形半径所需要的水平分辨率,已经开展了相应的研究。可以明确的是,虽然在赤道区域 1/4°模式分辨率就足以解析中尺度过程,但在高纬度和大陆架,却需要更高的分辨率(至少高于 1/12°)。

因此,海洋涡可分辨模式常用的定义并不能直接地应用于全球模式,因为此定义依

---

① 这些定义起初是专门为数值天气预报发展的,然后扩展到气候预测。目前为止,还没有针对海洋预报系统的类似官方定义;因此,在这项工作中沿用了这种命名法,即使海洋可预报性的时间尺度比大气长。

赖于关注的地理区域。因此,基于与此定义有关的情况,可以知道有(表 14.1)五个 $1/4°$
分辨率的系统是涡相容的(NMEFC、CONCEPTS、FOAM、GLOSEA、MERCATOR);
且其中有三个是涡可分辨的,具有 $1/12°\sim1/12.5°$ 水平分辨率,这也是中纬度涡分辨所
需要的分辨率(MERCATOR-OCEAN、GOFS、RTOFS)。三个系统具有粗分辨率
(ECCO-NR、MOVE/MRI.COM-G、ECMWF),而且 BlueLink/OceanMAPS 在所有地
方具有 $1°$ 的粗分辨率,除了在澳大利亚附近其分辨率为 $1/10°$。因此,该系统在澳大利
亚附近是涡可分辨的,而在所有其他区域都是粗分辨率的。相对于 2009 年的业务系
统,与有效计算资源一致,水平分辨率已经如预期的那样有所提高。

至于垂直分辨率,如表 14.1 所示,大部分系统都具有一个 z 坐标系统,其中三个有
混合坐标系统(MOVE/MRI.COM-G、GOFTS 和 RTOFS)。z-坐标系统模式中垂直层
的数量,在粗分辨率系统中少于 50,高分辨率系统中为 50 或更多。不同系统之间 z-垂
直层分布变化很大,第一层的深度在 $1\sim10$ m 范围内变化。英国气象局的 FOAM 和
GloSea 系统具有最高的垂直分辨率,垂直方向 75 层。

通常情况下,可用计算资源是增加水平和垂直分辨率的一个主要制约因素。为了
在相关条件显著改变之前提供预报产品给用户,预报产品制作时间必须足够短。因此,
分辨率的选择应该是解析相关海洋动力学过程所需要的分辨率和接近实时制作产品的
能力之间的折中。

表 14.1　全球预报系统以及它们的介绍

系统	网格分辨率		模式		数据同化	额外的信息/其他组件
	水平	纵向水平	海洋环流模式	海冰		
ECCO-NRT	0.3~1°	46z	MITgcm(麻省理工循环模型)		卡尔曼滤波和 RTS 平滑	
MOVE/MRI.COM-G (JMA/MRI)	0.3~1°	50 混合	MRI.COM2	月度气候报告	MOVE(三维变分)	
ECMWF(ECMWF)	1°	42z	NEMO(欧洲海洋模拟中心)		基于 NEMO 模式的变分方法(三维变分)	海浪模式(WAM)
BlueLink/OceanMAPS (Bureu of Meterology)	1° (1/10°)	47z	OFAM2(澳大利亚海洋预报模式)(MOM4)		Bluelink 海洋数据同化系统(集合插值)	
FOAM(MetOffice)	1/4°	75z	NEMO3.2(欧洲海洋模拟中心)	CICE(Los Alamos 海冰模式)	基于 NEMO 模式的变分方法(三维变分)	耦合海洋大气海冰(GloSEA)
GLOSEA(MetOffice)	1/4°	75z	NEMO3.2(欧洲海洋模拟中心)	CICE(Los Alamos 海冰模式)		
CONCEPT(Canada)	1/4°	50z	NEMO3.1(欧洲海洋模拟中心)	CICE(Los Alamos 海冰模式)	SAM2-ice 三维变分	
CGOFS(NMEFC)	1/4°	50z	MOM4(模块化海洋模型)		三维变分	海浪模式(NWW3)
PSY3(Meteator-Ocean)	1/4°	50z	NEMO3.1(欧洲海洋模拟中心)	LIM2_EVP	SAM2V1-三维变分,大规模 T 和 S 偏差纠正	生物地球化学循环(PISCES1/4)
PSY4(Meteator-Ocean)	1/12°	部分步骤				
GOFS (NRL/NAVOCEANO)	1/12.5°	32 混合	HYCOM(混合坐标海洋模型)		海军耦合海洋数据同化(三维变分)	
RTOFS(NCEP)	1/12°	32 混合	HYCOM(混合坐标海洋模型)	Energy Loan 能源输出	海军耦合海洋数据同化(三维变分)	

表 14.1 描述了所有系统在模式和资料同化方案方面的主要组成。大多数欧洲国家以及加拿大均使用 NEMO 作为海洋环流模式(OGCM)。其他的模式如美国系统的 HYCOM 或澳大利亚以及中国的 MOM4 系统。日本和 ECCO 各自有 OGCMs(MRI. COM)和 MITgcm 系统。

12 个系统中有 6 个还包括海冰组件。海冰模式因系统的不同而有所差异。来自墨卡托的 PSY3-PSY4 使用 LIM2 代码,其假设冰动力过程可以通过假定海冰作为大气和海洋动力学相互作用中的一种弹性一粘性一塑性(EPV)连续介质来模拟。MOVE/MRI. COM-G 也有一个 EVP 海冰模式。CONCEPTS 和 MetOffice 的系统使用 CICE,CICE 也属于 EVP 但具有多厚度特性。RTOFS 使用能量借贷模型以一致而简单的方式来管理水相变的能量学过程。图 14.3 给出了一个例子,用来说明使用新版本(v12)对 FOAM 海冰场的改进;此新版本,除了其他改进外,包含了从 LIM2 单一类别冰模式到具有 5 个厚度类别的 CICE 5 的改变。新系统的预报和分析(图中 v12 线),要比旧系统(v11 线)表现得好。相比分析得到的海冰范围,预报的海冰范围(冰密集度在 15% 以上的海洋面积)偏离观测范围更远。其中 v12 中预报效果较好,偏离少且更靠近观测的 OSTIA 海冰范围。

PSY3-墨卡托系统包括了一个生物地球化学组件,这是预报系统发展中的重要一步。生物地球化学预测仍然是发展中的活跃领域,引入这样一个组件将最有可能成为其他一些 GOV 的未来计划。

ECMWF 系统是唯一一个海一气一海浪耦合系统。Met Office 和 MRI. COM-G 的 GloSea 系统是唯一的海洋一大气耦合系统。耦合系统是模式发展的一个重要步骤,也将继续在未来的发展中扮演着重要的角色,因此 GODAE OceanView 有一个致力于"短期到中期耦合预测"的专门工作组。全球系统的强迫场由数值天气预报系统的分析/预报产品提供。

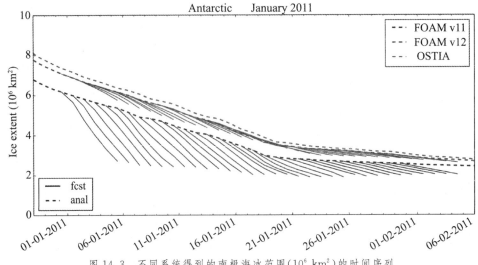

图 14.3　不同系统得到的南极海冰范围(10^6 km^2)的时间序列

所有的系统都有一个资料同化方案,且其中许多是基于变分法(3D-VAR)。但有两个系统例外,墨卡托使用的是一种基于降阶卡尔曼滤波的方法,而此卡尔曼滤波方法是使用三维变分偏差修正的 SEEK(奇异演化扩展卡尔曼滤波)方法;澳大利亚系统使用基于集合 OI 技术的方案,ECCO 系统使用带有 Rauch-Tung-Striebel(RTS)平滑器的卡尔曼滤波。相对于 2009 年,数据同化方案的复杂程度增加了。例如,OAM 系统已经将同化系统从分析相关方案发展为三维变分 NEMOVAR 系统。伴随着数据同化方案增加的复杂性,所同化观测的数量和类型也已经增加了。所有系统都能够同化全部可用的卫星高度计资料,卫星海表面温度(SST)资料(其中一些也来自水面船舶测量,固定和移动浮标测量),不同平台的温度和盐度的垂直剖面资料(CTD、XBT、Argo 和 drifters)以及冰的观测资料(包括卫星和现场)。

如前所述,只有少数的 GODAE 系统是耦合的大气海洋系统。所有其他系统通过回复项、通量参数或表示海气相互作用的通量公式与数值天气预报(NWP)联系起来。这些系统所使用的 NWP 产品有不同的种类。这些产品的时间分辨率可以从 1 hr 开始变化,对于 CONCEPTS 和对于 FOAM 系统中使用的风场,则可以从 3~6 hr 开始变化。只有 MOVE/MRI.COM-G 具有时间分辨率为 1 天的大气强迫,并且这归因于该系统的设计,因为其目的是产生季节性的而不是中期的预报产品。

一些系统,如 Mercator-Ocean 的 PSY3 和 PSY4,在过去的五年里已经提高了 NWP 分析/预报产品的时间分辨率。其他系统,例如 GOFS,最近也改变了用于强迫海洋表面的 NWP 输入,进而更新了他们的系统。NWP 系统已经从 NOGAPS 升级到 NAVGEM 1.1,且在此之前已经通过一些实验评估了此修改的影响。NOGAPS 和 NAVGEM 之间的比较表明:表面热通量和风场的差异很大,所以从 NOGAPS 转变到 NAVGEM 是非常谨慎的。

为了能够评估分析场与预测场的质量,需要基于检验程序对产品进行评估。因此,观测数据不仅对于资料同化,而且对于评估也是非常重要的。所有系统都已经开发了自己的指标,并且其中一些还参与了 GODAE OceanView 框架下的相互比对任务,这些任务参照相互比较和验证工作组以及 IV-TT 提供的标准。图 14.4 给出了评估研究的一个例子,该例子使用浮标的轨迹数据来评估模式流速场。AOML(NOAA 的大西洋海洋学和气象学实验室)表面漂流浮标的位置用于初始化模式拉格朗日质点,这些质点受到产生于全球 1/12°Mercator-OceanPSY4 系统的预报速度的平流作用。在图14.4 上图中可以看到,1 天的距离误差在许多地方小于 10 km,但在主要潮流地区,如湾流、黑潮、赤道流和南极绕极流,此误差增加到 30~40 km。在一些与中尺度结构或合流区域相关联的特定位置,1 天的误差可以达到 80~100 km。上下图之间的对比显示随着 1 天至 4 天的预报,距离误差在增长。在主要潮流区域,经过 4 天的平流作用后,误差达到 100 km,而在不活跃的区域例如在环流的中心,误差保持 30~40 km。这只是众多产品评估例子中的一个。

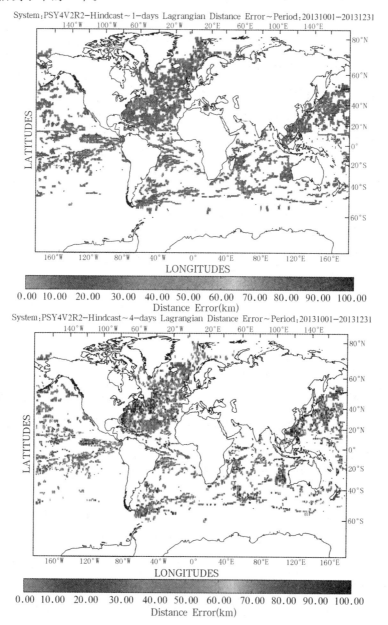

图 14.4　经过 1 天和 4 天的漂移后在 $1° \times 1°$ 矩形框里 AOML 漂流物的轨迹与全球 $1/12°$ 系统之间平均距离误差的对比（时期：2013 年 10～12 月）

14.3.2　区域系统

　　过去几年里已经完成开发了几个区域预测系统，而且目前在海洋中很多不同的区域实现了业务化。区域系统的设计是为了提供关注的特定领域的详细信息。这些系统在模式区域和网格分辨率上不同于全球系统。而且它采用模式参数化技术来模拟其区域的特征过程,像海洋动力学、中尺度环流、锋面、海气相互作用过程、海峡交换过程等。为了考虑关注区域的中尺度结构和锋面特征以及水团的典型属性,模式的水平和垂直网格分辨率需要专门指定。区域系统在流域尺度上解析过程,而且往往在沿海和大陆架地区(这些地方小尺度过程和海岸动力结构是重要的,且需要用沿海模式来解析并已经发展了降尺度能力。图 15.5 给出了本工作中考虑的所有区域系统的地理区域。每个区域的详细定义同时也在表 2 进行了说明。大部分的区域系统通过开放边界数据交换嵌套在一个全球系统里。

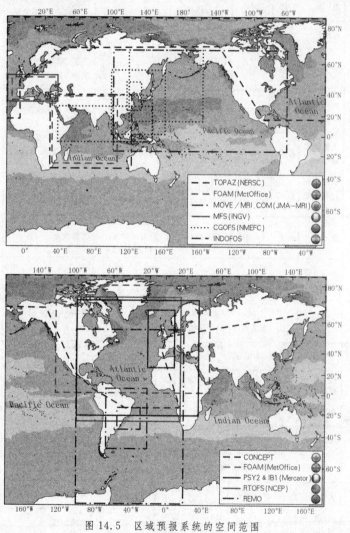

图 14.5　区域预报系统的空间范围

这些系统覆盖了全球海洋几乎所有的子区域,尤其在北半球覆盖率更高。不同系统之间,特别是在大西洋和西太平洋地区,还存在一些区域重叠。区域系统精确的定义和特征取决于待研究的现象。举例来说,日本气象厅(JMA)已在北太平洋西部开发了区域预报系统,此区域包括了日本南部海岸附近海域,在那里黑潮,也就是北太平洋副热带环流中一个强的西边界流,有时会改变路径。此现象影响了船舶航行,并会造成异常的沿海高潮位(图 14.6)和快速的沿岸流。

表 14.2　区域预报系统的列表以及它们的描述

系统	领域	网格分辨率		模型		数据同化	其他信息/其他部分
		水平	纵向水平	海洋总循环模型	冰		
CONCEPTS(加拿大)	北极和北大西洋	1/12°	50z	NEMO3.1(欧洲海洋模拟中心)	CICE（Los Alamos 海冰模式）	降尺度形成的全球SAM2 海洋分析与区域 3DVAR 冰分析相融合	
FOAM（预报海洋同化模式）(MetOffice)	地中海	1/12°	50z	NEMO3.2(欧洲海洋模拟中心)		基于 NEMO 模式的变分方法(三维变分)	
	印度洋	1/12°	50z	NEMO3.2(欧洲海洋模拟中心)		基于 NEMO 模式的变分方法(三维变分)	
	北大西洋	1/12°	50z	NEMO3.2(欧洲海洋模拟中心)	CICE（Los Alamos 海冰模式）	基于 NEMO 模式的变分方法(三维变分)	
TOPAZ(NERSC)	大西洋和北极区	1/8°~1/6°	28混合	HYCOM（混合坐标海洋模型）	国家能源研究科学计算中心lact/EVP	集合卡尔曼滤波	生物地球化学部分(NORWECOM)
PSY2(Meteator-Ocean)	大西洋和地中海	1/12°	50z部分步骤	NEMO3.1(欧洲海洋模拟中心)	LIM2_EVP	SAM2V1-三维变分,大规模 T 和 S 偏差纠正	
IBI36(Meteator-Ocean)	伊比亚比斯开爱尔兰海	1/36°	50z部分步骤	NEMO3.4(欧洲海洋模拟中心)		不用 PSY2 分析初始化	潮流
MOVE/MRI. COM (JMA/MRI)	北太平洋	1/2°	54混合	MRI. COM	基于 CICE（Los Alamos 海冰模式）	三维变分	
	北太平洋西部	1/10°	26混合	MRI. COM	基于 CICE（Los Alamos 海冰模式）	三维变分	
MFS(INGV)	地中海	1/16°	72z部分步骤	NEMO3.4(欧洲海洋模拟中心)		海洋 VAR（三维变分）	波动模型与生物地球化学成分（OPATM-BFM from OGS）
RTOFS(NCEP)	北大西洋	1/12°	26混合	HYCOM（混合坐标海洋模型）		2 维变分(水平)+1维变分(垂直)	
中国全球海洋预报系统CGOFS(NMEFEC)	西北太平洋	1/20°	22 sigma	区域海洋模式		集合插值	
	印度洋	1/12°	20 sigma	区域海洋模式		集合插值	
	中国南海	1/30°	36 sigma	区域海洋模式		集合插值	
	中国东海	1/30°	30 sigma	区域海洋模式		集合插值	
REMO	大西洋	1/4°	21混合	HYCOM（混合坐标海洋模型）		集合插值	
	大西洋Metarea V	1/12°	21混合	HYCOM（混合坐标海洋模型）		集合插值	
	西南大西洋	1/24°	21混合	HYCOM（混合坐标海洋模型）		集合插值	
INDOFOS	印度洋	1/12°	40 sigma	区域海洋模式		no	

日本周围位于黑潮暖水和亲潮冷水之间的海洋是一个很好的渔业区。与此相反,亲潮水的异常侵入到日本东面导致 Tohoku 区域出现凉爽的东北风,从而影响了大米

的产量。最近,印度国家海洋信息服务中心(INCOIS)已开始建立具有针对感兴趣的不同区域进行模式设置调校功能的先进业务预报系统。印度次大陆周围海洋状态的预测需求是驱动这项计划的主要原因。超过四分之一的人口沿印度的海岸线生存,在这里他们的生活邻近的海洋环境息息相关。日本和印度系统是两个不同的例子,其代表了发展区域预报系统背后的不同动机。

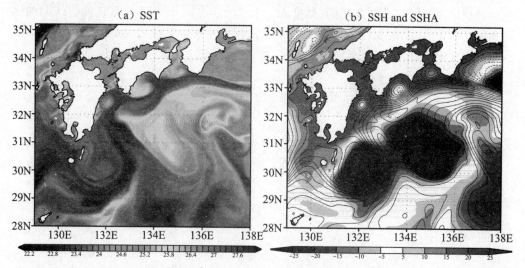

图 14.6 2 km 高分辨率模式得到的海表面温度(a)和海表面高度(b)。所选个例是 2011 年 10 月 26 日黑潮暖水到达濑户内海引起那里异常涨潮。单位对于(a)为℃,对于(b)为 cm,其中海表面高度用间隔 1 cm 的等值线表示,海表面高度异常用阴影表示

目前在图 14.5 描述的区域上业务化运行的区域系统有 19 个。不同系统之间,其区域范围和水平/垂直分辨率变化很大,具体见表 14.2。对于 CONCEPTS,FOAM,MFS and Mercator-Ocean 这些系统,所使用的 OGCM 代码为 NEMO;NCPE 和 REMO 系统为 HYCOM;CGOFS 和 INDOFOS 为 ROMS(区域海洋模拟系统)且所有 MOVE/MRI. COM 系统均为 MRI. COM。

在北极、北大西洋和太平洋地区部署的所有系统均含有海冰模式,这些海冰模式基于 CICE,LIM2 或 NERSC_EVP 模式。少数系统(MOVE/MRI. COM-NP 和 REMO-Atlantic)具有 1/2°～1/4°的粗分辨率,大多数系统具有至少 1/10°的水平分辨率。垂直层次可以是 Z(高度)坐标,混合坐标或者依赖于所使用模式代码的 sigma 层。至于全球系统,NEMO 使用的是 z 坐标;HYCOM 使用的是混合坐标层,ROMS(区域海洋模拟系统)使用的是 sigma 垂直坐标。使用 Z 坐标所有系统至少有 50 层,且它们都使用偏步长参数化方案(NEMO_book_v3_3.pdf,第 90 页),以更好地解析地形。对于在地中海执行的 MFS 系统,其垂直 z 层次的最大数目为 72。混合坐标系的层数在 REMO 系统中为 21 层,在 MOVE/MRI. COM-NP 中为 54 层。基于 ROMS 的系统使用 sigma 坐标,其层数在 20 到 40 之间。显然,垂直分辨率可以根据每个模式以及每个区域的具体特征变化很大。

所有的系统,除了 IBI 和 INDOFOS 系统,都有一个数据同化方案。FOAM、MFS、

MOVE/MRI. COM 和 CONCEPTS(对于 CONCEPTS 仅指冰观测)区域系统使用三维变分方案。TOPAZ 系统使用基于集合卡尔曼滤波的一个方案,而墨卡托的 PSY2 使用基于 SEEK 滤波(奇异演化扩展卡尔曼滤波)的方案。其他系统(CGOFS 和 REMO)均使用集合 OI(最佳插值)方案。

具有三维变分同化或卡尔曼滤波数据同化方案的系统,同化的观测类型与子节2.1中针对全球系统所述的观测相同(另见 Martin 等,本期)。使用集合最优插值(OI)的区域系统只同化 SLA 和 SST 观测。通过资料同化进入这些系统的观测对系统的影响在 Oke et al.(本期)中进行了描述。

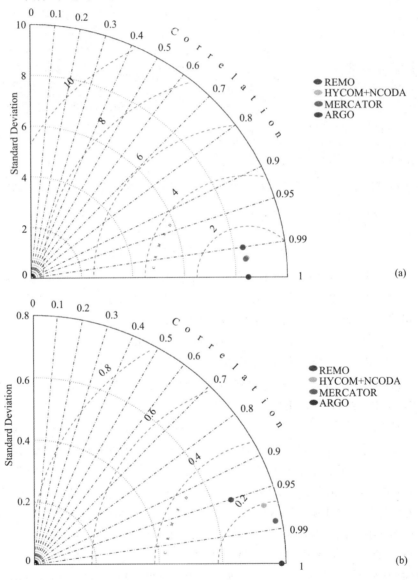

图 14.7 从 2011 年 4 月 1 日到 2012 年 3 月 31 日以 Argo T/S 数据为参考(a)温度和 (b)盐度的泰勒图

在 2014～2019 年,一些系统已经改进了其资料同化方案。例如,巴西的 REMO 系统,用集合最优插值方案(EnOI)取代了简单的最优插值方案,用于同化卫星 SST 和 SLA 资料。此系统的 24 小时预报技巧与 GODAE OceanView 体系中的一些是可比的,正如图 14.7 中的泰勒图(Taylor 2000)所示。在图 14.7(a)和 14.7(b)中的图表分别为相对于 Argo 温度和盐度数据制作的。温度数据的标准差被所有的系统很好地捕捉到,但 REMO 系统的盐度数据的标准差比观测和其他系统的分析要小。REMO 系统温度和盐度的均方根偏差比其他系统要大,且相关性小。据预计,当 Argo 数据被同化后 REMO 系统的预报技巧将有所提高。

在北极和北大西洋的 Topaz 和地中海预测系统,具有一个与物理系统耦合的生物地球化学组分。物理模式和生物地球化学模式的一体化是非常重要的,尤其是在区域和沿海位置。图 14.8 清晰地表明了这个链接的重要性。图中显示了 Topaz4-NORWECOM 系统碳的总初级生产率。可以看到,靠近冰边缘的位置生产率是强烈的,因此正确的约束是非常重要的。

图 14.8　2012 年夏天 TOPAZ4-NORWECOM 系统预测的碳的总初级生产率。注意冰缘附近强的生产率,且因此需要注意通过同化约束的重要性。这里使用了 MyOcean 提供的 Godiva2 网页地图服务

地中海预报系统 MFS 包括一个与 OGCM(NEMO)弱耦合的海浪组分(基于

WAVEWATCH-Ⅲ),用于提高海浪和海洋参数的表示。海浪和环流模式通过海表流和温度场从 NEMO 到 WAVEWATCH-Ⅲ逐时交换实现耦合,同时 WAVEWATCH-Ⅲ传递拖曳系数到 NEMO。MFS 系统的此次升级是在 EU-MyOcean 和 MyOcean2 项目中计划的。这个耦合系统能够向用户提供斯托克斯漂移,其在发生强风事件的情况下可以作为海表流场的强烈信号(图 14.9)。

只有 RTOFS 大西洋系统(NOAA/NWS/NCEP)和 Mercator-Ocean IBI 系统(伊比利亚比斯爱尔兰海域)解析了潮汐信号。IBI 系统是 2011 年在欧盟项目 MyOcean 中与 Puertos 德尔埃斯塔(西班牙)合作开发的。这个系统不仅在 OGCM(NEMO)模式中包含了潮汐信号,而且改进了混合层方案。

从区域系统的简短概述可以清晰地看出,这些系统的不同,不仅体现在地理区域和网格分辨率,而且体现在模式所能解析的物理过程上。

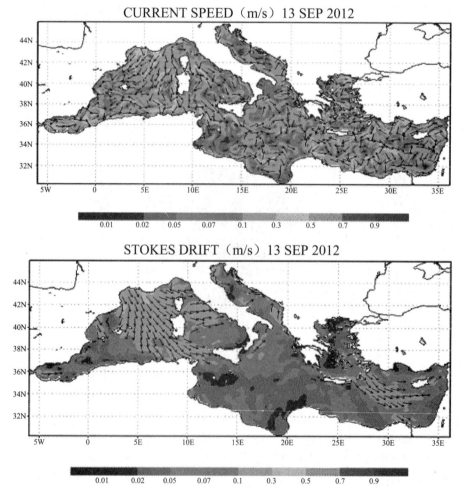

图 14.9 2012 年 9 月 13 日 MFS 预报表面流场(上)和同一天 MFS 表面斯托克斯漂移预报(下)。在立翁湾(西部盆地)区域,斯托克斯漂移流比 OGCM 预报的流速有更高强度

14.4　数据和产品服务

预测系统生产全球或区域尺度上的数据,提供模式格点(原始格点)或插值的规则格点上的实时预测、分析和后报物理场。数据量非常大,并且需要通过数据服务系统进行管理,这样才能方便用户检索、评估、可视化、下载并分析所有可用的产品。

检索、可视化和下载预报产品的能力体现产品对海洋科学界和一般用户的根本价值。

从这角度来看,在过去五年里已经取得了大量的进展。所有描述的系统都有一个网页用于数据检索,而且用户可以下载和可视化它们中的大部分数据产品(表 14.3)。

表 14.3　全球和区域系统的数据发现、查看、和下载服务

系统	网站(数据发现)	查看服务	数据下载	数据格式
ECCO－NRT(ECCO)	http://ecco.jpl.nasa.gov	X	OpenDAp Server/FTP(FTP传输服务)	NetDF 网格数据格式
MOVE/MAL.COM－G(JMA/MRL) MOVE/MRL.COM-WPN(JMA/MRL)	http://www.jma.go.jp/jma/indexe.html http://goos.kishou.go.Jp/rrtdb/jmapro_new.html	无 X	NO NEARGOOS	TXT
欧洲中期天气预报中心	http://www.ecmwf.int		* ecmwd does not disseminate ocean fcst	
BlueLink(澳大利亚开发实用的海洋预报系统)/海洋模型、分析和预测系统(Bureu of Meterology)	www.bom.gov.au/oceanography/forccasts (description) http://oceancurrent.imos.org.au(products download)	X	FTP(FTP 传输服务)	NetDF 网格数据格式
预报海洋同化模式(Met office) GLOSEA(Met office)	www.myoccan.eu http://www.ncof.co.uk/Deep-Ocean-Modelling.html	X	MyOcean 下载系统 &FTP 传输	NetDF 网格数据格式
CONCEPT(加拿大)	Available soon	无	无	NetDF 网格数据格式

续表

系统	网站(数据发现)	查看服务	数据下载	数据格式
中国全球海洋预报系统 CGOFS(NMEFC)	http://www. nmefc. gov. cn/cgofs_en/index. Aspx	X	无	
PSY3(Meteator-Ocean) PSY4(Meteator-Ocean)	http://www. Mercator－ocean. fr/eng /produits-services www. myocea. Eu	X	MyOcean 下载系统 &FTP 传输	NetDF 网格数据格式
GOFS(NRL/ NAVOCEANO)	http:// www7320. nrlssc. navy. mil/GLBhycom1－12/ (viewing and description) http://hycom. org(products download)	X	OpenDAP or FTP 传输	NetDF 网格数据格式
RTOFS 实时海洋预报系统（NCEP 美国国家环境预报中心）	http://polar. ncep. noaa. gov/global/	X	OpenDAP or FTP 传输	NetDF 网格数据格式
TOPAZ	www. myocean. Eu	X	MyOcean 下载系统 &FTP	NetDF 网格数据格式
INDOFOOS	http://www. incois. gov. in/ Incois/indofos_main. Jsp	X	THREDDS/ OpenDAP	NetDF 网格数据格式
MFS	www. myocean. eu http://medforecast. Bo. ingv. it	X	MyOcean 下载系统 &FTP	NetDF 网格数据格式
REMO	http://www. rederemo. org	X	OpenDAP	NetDF 网格数据格式

  所有系统的产品(除了日本产品)以相同的格式分发,即 NetCDF—用于编码海洋数据的一个标准。从中心到中心数据政策是不同的:在某些情况下对数据的访问是免费的,在其他的情况下会采用一些限制。

  大多数中心开发了专用目录,以便帮助用户去检索他们所需要的数据集。这些信息学工具的结构、灵活性和性能在最近几年已经显著提高,而且已达到目标,即产品不仅可以服务于科研界,也能服务于更广的用户团体。

  根据系统的特性,GODAE 系统提供未来 7～18 天的预报产品,或者(例如MOVE/MRI. COM 系统)未来 7 个月的预报产品。特别的,ECCO 系统不制作预报产品,而只制作逐月更新的分析产品。而 ECMWF 不发布海洋分析/预报产品。这些系统中的大多数保留和分发一个长时间序列的分析场,其范围从 1～2 年到数年。

针对用户的产品服务,即使大多数系统使用了一些公开的工具,但每个国家、每个系统都经历了不同的演变过程。

欧洲海洋服务的发展就是一个例子。在这项工作中所描述的大部分欧洲系统都包含在这个服务中。为了方便不同预报中心的产品传播,建立了一个集中式的目录。这一举措已经在两个项目,MyOcean(2009～2012 年)和 MyOcean2(2012～2014 年),的支持下完成,而这两个项目就是为了开发准业务化的欧洲哥白尼海洋服务。

预报系统的业务化产品可用于不同的用户类型,不仅仅针对科学界。在过去四年里,许多紧急情况的处理一直依赖于这些产品。2010 年 4 月 20 号墨西哥湾深水地平线石油泄漏事故,2011 年 3 月 11 日福岛 Daichii 核电站事故和 2012 年 1 月 13 日哥斯达黎加的康科迪亚游轮搁浅事故等等。

这些产品为这些事故区域运行的高分辨率海洋模式提供初始条件和侧边界信息。在某些情况下,还提供流场用于驱动石油泄漏或放射性物质扩散模型。很多预测系统被应用于这些实例,并促使了集合产品的发展,后者已经被证明对不确定性的评估是非常有用的。

这些例子强调了使用多个在同一区域运行的具有不同特征的预报系统的重要性。此外,为了解析具有高可变性的区域海洋动力学,制作空间和时间上的高分辨率产品是非常重要的。

这几个例子证明,预报产品链接用户的重要阶段已经完成。

与用户的互动对于业务化的海洋学产品是非常重要的,因为用户的反馈和要求可以提供独特的贡献,用于新系统和新产品的开发,反过来更好地适应用户的需求。

14.5　未来发展

对于未来数年,所有海洋预报系统已计划了一些改进/发展:

· 更高的模式网格分辨率(水平和/或垂直);

· 与物理系统耦合的生物地球化学模式的开发;

· 实现耦合的海洋-海浪-冰-大气预报系统;

· 改善数据同化方案,以适应新预报系统的特点;

· 新类型观测数据的同化;

· 引进冰成分;

· 潮汐信号的解析;

·更好的诊断方案。

即使每个系统都有自己的发展规划,GODAE Ocean View 依然提供指导和总体看法,以便共享专业知识和响应用户的需求。

(1) MOVE/MRI. COM(JMA/MRI,Japan 日本)。

当前全球模式不涉及 75N°以北的北极地区,且对区域采用了气候态的海洋和海冰条件。为了提高系统对热带海洋和北极区域的模拟能力,海洋模式在 2015 年初使用具有三极栅格坐标且同时包含海冰模块的更高分辨率的模式。

为了预测海洋变化,例如黑潮的改变,所造成的沿海异常涨潮,沿海系统,MOVE/MRI. COM-SETO,目前正在发展中(图 14.6)。该系统在日本西南部,包括 Seto 内海采用了 2 km 的高分辨率海洋模式,并嵌套在较低分辨率的北太平洋西部模式里。初始化采用增量 4DVAR 方法。该系统将在 2015 年初开始业务化。高分辨率模式的区域到 2018 年将扩展到覆盖整个日本。

(2) FOAM(Met Office,UK 英国)。

在未来 5 年,计划过渡 Met Office 短期海洋预报系统到 1/12°分辨率的 ORCA12 海洋和 N1024(~10 km)分辨率的海洋-冰-海浪-大气耦合系统。该系将继续使用 NEMO、CICE 和 UM 模式,并将其耦合到 WAVEWATCH-Ⅲ海浪模式中。

在 Met Office 使用的资料同化系统也正在一个耦合框架下发展,以便增加海洋和大气分析的一致性,尽量减少耦合模式初始化的震荡。这将实现一个弱耦合同化方案,采用一致的耦合模式背景场,对海洋/冰和大气/陆地执行独立的分析—雏形系统正处于开发的最后阶段。进一步的开发工作将计划过渡该方案到一个完全耦合的资料同化系统。

(3) CGOFS(NMEFC-China 中国)。

CGOFS 的发展计划主要包括:① 用新的 NEMO 系统取代基于 MOM4 的全球预报系统;② 提高全球模式的分辨率从 1/4°到 1/12°;③ 发展降尺度方案,使用基于 NEMO 的全球系统驱动基于 ROMS 的区域系统;④ 进一步评估当前用于区域系统的 EnOI 资料同化系统的性能,吸收更多的观测资料到系统中;⑤ 吸收更多的观测,如卫星叶绿素数据,到海洋生态预报系统中去。

(4) RTOFS(NOAAA/NCEP,USA 美国)。

全球系统:2015 年的计划包括升级到 41 个垂直层,并在混合层和沿海海洋上层具有更高的垂直分辨率。此次升级与美国海军紧密合作,将使用 ESMF 耦合 HYCOM 与 CICE 模式。针对有望在 2016 年升级的下一代机器(硬件),NCEP 针对三维变分资料同化发展内部分析和初始化的计划也纷纷开始。RTOFS 被作为耦合系统中的海洋组件并服务于 NWS/NCEP。为了改进飓风预测能力,HYCOM(RTOFS 的数值引擎)已经被成功地耦合到 HWRF 模式中。这种耦合正处于发展和转化到业务化的高级阶段。此外,通过与美国海军、UCAR、ESRL 和 GFDL 的紧密合作,正在尝试使用 ESMF 提供的工具将 HYCOM 与 GFS、NEMS 里的其他地球系统成员进行耦合。

区域系统:本财政年,RTOFS Atlantic 升级到最新版本 HYCOM,这符合团体的标准,而且提供了在 Global RTOFS 内一个有效的嵌套,用以更准确地表示边界信息。在将来的应用中将会包括耦合的大气-海洋飓风预测系统和具有单向和双向交互的耦合环流-海浪预报系统。长期计划包括使用基于集合的建模方法和资料同化系统来提高预报技巧。

(5) MERCATOR-OCEAN(France 法国)。

在全球系统的下一个版本中,主要改进是同化新的观测资料,如表面流速和海冰密集度,以及新的平均动力地形,包括来自 GRACE 和全球海洋再分析的新的有效观测。为了更好地利用有效观测,对同化的改进也正在进行,例如基于 Desroziers 标准的观测误差调优,以及同化窗口的优化。以往的研究已经表明缩短同化窗口从 7 至 5 天,或使用依赖于观察类型的时间窗口,能够改进预报效果。从更长远的角度来看,水平和垂直分辨率将会被提高,同化方案将进行更新,以同化能够实时提供且具有全球覆盖范围和高分辨率的卫星海洋水色观测。

(6) TOPAZ(NERSC,Norway 挪威)。

在未来的五年,通过提高(加倍)海洋模式水平分辨率,预计物理预测准确性将得到进一步改善。海洋环流也会从太空得到的平均动力地形的新估计中获益。海冰漂移和海冰厚度在海冰模式中期望进一步改善:集合卡尔曼滤波支持不确定模式参数的在线估计。同化系统也将利用 SMOS 和 CryoSAT 的海冰厚度的新的卫星测量数据。在未来的几年里,SAR 图像的覆盖面将在北极变得密集,这将推动新海冰模型的突破性进展,此新海冰模型考虑了海浪的影响,并采用基于固体力学的弹性-脆性流变学(而不是流体力学)建模。生态系统模式将被逐渐改变以适应特定的光线条件和高纬度地区主导的浮游生物物种。海洋水色数据的现场测量数据的同化也有望提高不确定参数的估计。

(7) MFS(INGV,Italy 意大利)。

流-海浪(NEMO-WWW-Ⅲ)的相互作用将得到进一步的发展,而且潮汐信号将被引入。系统的分辨率将增加,且基于变分的同化方案(OceanVAR, Dobricic and Pinardi 2008)将同化更多的数据。特别地,卫星 SST 和浮标轨迹将会被同化。系统的实时验证组件将进一步发展,以便在子流域尺度提供更精确的验证。

(8) BlueLink/OceanMAPS(Bureau of Meteorology,Australia 澳大利亚)。

OceanMAPS 系统将升级为 OceanMAPS3。从 76S°至 76N°的所有模式区域(目前分辨率在澳大利亚附近为 1/10°,在其他地方为 1°),水平分辨率将提高到 1/10°。

资料同化系统,BODAS3 将有大量新的同化诊断工具用于实时评估产品质量。这套诊断工具将作为模式/观测对比的标准度量。

（9）GOFS(NRL/NAVOCEANO,USA 美国)。

增加海冰模式(CICE)和 ISOP 系统(Improved Synthetic Ocean Profiles 改进合成海洋剖面)，及垂直分辨率，这些在 2014 年完成。ISOP 是由美国海军开发的一项技术，利用一个全球统计关系的数据库，将遥感观测的 SSH 和 SST 从表面向下投影来构建合成的垂直剖面。

系统的水平分辨率将提高到 1/25°，并于 2016 年加入潮汐。一个耦合的 GOFS 3.5-WWW-Ⅲ系统在 2018 年业务化。

（10）CONCEPTS(Canada 加拿大)。

一个区域耦合的大气－海冰－海洋－海浪－雪模式将被开发。大气模式，GEM，将具有 15 km 的分辨率。海洋模式，NEMO-CICE_WW3，分辨率将为 3～8 km，且引进潮汐，使用半拉格朗日方案、Jacobian-free Newton-Krylon(JFKN)方案求解海冰动量方程(CICE)和海浪－海冰耦合。该系统在 2015 年完成，提供 3～5 天的集合预报。

（11）INDOFOS(INCOIS,India 印度)。

高分辨率海洋预报系统的发展起初将覆盖整个国家的近岸海域，然后覆盖印度洋周边国家海域。

（12）REMO(Brazil 巴西)。

资料同化系统将进一步得到改善和验证。

在过去的五年中，全球和区域海洋预报系统从几个方面显著改进。全球系统明显地增加了分辨率，而区域系统也被应用在了新的区域。模式的复杂性已经增加。目前，这些模式能够解析更多的过程，例如潮汐和海浪，并使用更为准确的资料同化方案。产品服务已经发展，并且现在几乎所有系统的产品都是近实时可用的。

一些中心已经开始发展耦合系统，并且看起来非常有前途。进一步的科学工作需要开展，以便更好地理解耦合过程(海洋－海浪－大气－冰)。

第 15 章
近岸海洋预报:科学基础与用户利益 I

发展近岸海洋预报系统 COFS(Coastal Ocean Forecasting System)需要科学进步的支持来解决以下问题:ⓐ驱动近岸环流的主要机制;ⓑ实现完全整合、动力学上能嵌入到更大尺度系统中的近岸系统(观测和模式)的方法。

15.1 概 述

近岸海洋预报系统 COFS(Coastal Ocean Forecasting System)的开发和发展很大程度上依赖于科技进步和用户需求。一定空间和时间范围的连续监测与数值模式技术是 COFS 成功的基本构成。整合近岸观测与模式系统,并逐步综合区域和全球系统,将极大地提高近岸预报和服务的质量,从而满足社会和经济的需求。这些领域的研究得到了 GODAE OceanView 项目近岸海洋和陆架海任务组 COSS-TT(Coastal Ocean and Shelf Seas Task Team)国际上的协调与支持。

一个健全的 COFS 应当能够观测、预报和发布近岸海洋状态信息,因而需要包含多种近岸过程:中小尺度陆棚坡折交换、大陆架动力学、锋、连通性、坡流、风暴潮、潮汐、内波、表面波、涌浪、上升流、营养输送、污染沉淀、河口过程、河流羽流和地形对环流的控制。受沿岸径流控制的地-海相互作用导致了浮力环流和物质输送。气-海相互作用通常发生在短时间内的小尺度范围,主要受局部地形特征和/或地-海温差的驱动,能够调制和修正大尺度的气流。

实现这些目标需要具备几个因素：多学科、多尺度的观测网络；先进的模拟方法，能够集成原始方程和表征沿岸区域特定物理过程的显示求解；鲁棒的资料同化方案，考虑环境变量误差的各向异性和复杂的互相关性；发布工具，能够整合收集的信息并将其转化为服务对象（科学家，决策者，海事利益相关者）的产品。

近岸海洋学科仍是发展活跃的研究课题。其发展需要充足的观测网络来监测，并进一步理解近岸海洋。深入的理解应当在海洋模式中实现和参数化新的过程以覆盖没有观测的区域，也需要研究无解析解的整个近岸海洋系统和交互作用。数值模式由于存在内部误差而具有局限性，因此必须同时考虑新的过程和尺度，发展资料同化方案，校正和驱动数值结果。最后，还需要开发简单可行的方案来整合复杂的结果信息。

15.2 海洋估计降尺度问题

近岸海洋环流受到局地（风，大气通量，径流和潮汐）和深海强迫（沿大陆坡）的共同驱动。近岸海洋预报系统必须包含这两种作用。降尺度是一种从全球海洋预报系统 GOFS(Global Ocean Forecasting Systems)获得边界条件并将大尺度动力学过程引入 COFS 的首选方法。边界条件必须能够捕获相关的远场现象，例如海浪模式中远处风暴的涌浪，或环流模式中的温度梯度和潮汐信息。驱动数据和近岸几何模型的表达需要选择合理的尺度，同时也要包含外部模型中缺少的细节描述。

15.2.1 边界条件、地形和强迫的需求

降尺度的一个重要问题是，由于存在不同分辨率、水深、边界条件等因素，大尺度解与嵌套模式的局地物理过程之间是不平衡的。简单的插值可能会引发问题，例如引起不真实的重力瞬变。由于物理过程及输出的时空分辨率不同，外部模式可能会有不同的设置，所以一般建议对缺省值进行敏感度估计。

降尺度通常采用的方法是多层嵌套，可以嵌套一个或多个模式，以提高模式的空间分辨率。每个嵌套模式通过开边界条件 OBCs，从较粗分辨率的外部模式中得到较大尺度动力信息。当信息只存在于高分辨率模式中时，可采用单向信息传递方式；当精细尺度（"子"）模式信息返回较大尺度（"母"）模式时，采用双向交互。OBCs 对信息传递至关重要。然而，OBCs 是不适定问题，没有完美的边界条件存在。

因为 OBCs 并不完美，传递到模式内部的信息经常包含误差。若边界强迫信息与模式内部物理过程产生严重矛盾，高的边界误差会导致不稳定或伪边界回流。若边界信息传递不充分，则内部解将会偏离观测。通常，误差最小化的解决途径是在区域内部

向边界发射信号。经典的斜压速度非梯度边界条件会导致不守恒或不一致的边界。使用 Dirichlet 条件时,海表高度不受限制(即,不要求 OBC),这样可以完美地响应进入边界和离开边界的扰动,并保持守恒。

OBCs 方程的实现(例如:边界面法向速度相对于边界区域格点中心的相对位置的确定方法)非常重要,因为相同边界方程的不同实现方法可产生不同的解。这些 OBCs 通常辅以海绵区域来进行缓冲,使用混合外部数据和模式解的流松弛格式,或者将模式解松弛逼近到外部数据,以提高稳定性。后来,双向嵌套的应用开始流行。这些方法存在守恒问题,可以牺牲变量的连续性来实现守恒,否则这个问题会成为不稳定源,特别是对于非对齐的地形和网格。然而,此类方法的优势是独立的嵌套模式之间时间步长一致,从而可以提高计算效率。

获得足够详细和具有代表性的水深数据是建立 COFS 的关键也是挑战。对于海洋应用的水深数据源如 ETOPO1(水平分辨率 1′,垂直精度为 10 m)也许能够满足基本需求,但近岸研究需要更高分辨率的数据。美国最可靠的水深数据来自国家海洋大气管理局 NOAA(National Oceanic and Atmospheric Administration)的 VDatum 项目,该项目把水深(声探测)和地形(激光雷达 LIDAR)数据结合起来得到更可靠的数据。另一个挑战是近岸地形和水深受降雨期和间雨期的影响(比如,强冬季风暴形成沙洲)。因此,在近岸模式中构建具有代表性的水深测量数据具有较大的挑战性。虽然可以在模式的构建中包含形态学过程,如侵蚀和破坏,来模拟水深地形的变化,但目前业务化仍不可行。近岸尺度的模拟也提高了对大气强迫的需求:需更高的空间分辨率和更精确的陆地模式(例如,来自 NOAA 国家环境预测中心 NCEP 的北美中尺度系统 NAM,North American Mesoscale),以捕获近岸大气特征。另外,海洋气象过程,如海陆风、径流,在近岸海洋模式中也非常重要,对其过程必须有充分的认识。

15.2.2 降尺度解析暗礁与河口的示例

澳大利亚的大堡礁 GBR 是一个独特的系统,具有特殊的动力学过程,需要降尺度方法。通过 eREEFS 系统能够实现从公海到暗礁尺度(千米到米)的无缝对接。在 GBR 系统中,低频海平面响应主要由环礁湖的风应力产生。从降尺度方面来看,开边界是被动的。然而潮汐时间尺度比较大,需要采用主动的开边界。一个松弛时间尺度的 OBCs 难以调和这些要求;因此,采用双松弛方法的 OBC,以表达两种不同时间尺度的动力学过程。

美国佛罗里达群岛由其独特的长暗礁系统和边界流的相互影响而形成。与墨西哥湾流相关联的丰富的涡旋场对暗礁流和鱼类的补给具有直接的影响,这可以通过从全球到区域(墨西哥湾)和暗礁尺度的降尺度方法中模拟得到。

河口环流的预报非常需要,尤其在高密度人口区域,如旧金山湾/河口,其是美国太平洋沿岸最大的河口和美国西部最大的湿地栖息地。使用半隐式欧拉—拉格朗日有限元模式 SELFE 建立预报系统(图 15.1)。

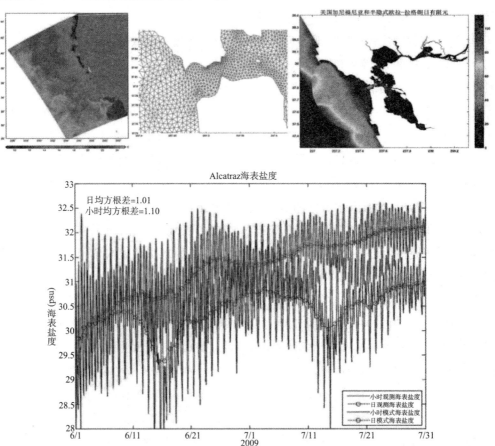

图 15.1 (上图):加州海岸(左)结构化网格 ROMS 和旧金山湾/河口、萨克拉门托河下游(右)非结构化网格 SELFE 之间的单向耦合示意图。左图为 ROMS 模拟的 SST。中间图表示金门大桥(网格上狭窄的通道)两边的三角非结构化网格。右图表示 ROMS 和 SELFE 采用的底部地形(米),粗黑线表示 ROMS 和 SELFE 之间的耦合边界。(底部):2009 年 6 至 7 月金门大桥附近观测到的和 SELFE 模拟的表层盐度时间序列

　　SELFE 是一个非结构网格模式,能够有效模拟河流到海洋尺度的三维斜压环流。近岸海洋边界水平分辨率为 1 km,在河口提高到 10 m。区域中尺度大气模式(美国海军的海洋/大气耦合中尺度预报系统 COAMPS)提供大气强迫。金门大桥外的边界条件来自加利福尼亚近岸模式(3 km 水平分辨率和 40 个垂直层),该模式基于区域海洋模式系统 ROMS 建立,并采用现场观测进行了广泛的验证。图 15.1 清楚地展示了近岸海洋对海湾/河口环流的影响。进入到金门大桥的潮汐可以将旧金山湾的水位提高至 2 米(未显示)。图 15.1 表明,资料与模式一致,潮汐引起的盐度变化可达到 3。除了潮汐扰动,湾/河口系统在日到年的时间尺度上也有明显变化,可能是受到径流排放、

大气强迫和近岸海洋环流的共同影响。

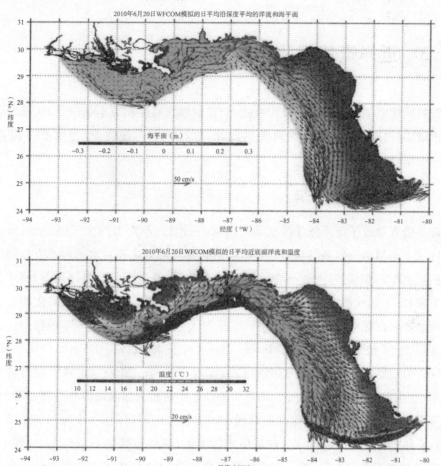

图 15.2　2010 年 6 月 20 日来自一年的 WFCOM 后报模拟。(上图):叠加在海平面高度上的日平均和垂直平均流速。(下图):日平均近底层速度和温度。西佛罗里达大陆架上观察到的连续向南的环流是持久的墨西哥湾环流与模式范围西南角大陆架坡间相互作用的结果。在西南角(~25°N，84°W)附近,相对比较高的海面扰动传播到北部和西部,在大陆架上形成了一个地转流,左转到了 Ekaman 层底部,造成一个显著的穿越整个大陆架的上升流,使得底部冷水上升到海岸线

随着利用现场观测资料对后报模拟进行评估,模式发展到可以制作每日、自动的现报/预报(西佛罗里达近岸海洋模式 WFCOM,West Florida Coastal Ocean Model,嵌入到区域 1/25°分辨率的墨西哥湾 HYCOM 中,图 15.2)。水平分辨率沿着开边界变化,在河口分辨率为 150 m。局地强迫包括 NOAA/NCEP NAM 再分析的表面风场和热通量以及河流径流量。这个模式对于未来使用降尺度方法解决水湾和航运通道的模拟,如相邻的坦帕湾系统,是非常重要的一步。当深海影响能驱动污染物从远处区域到河口,或者驱动微生物在不同河口或大陆架栖息地间迁移时,降尺度方法可能会非常有用。在这种情况下求解水湾质量输运和沉积物动力学过程的能力就变得非常重要。

15.3 近岸资料同化和预测

资料同化框架已用于近岸海洋模式,以控制模式轨迹和最小化误差,从而增强模式的预报能力。该框架也用于观测阵列设计,包括观测系统实验/观测系统模拟实验OSE/OSSEs,以及概率预报。

15.3.1 模式不确定性计算

许多因素导致了近岸海洋模式预报的误差,包括:不完美的大气强迫场;精细尺度模式区域中传播的边界条件误差;水深误差(近岸区域更重要);水平和垂直分辨率不足引起的数值噪声和偏差;大气-海洋相互作用和子网格扰动的参数化误差;模式自身预报能力限制(强非线性)等等。为了提高预报质量,将模式估计与资料同化相结合。许多不同的资料同化方法已经开发和测试,并加入数值天气预报和海洋预报中。一些方法,如最优插值 OI(Optimal Interpolation)、三维变分 3DVAR(3-Dimensional Variational)、集合卡尔曼滤波 EnKF(Ensemble Kalman Filter),能够以相对较短的时间间隔(在大陆架尺度模型的背景场里大概几个小时),为当前海洋估计提供即时校正。四维变分 4DVAR 通过最小化过去到现在相对较大的时间间隔(浅海和区域模型中为3~10 天)的模式—数据不匹配,订正模式的输入(可能包括初始条件、大气强迫、边界条件和动力方程的误差)。除了非线性预报模式,4DVAR 还使用了相应的切线性和伴随模式。其主要优势是观测误差滤波不仅可以实现空间插值,也可以在时间上进行插值。

近岸区域的观测常比公海稀疏,尤其对较小空间/时间尺度的误差过程。由于提供了稀疏观测、DA 订正平滑和模式估计之间的校正插值,误差协方差的估计至关重要。在近岸区,由于动力学原因,协方差会呈现出较大的不均一性。例如,大型河流羽流在分层和水团性质上会表现出强烈的垂直和水平变化。为了解释这种空间和时间的变化性,可以使用集合模拟来计算误差协方差。图 15.3 展示了一个在哥伦比亚河(美国西海岸)附近的示例。

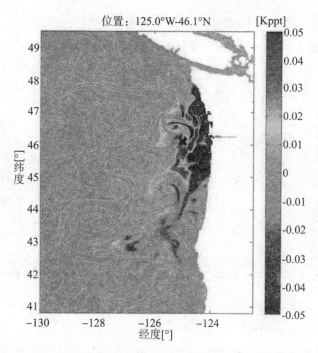

图 15.3 采用 ROMS 估计的集合计算得到美国西海岸的模式误差协方差,展示了某点海表温度 (记为黑 X,125°W,46.2°N)与海表盐度间同一变量协方差的复杂模态,受到哥伦比亚河流羽流的 影响(在 46.2°N)。注意河流锋协方差从正到负的突然变化。

　　为保证资料同化方案的实施,必须在物理和统计上表征背景误差和模式的不确定 性。一个比斯开湾(东北大西洋)的例子表明,利用集合同化方法,用海表温度 SST 和 海表高度 SSH 观测来约束模式,能够提高区域模拟的真实性。

　　海洋模式 SYMPHONIE 旨在模拟近岸环流,包括潮汐。模式使用 3 km×3 km 的 水平分辨率,43 个随底坐标(σ)分层,可与业务麦卡托海洋北大西洋模式进行嵌套。主 要感兴趣的过程是沿西班牙和法国斜坡(位于图 15.4 的 200 m 和 2 000 m 的等深线 处)的斜坡流变化:由不稳定斜坡流引起的、在深海平原发展的中尺度活动,以及响应天 气尺度(几天)风场强迫引起的表面环流。作为资料同化的第一步,为了刻画和定量化 日平均/月平均到季节时间尺度的模式误差,需要在集合中加入扰动来进行实验。

　　对一个 6 周期间、包含 54 个集合成员的结果进行讨论。该集合预报起始于一个半 月前,初始状态由麦卡托—海洋北大西洋模式提供。模式误差用集合离散度(集合平均 值的标准差)估计。图 15.4 展示了某天(2008 年 3 月 25 日)SSH(左)和 SST(右)的集 合离散度。对整个研究时间段的分析为两个区域(暗礁和深海)的模式误差估计提供了 依据。暗礁处的离散度较大(>5 cm 和>0.5 ℃),并显示出较大的与时间有关的差异。 Celtic 暗礁和英吉利海峡的 SSH 离散度达到 10 cm,可能是由风场的日变化引起。在 比斯开湾(49°N 以南),最大 SSH 离散度出现在海岸边,可能是风涌水的影响。SST 最 大值发生在近岸 100~200 m 的等深线之间。在深海平原,SST 的离散度相对较小

（＜0.3 ℃），随时间增长很小，呈小尺度的丝状模态。相反，深海的 SSH 离散度直到 2 月 15 日都几乎为 0，然后持续增长，至模拟结束时达到 6 cm，空间尺度为几百千米。与采用相似方法在墨西哥湾流获得的结果对比，SSH 离散度在深海平原的增长可以解释为中尺度去相关现象，即成员间的涡旋表达随时间而越发不同。

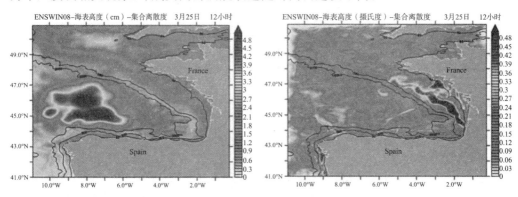

图 15.4　基于 SYMPHONIE 模式模拟 2008 年 3 月 25 日的海表高度（左，单位 cm）和海表温度（右，单位℃）；集合预报由风场强迫扰动生成

上述例子强调了在暗礁和深海存在两种非常不同的状态。资料同化方法应考虑此类不同表现误差而进行设计。尤其是，在这些区域选择静态或流独立的模式误差协方差是不够的。

15.3.2　近岸模式误差协方差局地化

介绍一个新的适应性协方差局地化方法。集合资料同化通常需要对协方差进行局地化，以避免虚假长距离相关。这些相关性从有限个数的集合成员得到，每个集合成员都能够与海洋模式一起运行。协方差局地化通常简单地基于个别观测点与给定模式格点的水平距离来确定。该距离可量化为长度尺度，可解释为最大允许的相关长度。然而，这是一种能过滤真实长距离相关（在例子中，通过引入大气场误差）的特定方法，并且这种局地化方法没有消除弱相关模式变量的伪相关性。近岸区域发现的各向异性的协方差使得局地化成为近岸海洋模式的一个艰巨任务。

一个类似于统计学自助法的方法，可以用来确定哪种分析增量在统计上具有好的鲁棒性。集合被随机分为两个子集合，分别对其进行分析，将子集合的分析增量进行对比，并重复以上过程。使用分析增量得到的标准差能够用来确定什么位置的分析场是统计稳定的。该方法有效地使用了卡尔曼增益矩阵集合来反映（某种程度上）不确定性。在 EnKF 中，可以用不同的卡尔曼增益矩阵更新每一个集合成员，以表现其不确定性。因此，这种方法可以用来减少集合方法中协方差膨胀的需求。

采用嵌套在地中海海洋预报系统中的 ROMS 对利古里亚海区域进行集合模拟。模式水平分辨率为 1/60°，垂直 32 层。大气强迫来自有限区域模式 COSMO（1 小时间隔,分辨率为 2.8 km)。基于纬向和经向风场强迫、边界条件(高度、速度、温度和盐度)的扰动进行集合模拟(100 个成员)。通过在动量方程中增加随机项(没有发散)使模式进一步扰动。

采用自助法的局地化效果如图 15.5 所示,假设值为 0.1 m/s 的 u 速度标量观测(记号处)被同化时采用 0.1 m²/s² 观测误差协方差。观测位于高度可变的区域。全球分析会产生虚假长距离相关性,尤其是有大误差变化的部分。自助法产生的增量标准差在几内亚湾(44.2°N,9.4°E)、Cap Car 西北部(43.2°N,9.7°E)和厄尔巴以南(42.6°N,10.5°E)区域比较大,在这些区域全球方案会导致大的订正。这意味着在这些区域的订正不是统计稳定的。基于增量标准差的局地包络过滤了这些大范围的相关性,只选取了与观测接近的订正。其中所使用的长度尺度不是先验确定的,而是由自助法分析得到的。

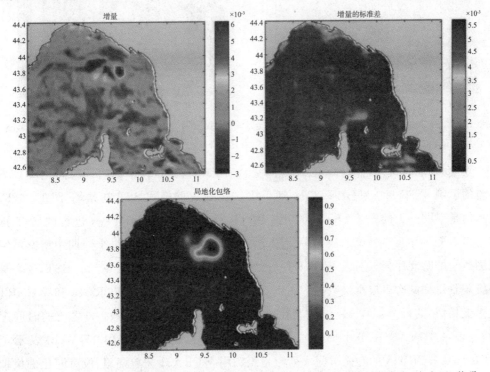

图 15.5 嵌套的利古利亚海 ROMS 模式协方差局地化例子。从全球同化方案(左上图)获得同化增量,其标准差(外地中海模式,右上图)和采用位于记号处的假设观测(43.8°N,9.7°W)得到的局地包络。

15.3.3 实时资料同化系统

ROMS 及其资料同化系统(4DVAR)已用于研究加利福尼亚海岸流系统 CCS(California Current System,美国西海岸)。其包含一个近实时准业务化的现报/预报系统(WCNRT)和两个西海岸历史数据再分析 WCRA 系统。近实时和历史再分析系统都是基于非线性模式构造的。模式区域范围[图 15.6(a)]从 30°N 延伸至 48°N,离岸到 134°W,包含 CCS 的大部分。水平分辨率为 1/10°,可分辨区域中的中尺度现象,垂直地形跟随分层 42 层。第一个再分析序列横跨 1980～2010 的 31 年(WCRA31),第二个再分析序列横跨 1999～2012 的 14 年(WCRA14)。对于这两种历史分析过程,驱动模式的先验表面强迫有所不同。

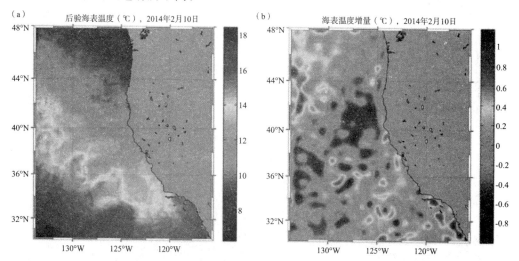

图 15.6 (a)2014 年 2 月 10 日美国西海岸近实时模式(WCNRT)的后报海表温度。(b)对先验模式估计的 SST 的订正

表 15.1 总结了来自多种平台的观测资料(用于同化)。为了说明资料同化对 CCS 环流的影响,图 15.6(a)展示了 2014 年 2 月 10 日的先验模式 SST 初始场,图 15.6(b)展示的是对同一天的先验 SST 的订正。图 15.6(b)表明通过 4DVAR 进行的 SST 订正是由 1 ℃ 的中尺度特征所决定的。图 15.7(a)展示了多个平台每个周期中所有可用观测数量的时间序列。对于 WCNRT 来说,包含潮汐计的 SSH,格点产品 SST,现场滑翔机观测得到的次表层水文数据。图 15.7(b)展示了 WCRA31(WCRA14 和 WCNRT 效果上相似)的每个 4DVAR 的后验代价函数(Jf)与先验代价函数(Ji)之比的时间序列,也表明 4DVAR 在每个周期成功地将 J 降低了 2～3 倍。图 15.7(c)表示了 WCRA31、WCRA14 的动能时间序列与一组利用 WCRA31 先验强迫、没有同化的模拟实验的动能时间序列。动能是在中加州区域,34°N 到 40°N 之间,从海岸到离岸 400 km 区域的平均值,该处有明显的中尺度涡活动。图 15.7(c)表明在这个区域,两个历史资料分析比单独的前向模型有更多能量,表明了 4DVAR 对一个缺乏观测的近岸环流场具有很大的影响。

表 15.1 观测类型、观测平台、数据源、观测误差统计。覆盖了美国西海岸资料同化模拟(WC Reanalyses)的时间段。包括该区域 EN3 质量控制数据库中多个平台的卫星 SST,卫星 SSH 以及所有可用平台获得的水文观测(包括 Argo 浮标剖面)

观测类型	观测平台	数据源	观测误差	时间段	近实时系统	WCRA31	WCRA14
海表高度	高度计	AVISO,日平均	0.04 m	1993～至今	×	×	×
海表高度	验潮仪	NOAA,平均潮位	0.02 m	2011～至今	×		
海表温度	AVHRR/探路者	NOAA 海岸观测	0.6 ℃	1981～至今		×	×
海表温度	AMSR-E	NOAA 海岸观测	0.7 ℃	2002～2010		×	×
海表温度	MODIS-Terra	NASA 喷气推进实验室	0.3 ℃	2000～至今		×	×
海表温度	多种	OSTIA	0.4 ℃	2011～至今	×		
水文数据	多种	英国气象局	T:0.5 ℃ S:0.1	1950～至今		×	×
水文数据	滑翔机	中北加州近岸海洋观测系统	T:0.1 ℃ S:0.01	2011～至今	×		

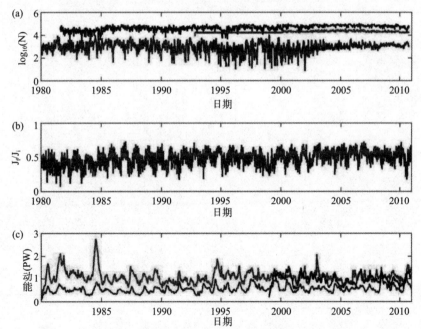

图 15.7 (a) 各 4DVAR 分析周期,同化到西海岸再分析(WCRA)模式中的观测数(log10)的时间序列,包括 SST、海表高度和现场水文资料。(b) 各 4DVAR 周期中,代价函数最终值(J_f)与初始值(J_i)之比的时间序列。(c) 加利福尼亚中部海岸 WCRA31、WCRA14 和无资料同化前向运行模式的动能时间序列

　　近岸和大陆架区域预报的进步需要不断发展创新方法并进行工具革新,作为相关研究和应用的有力支撑。取样的量级和较短的时空尺度一定程度上规避了观测资料不足以描述整个近岸海洋的问题。因此,需要将观测资料和模式相结合的近岸海洋预报系统 COFS 协同工作,以评估和预报感兴趣的沿岸现象,满足特定用户需求。在 GODAE OceanView 中,COSS-TT 促进国际合作来解决与 COFS 需求和下游应用相关的所有科学问题,意在促进从全球尺度到沿岸/海岸尺度的无缝观测和资料同化模式框架的发展。

　　COFS 中的近岸海洋模式需要为各海洋组件和完全耦合模式提供专用的数值技术。一个主要的科学问题是通过从大尺度模式中降尺度来发展嵌套过程。这包括评估大尺度系统提供给嵌套 COFS 系统的边界条件,以及改进的模式设置(包括格点、地形细节和驱动)。

第 16 章
近岸海洋预报:科学基础与用户利益 II

发展近岸海洋预报系统 COFS(Coastal Ocean Forecasting System)需要科学进步的支持来解决充分表示海一气、生物物理相互作用的方法。

16.1　概　述

近岸海洋预报系统 COFS 的开发和发展很大程度取决于科技进步和用户需求。近岸海洋学科仍是发展活跃的研究课题。其发展需要充足的观测网络,以监测并进一步理解近岸海洋。深入的理解应当在海洋模式中实现和参数化新的过程以覆盖没有观测的区域,也需要研究无解析解的整个近岸海洋系统和交互作用,够整合收集的信息并将其转化为服务社区(科学家,决策者,海事利益相关者)的产品。

16.2　近岸尺度大气－海浪－海洋耦合

海浪能够驱动海流并能对其产生影响,特别是在近岸和沿海区域。表面流和海洋的相互作用控制了大气－海洋边界通量、动量和能量的交换。模式的耦合有不同复杂程度的实现方式。目前已有大量工作致力于发展模式对平均流垂直结构的表示能力,这种模式能充分考虑流体静力学近似的混合和耗散。然而,想要准确表示近表面流和漂移,需要引入海浪的影响,尤其是斯托克斯漂移和波致混合。

16.2.1　近岸海洋耦合主要问题/挑战

近岸海洋耦合的一个重要挑战是不同耦合分模式(大气到海洋、大气到海浪、海浪到海洋等)之间通量的一致性。在非耦合的情况下,模式通常是分开校准和验证的,和模式过程的数据量相比,经常只有有限的数据可用。耗散项通常作为调整参数来强迫模式产生预期的行为。在耦合模式中,这些相同的耗散项将变成对其他模式的通量,比如,风—浪模式中的能量耗散将进入斜压环流模式的上层海洋混合中。这使得在使用耦合模式系统的时候需要重新评估校准策略。在这个过程中,增加了对模式界面详细观测过程的需求,而此前这些都是被忽视的。这也导致了模式间许多通量传递的时候需要参数化修正。

16.2.2　近岸耦合系统示例

海浪模式与环流模式的耦合对提高海洋预报效果的作用在德国 Bight 区域得到了验证,这个海域具有明显的风生浪和强潮流。流与浪之间的非线性反馈过程在这个区域起着很重要的作用。海浪模式 WAM 和通用河口输运模式 GETM 之间的耦合改善了对海洋状态变量的估计,尤其在沿海区域和河口。该耦合考虑了洋流对浪的作用以及浪对上层海洋动力学的作用(尤其是混合流和漂流)。在 WAM 中,水深和流场是非静止的,网格点可以变干,并由于准稳态方法中考虑了空间变化的流和水深而导致折射。通过引入深度相关的辐射应力和斯托克斯漂移修正 GETM,来描述海浪效应。辐射应力的梯度在水平速度的动量方程中作为额外的海浪约束项。在碎浪带,对于平均水位设置和由海浪生成的沿岸流而言,通过海浪实现动量转化就变得很重要。

耦合作用可以通过分析海浪在极端事件中的影响来证实(Xavier 风暴,图 16.1)。辐射应力增加了平均水位,这在近岸区域有着显著的影响。在正常情况下,由于与海浪模式的耦合,海面高度差异在 Elbe 河口最大可达 10～15 cm。但是,在风暴期间,耦合海洋之后海平面差异沿整个德国海岸大概是 30～40 cm。因此目前使用的大多数模式的不确定性主要来自强潮流和风生波作用之间的非线性反馈,在业务化海洋学中,尤其被这个作用主导的沿海区域,这种反馈是不能被忽略的。

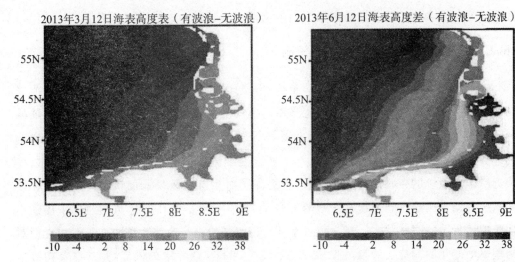

图 16.1　浪－流耦合模式（WAM-GETM）与纯环流模式（GETM）海表高度（SLE）的差异，2013 年 12 月 3 日德国 Bight(左图)，2013 年 12 月 6 日 Xavier 风暴期间（右图）。

其他一些研究表明浪流耦合在沿岸区域（例如地中海西北地区）和利物浦湾的重要性。在 MyOcean 欧洲项目中，越来越多的精力投入到将海浪与原始方程模式在区域系统中耦合。例如，在地中海预报系统 MFS 中，海浪与海洋模式的紧密耦合，提高了海浪参数和海洋平均流的表示与预报水平。单独的海浪模式和原始方程模式已能够取得比较好的结果，而耦合业务化（WW3-NEMO）MFS 将这个结果进一步改善，可以为近岸嵌套系统提供大尺度信息。美国类似的工作是 NOAA 的综合海洋观测系统 IOOS。

近期的另一项工作是在地球系统模拟框架 ESMF 下建成完全耦合的海洋/大气/海浪模拟系统，以完成美国海军的 COAMPS。COAMPS 是一个全球可重定位的模拟系统，其业务化的时间尺度以天为单位，空间尺度为 1～10 km。海浪模式分量的测试用例正在进行，处于向业务化转换的最后阶段。该系统具有对当地现有近岸预报系统中可能缺失或没有适当解释的物理过程加以补充。COAMPS 最近已经在有陡峭地形的岛屿地区部署，以阐明菲律宾海域由风引导的海洋涡旋的形成和分离机制。同样，大气－海洋耦合模式也已应用于马德拉岛。由高分辨率 MM5（现在使用 WRF）和 ROMS 组成的实时预报系统已经从 2007 年开始业务化运行。但是这样的单向耦合系统无法再现暖尾迹效应—岛上无云区域海洋温度变高。最近，大气－海洋双向耦合 COAMPS 系统在马德拉岛的应用能够捕获上层海洋和低层大气边界层中的暖尾迹现象。

16.2.3　沿海生态系统对物理驱动的响应

沿岸和大陆架海域是世界上最多样化和富饶的环境之一，是海洋环境重要的组成部分；占海洋初级生产量的 30%，包含了世界上主要的渔场，是全球维持碳平衡的重要区域。这些因素迫使我们急需扩展当前的物理变量预报。

16.2.4　近岸海洋生物地球化学预测

为了更好地理解大陆架海洋生态系统,需要在区域/近岸高分辨率尺度中耦合流体动力学和生态系统模式。非耦合的生态系统模式已经发展了很多应用:ⓐ 面向大陆架海洋生物地球化学循环、营养物通量和通路等过程的研究;ⓑ 对水体富营养化的影响的理解;ⓒ 缺氧;ⓓ 有害赤潮 HABs 等。耦合三维流体动力学—生态系统模式可以模拟近岸生态系统的生物地球化学现象,也提高了对生态系统功能的认识。一些耦合模式系统有助于构建生态系统在关键的气候、季节和年际方面的变化,同时也用于探索不同管理情景下的交替状态。耦合模式系统有助于解决海洋生态系统的变异性和它们对物理驱动变化的响应。通量过程和环流翻转决定了富营养水的供应,并支撑着初级生产。在有利的风场条件下,沿岸区域的艾克曼输送带来的上升流提供了表层富营养水,有利于初级生产。海洋环流和分层的变化触发了混合层深度的变化,从而引起海洋中营养水平的变化,这也对初级生产产生了响应。

大气—海洋交换引发的冬季对流对于生态系统也有重要的影响。对流混合也受到温跃层和盐跃层深度变化的影响,从而改变可供浮游植物生长的营养量。另一个重要的物理驱动因素是河流淡水的注入,它影响了分层和近岸环流。一些研究案例可以展现这些结论,包括美国西海岸、美国东海岸、墨西哥湾北部、西南大西洋架、大加勒比海、亚得里亚海和爱琴海,以及黑海西北部等。在解决海洋、近岸区域及偏远沿岸生态系统之间连通性问题的时候,物理和生物地球化学模式的结合非常重要。这种现象对于理解种群如珊瑚礁栖息地分布、海洋保护区的设计和世界渔场的管理非常关键。

最后,深海营养通量对用于初级生产吸收的总营养池的贡献,随着水深朝海岸的减少而增加。生物地球化学模式中的沉积层变得越来越重要,这里发生着营养物的再矿化和与上层水体的交换过程。这是沉积物输送的主要过程。其成为一个向终端用户提供特定产品(如沉积物和再悬浮图,沉降速率,疏浚活动)的独立学科。

16.2.5　近岸跨学科系统示例

人们对物理、化学和生物业务化产品(包括近实时和预报)的兴趣正日益增加。旨在保护海洋环境的国际海洋政策表现出了对监测海洋系统的需求。在欧盟,水体框架指令和海洋战略框架指令 MSFD 正在进行河盆/沿岸水域和远海水域生态状态的评估和监测。此外,欧洲海洋生态系统观测站 EMECO 为应对 MSFD 提出的新挑战而成立,而该挑战也传递了生态系统管理的潜在需求。美国区域近岸海洋观测系统 RCOOS 的 IOOS 全国网络已实现了生物物理预报,以满足国家需求。然而,生态系统模拟仍然是一个非常复杂和具有挑战性的工作。生物地球化学模式建立在众多假设和经验化参数之上，通过试运行来获取合适的参数集几乎不可能。生物学强烈依赖于物理驱动，还需要可靠的近实时沿岸海洋环流预报。

英国气象办公室的耦合流体动力学—生态系统模式提供了从中分辨率大陆架 POLCOMS-ERSEM 系统到 7 km 的大西洋边缘模式 NEMO-ERSEM 系统的预报。业务系统中的生态系统部分也利用现场观测、卫星和气候资料进行了验证。欧洲其他具有业务化模拟产品的地区是，基于东方（海神）和西部盆地的波罗的海和地中海。

一个更广泛的例子是黑海（图 16.2）——世界上最大的海洋缺氧盆地。约 8 000 年前，随着地中海和黑海的重新相连，以及由此产生的更咸的地中海水的注入，形成了缺氧条件。垂直结构表现为氧化的表面层和硫化的深层，中间被次氧化层分开。

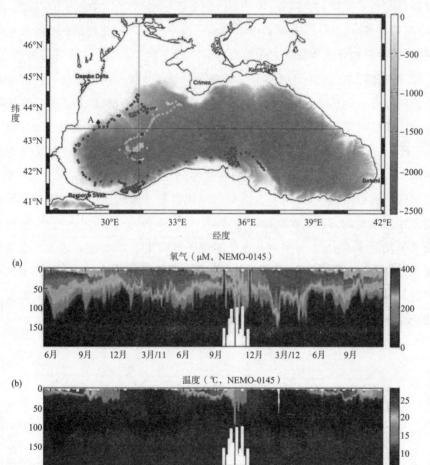

图 16.2　黑海地形和浮标路径

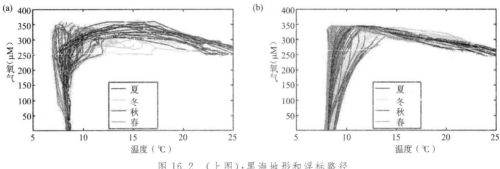

图 16.2 （上图）:黑海地形和浮标路径

　　2010 年黑海北部部署的两个 Argo 浮标首次拥有超过 2 年的连续观测。欧洲航海观察员分析仪配备了温度、盐度和氧传感器。两个浮标在两个不同的动力学区域(公海和沿海)中执行任务,这是一个非常难得的机会可以同步比较水文化学在不同区域的差异,并评估生物物理模式的预报能力。沿海浮标 NEMO-0145 展示了氧气的剧烈变化,揭示了中尺度过程对氧气变化的重要性。观测到的氧气变异性清楚地表明它的分布是一个与环流特征有关的函数,其特征表现为海盆内部的上升运动,以及沿岸反气旋区域的下沉运动。极端低温和异常寒冷的冬季造成的高氧浓度,沿着南部海岸维持(2012 年 2 月~7 月)。时间—深度的氧气与温度之间的相关性表明中尺度涡对氧气变化有很大的影响。

　　通过氧气—温度的关系,展示了上层氧气模式误差的时间变化。这些在晚秋和初冬的剖面几乎是垂直的,例如,在寒冷的季节,氧气均匀分布。在模式和观测中,海洋表面的最低氧值接近 250 μM。海表水升温伴随着表面氧气浓度的降低,以及次表层氧气量最大值的形成。这说明次表层氧气最大值并不仅仅是因为冬季对流产生的富氧水导致的。因此,该模式可以重现大部分观测到的氧气动力学特征,使其成为研究黑海上层海水水文化学现象的有力工具。

16.3　近岸系统应用

　　近岸海洋观测和模式的结合提供了一种描述和理解复杂海洋系统相互作用的工具。结合科学观测和构建完善的模式,可以进一步理解复杂的近岸海洋系统,研发管理近岸海洋资源的工具。应用与物理驱动过程背后的科学依据紧密相连,能够为新的科学挑战提供反馈。其基本效用是解决广泛的社会和经济利益及需要,如下述的例子。

　　中北加州近岸海洋观测系统 CeNCOOS(Central and Northern California Coastal Ocean Observing System)由近实时分析和历史分析构成。像其他地区观测一样,

CeNCOOS 为有效管理近岸水域,如基于生态系统的海洋渔业管理、理解气候变化影响、评估近岸海水水质如有害赤潮等提供了海洋信息。前面章节提到,ROMS CCS 4DVAR 分析的用户是渔业科学家,他们的目标是将海洋学条件与美国西海岸的商业相关渔业的幼虫生存和洄游数据相关联。

理解近岸海洋生态学过程可以提高生物预测和帮助管理近岸资源,是另一个跨学科近岸系统的应用。最近的一个例子来自西佛罗里达大陆架。将锚系得到的速度观测,滑翔机截面得到的水质,卫星图像和 K. brevis 细胞计数与 WFCOM 模式模拟相结合,进而解释 2010 年西佛罗里达没有赤潮的原因。结论是,环流的物理过程和有机物是 K. brevis 爆发的必要条件,但是单独一个都不是充分条件。在另一项研究中,类似地将多学科观测与模式模拟相结合,解释了石斑鱼幼体怎么从离岸成年石斑鱼产卵点到近岸幼鱼群居点的谜题。另一项研究涉及连通性模式,对理解珊瑚鱼补给和帮助管理珊瑚礁资源非常重要。使用一个西南佛罗里达大陆架和佛罗里达群岛的高分辨率生物模型,结合详细的观测来进行模式评估和定标,以构建珊瑚鱼幼虫连通性矩阵。

海域感知 MDA 受益于工具和技术的引入,成为国土安全事业中规划和政策的活跃领域。合作关系和数据整合成为海洋安全和法律实施的重要方面,包括禁渔令和搜救工作。近岸预报与搜救决策工具的结合成为一个有效的策略,用以减少搜救时间,以及更好地派遣船舶和飞机。例如,美国近岸保卫队越来越关注如北极和周边岛屿的环境,他们必须有能力在具有挑战性的环境下执行传统任务。在这种环境中节约时间和资源极度重要。近岸预报的使用将为执行近岸保卫任务提供更多的益处,在恶劣的操作环境中,观察可能是受限的,而近岸预报可以提供非常重要的态势信息。

一套业务化搜救 SAR 模式系统已被开发,用以预报西北太平洋边缘海的海难中受害人或者残骸的轨迹。SAR 系统与可提供 72 小时黄海、东海和南海风场和海流的真实业务预报系统相结合,可以预报搜索轨迹和区域。业务化 SAR 模式系统在海洋紧急事件发生时为韩国近岸警卫队提供支持。这样的应用通常延伸到为船舶安排路线。使用天气预报资料(风和海浪)选择最优化的船舶路径比较普遍,但是结合表面流仍然是一项挑战。在黑潮区域,阐述了利用洋流或避免其影响(反向运动的时候)以减少行船时间。例如,在日本大阪湾结合天气和海洋模拟,一个案例有效地评估了船舶路径的最优化方案。

随着商业、航运、邮轮业对港口的竞争日益加剧,港口需要提高安保责任,昂贵的海滨资产需要保护,MDA 方法与解决方案将继续扩展到公共和私人领域。随着专注于海洋安全的技术和产品的出现,近岸预报模式对发挥这些安全系统的最佳性能起到非常重要的作用。例如,传感器网络需要关于当前和预计的环境噪声的信息,以便于评估性能。水下和水面威胁检测的声学监视器(小船,潜水员,小型潜艇等)利用声音传播来探测目标。近岸温盐预报和损失模型相结合可以得出目标可能隐藏或需要增加探测系统的区域的详细地图。此外,探测系统由于包含声学传感器、雷达和相机而日益复杂。为了提高最佳性能,传感器需要可以相互提示检测目标或者在不同操作条件下开/关,使得在给定的近岸情况下,传感器能够以最佳性能进行操作。这个例子展示了一种传感器联合高分辨率、高精度近岸预报的智能实施方案,也指出另一种近岸预报提高海事领域认识的方式。

溢油后烃类的输送和消亡模式是另一个近岸预报系统的应用案例。墨西哥湾Macond 油井 2010 年的溢油事件,吸引了相当多的资源来提高复杂区域海洋的预报能力,该海域是石油和天然气企业进行密集海洋勘探的区域。溢油发生时,立即就建立了几个应用。随后为追踪石油的轨迹及对环境的影响后果,扩展了降尺度的方法,以改善整个流域(即墨西哥湾流)和近岸流(即风力驱动和浮力驱动的水流和强烈的斜坡交换)之间的相互作用。海洋数值模拟业务化的最主要的两个应用是监测、预报海洋污染和离岸运动。

石油轨迹追踪模式的复杂性及其对大气海洋预报的依赖性也被展示出来。欧洲业务化模式正在扩展其对海洋环境中溢油行为的预报能力,并为股民提供一个在线的风险评估工具。为支持近岸管理,在 Ionian 综合海洋观测(Ionian integrated Marine Observatory,www. ionioproject. eu)项目框架下,开发了污染危害地图绘制决策支持系统。危害地图(图 16.3)被认为是最适宜管理海洋区域石油污染,以保持生态系统健康状态的方法。该方法结合了航线数据、业务化系统中海流和温度的资料,以及消散和输送的溢油模式(MEDSLIK-Ⅱ)。

近岸海浪和风暴潮模式对于近岸海洋环境非常重要。这些环境容易受到强大飓风和热带风暴的伤害,急需关于如何准备和应对与水有关的灾难的指导。美国风暴潮和淹没模型,如基于 SLOSH 的 P-Surge 和基于 ADCIRC 的 ESTOFS 能够提供业务化指导,用来告知紧急事件管理者是否需要在风暴事件前撤离近岸区域。类似模式也被应用于后报,以进行飓风的风险评估及保险研究。

由美国 NOAA 近岸海浪预报系统 NWPS 提供的沿岸海浪保障,在近岸的商业和娱乐场所中有许多应用。在近岸区域和水湾入口,尤其受急流影响的区域,海浪情况的精确预报对保护海边生命的安全非常重要。就娱乐活动来说,美国沙滩溺亡的主要原因是裂流。以 NWPS 为原型的裂流业务预报系统非常成功,与观测结果对比,显示出非常强的预报能力。

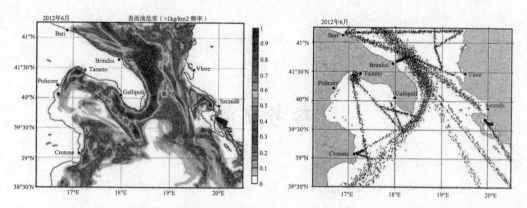

图 16.3 南亚得里亚海月平均表面石油危害地图(>1 kg/km² 石油出现概率)(左图),2012 年 6 月
相同区域的航线分布(右图)

近岸海洋中模式耦合相关的问题推动 COFS 研究和开发。需要特别指出的是,上述物理驱动因素对近岸生态系统功能和偏远生态系统之间的连通性有显著影响。

与 COFS 相关的科学和技术进步,对社会经济的许多方面都是有益的。海洋资源管理、建筑、石油/天然气勘探、保险理赔等许可和监督所需的环境研究;海洋条约和协定(自然资源管理、海洋污染诉讼、区域渔业管理、海洋保护区、联合国海洋法公约/"海洋法公约"等);娱乐和商业渔业;搜寻及救援;海域感知;减轻自然灾害、气候变化和极端事件的影响;预报污染物的传输和危害。COFS 的发展将会进一步推动观测响应评估、常规生产的诊断工具、结果比较的通用标准集、观测系统设计和客观评估方法的发展。

参考文献

［1］Curry, W. , S. Sandgathe, S. Lord, F. Toepfer, and M. Peng. 2011. The Earth System Prediction Capability: A multiagency partnership to advance US environmental prediction. Paper presented at the 24th Conference on Weather and Forecasting/20th Conference on Numerical Weather Prediction, Seattle, WA, January 25, 2011.

［2］T. A. Smith. 2014. Tropical cyclone prediction using COAMPS-TC. Oceanography 27(3):104－115, Arbic, B. K. , J. G. Richman, J. F. Shriver, P. G. Timko, E. J. Metzger, and A. J. Wallcraft. 2012. Global modeling of internal tides within an eddying ocean general circulation model. Oceanography 25(2): 20－29.

［3］Cummings, J. A. , and O. M. Smedstad. 2013. Variational data assimilation for the global ocean. Pp. 303－343 in Data Assimilation for Atmospheric, Oceanic and Hydrologic Applications(Vol. Ⅱ). S. K. Park and L. Xu, eds, Springer-Verlag, Berlin Heidelberg.

［4］Helber, R. W. , T. L. Townsend, C. N. Barron, J. M. Dastugue, and M. R. Carnes. 2013. Validation Test Report for the Improved Synthetic Ocean Profile (ISOP) System: Part I. Synthetic Profile Methods and Algorithm. NRL Memorandum Report NRL/MR/7320－13－9364.

［5］Hurlburt, H. E. , E. J. Metzger, J. G. Richman, E. P. Chassignet, Y. Drillet, M. W. Hecht, O. Le Galloudec, J. F. Shriver, X. Xu, and L. Zamudio. 2011. Dynamical evaluation of ocean models using the Gulf Stream as an example. Pp. 545－609 in Operational Oceanography in the 21st Century. A. Schiller and G. B. Brassington, eds, Springer Science＋Business Media B. V.

［6］Lellouche, J. -M. , O. L. Galloudec, M. Drévillon, C. Régnier, E. Greiner, G. Garric, N. Ferry, C. Desportes, C. E. Testu, C. Bricaud, and others. 2013. Evaluation of global monitoring and forecasting at Mercator Océan. Ocean Science 9: 57－81.

［7］Mehra, A. , and I. Rivin. 2010. A real time ocean forecast system in the

North Atlantic Ocean. Terrestrial, Atmospheric and Oceanic Sciences 21: 211—228.

[8] Metzger, E. J. , B. C. Ruston, J. D. Dykes, T. R. Whitcomb, A. J. Wallcraft, L. F. Smedstad, S. Chen, and J. Chen. 2014. Operational Implementation Design for the Earth System Prediction Capability(ESPC): A First-Look. NRL Memorandum Report NRL/MR/7320—13—9498, 27 pp.

[9] Posey, P. G. , E. J. Metzger, A. J. Wallcraft, R. H. Preller, O. M. Smedstad, M. W. Phelps. 2010. Validation of the 1/12° Arctic Cap Nowcast/Forecast System(ACNFS). NRL Memorandum Report NRL/MR/7320—10—9287, 61 pp.

[10] Cummings, J. A. , and O. M. Smedstad. 2013. Variational data assimilation for the global ocean. Pp. 303—343 in Data Assimilation for Atmospheric, Oceanic and Hydrologic Applications, vol. Ⅱ. S. K. Park and L. Xu, eds, Springer Berlin/Heidelberg.

[11] Hogan, T. F. , M. Liu, J. A. Ridout, M. S. Peng, T. R. Whitcomb, B. C. Ruston, C. A. Reynolds, S. D. Eckermann, J. R. Moskaitis, N. L. Baker, and others. 2014. The Navy Global Environmental Model. Oceanography 27(3): 116—125.

[12] Hong, X. , and C. Bishop. 2013. Ocean ensemble forecasting and adaptive sampling. Pp. 391—409 in Data Assimilation for Atmospheric, Oceanic and Hydrologic Applications, vol. Ⅱ. S. K. Park and L. Xu, eds, Springer Berlin/Heidelberg.

[13] Martin, P. J. , S. R. Smith, G. M. Dawson, P. G. Posey, and E. D. Zaron. 2011. Validation test report for the Tidal Open-boundary Prediction System(TOPS). Memorandum Report NRL/MR/7320—11—9296. Naval Research Laboratory, Washington, DC, 66 pp.

[14] Metzger, E. J. , O. M. Smedstad, P. G. Thoppil, H. E. Hurlburt, J. A. Cummings, A. J. Wallcraft, L. Zamudio, D. S. Franklin, P. G. Posey, M. W. Phelps, and others. 2014. US Navy operational global ocean and Arctic ice prediction systems. Oceanography 27(3): 32—43.

[15] Ngodock, H. E. , and M. J. Carrier. 2013. A weak constraint 4D-Var assimilation system for the Navy Coastal Ocean Model using the representer method. Pp. 367—390 in Data Assimilation for Atmospheric, Oceanic and Hydrologic Applications, vol. Ⅱ. S. K. Park and L. Xu, eds, Springer Berlin/Heidelberg.

[16] Wei, M. , C. Rowley, P. Martin, C. N. Barron, and G. Jacobs. 2014.

The US Navy's RELO ensemble prediction system and its performance in the Gulf of Mexico. Quarterly Journal of the Royal Meteorological Society 140: 1,120—1,149.

[17] Allard, R., E. Rogers, P. Martin, T. Jensen, P. Chu, T. Campbell, J. Dykes, T. Smith, J. Choi, and U. Gravois. 2014. The US Navy coupled ocean-wave prediction system. Oceanography 27(3): 92—103.

[18] Alves, J.-H. G. M., P. Wittmann, M. Sestak, J. Schauer, S. Stripling, N. B. Bernier, J. McLean, Y. Chao, A. Chawla, H. Tolman, and others. 2013. The NCEP/FNMOC Combined Wave Ensemble Product: Expanding benefts of inter-agency probabilistic forecasts to the oceanic environment. Bulletin of the American Meteorological Society 94: 1,893—1,905.

[19] Bidlot, J.-R. 2012. Present status of wave forecasting at ECMWF. Paper presented at the ECMWF Workshop on Ocean Waves, June 25—27, 2012. European Centre for Medium-Range Weather Forecasts, Reading, United Kingdom.

[20] Durrant, T. H., D. J. M. Greenslade, and I. Simmonds. 2013. The effect of statistical wind corrections on global wave forecasts. Ocean Modelling 70: 116—131

[21] Rogers, W. E., J. D. Dykes, D. Wang, S. N. Carroll, and K. Watson. 2012. Validation Test Report for WAVEWATCH Ⅲ. NRL Memorandum Report 7320—12—9425, 75 pp.

[22] Sampson, C. R., P. A. Wittmann, and H. L. Tolman. 2010. Consistent tropical cyclone wind and wave forecasts for the US Navy. Weather Forecasting 25: 1,293—1,306.

[23] Smith, S., J. A. Cummings, C. Rowley, P. Chu, J. Shriver, R. Helber, P. Spence, S. Carroll, O. M. Smedstad, and B. Lunde. 2011. Validation Test Report for the Navy Coupled Ocean Data Assimilation 3D Variational Analysis (NCODA-VAR) System, Version 3. 43. NRL Report NRL/MR/7320—11—9363, Naval Research Laboratory, Stennis Space Center, MS, 135 pp.

[24] Tolman, H. L., and the WAVEWATCH Ⅲ® Development Group. 2014. User Manual and System Documentation of WAVEWATCH Ⅲ® version 4. 18. Technical Note 316, NOAA/NWS/NCEP/MMAB, 282 pp. + Appendices.

[25] Tolman, H. L., M. L. Banner, and J. M. Kaihatu. 2013. The NOPP operational wave model improvement project. Ocean Modelling 70: 2—10, WAMDI Group. 1988. Te WAM model: A third generation ocean wave prediction model. Journal of Physical Oceanography 18: 1,775—1,810.

[26] Zieger, S., A. V. Babanin, W. E. Rogers, and I. R. Young. 2011. Observation-based dissipation and input terms for WAVEWATCH Ⅲ TM: Implementation and simple simulations. Proceedings of the 12th International Workshop on Wave Hindcasting and Forecasting. Kohala Coast, HI, October 30-November 4, JCOMM Technical Report No. 67, 12 pp.

[27] Allard, R., E. Rogers, P. Martin, T. Jensen, P. Chu, T. Campbell, J. Dykes, T. Smith, J. Choi, and U. Gravois. 2014. The US Navy coupled ocean-wave prediction system. Oceanography 27(3): 92−103.

[28] Corson, M. R., and C. O. Davis. 2011. A new view of the coastal oceans from the space station. Eos Transactions, American Geophysical Union 92(19): 161

[29] Doyle, J. D., R. M. Hodur, S. Chen, Y. Jin, J. R. Moskaitis, S. Wang, E. A. Hendricks, H. Jin, and T. A. Smith. 2014. Tropical cyclone prediction using COAMPS-TC. Oceanography 27(3): 104−115.

[30] Giannini, M. F. C., C. A. E. Garcia, V. M. Tavano, and A. M. Ciotti. 2013. Effects of low-salinity and high-turbidity waters on empirical ocean colour algorithms: An example for Southwestern Atlantic waters. Continental Shelf Research 59: 84−96

[31] Ladner, S., A. Lawson, P. Martinolich, J. Bowers, G. Fargion, and R. Arnone. 2013. Validation Test Report for the Automated Optical Processing System (AOPS)Version 4.8. US NRL Technical Memorandum Report. NRL/MR/7330−13−9465.

[32] Lewis, D., R. W. Gould, A. Weidemann, S. Ladner, and Z. Lee. 2013. Bathymetry estimations using vicariously calibrated HICO data. In Proceedings of SPIE 8724. Ocean Sensing and Monitoring V, 87240N.

[33] Allard, R. A., T. A. Smith, T. G. Jensen, P. Y. Chu, E. Rogers, T. J. Campbell, U. M. Gravois, S. N. Carroll, K. Watson, and S. Gaberšek. 2012. *Validation Test Report for the Coupled Ocean/Atmosphere Mesoscale Prediction System (COAMPS) Version 5.0: Ocean/Wave Component Validation.* NRL Memorandum Report NRL/MR/7320−12−9423.

[34] Bennis, A.-C., F. Ardhuin, and F. Dumas. 2011. On the coupling of wave and three-dimensional circulation models: Choice of theoretical framework, practical implementation, and adiabatic tests. *Ocean Modelling* 40: 260−272.

[35] Bub, F. L., A. C. Mask, K. R. Wood, D. G. Krynen, B. N. Lunde, C. J. DeHaan, E. J. Metzger, P. G. Posey, and J. A. Wallmark. 2014. The Navy's

application of ocean forecasting to decision support. *Oceanography* 27(3): 126—137

［36］Gravois, U., W. E. Rogers, and T. G. Jensen. 2012. *A Coupled Model System for Southeast Florida: Wave Model Validation Using Radar and In Situ Observations*. NRL Memorandum Report NRL/MR/7320—12—9355, 44 pp.

［37］Hwang, P. A. 2011. A note on the ocean surface roughness spectrum. *Journal of Atmospheric and Oceanic Technology* 28: 436—443.

［38］Martin, P. J., E. Rogers, R. A. Allard, J. D. Dykes, and P. J. Hogan. 2013. *Tests of Parameterized Langmuir-Circulation Mixing in the Ocean's Surface Mixed Layer*. NRL Memorandum Report NRL/MR/7320—13—9444, 47pp.

［39］Metzger, E. J., O. M. Smedstad, P. G. Thoppil, H. E. Hurlburt, J. A. Cummings, A. J. Wallcraft, L. Zamudio, D. S. Franklin, P. G. Posey, M. W. Phelps, and others. 2014. US Navy operational global ocean and Arctic ice prediction systems. *Oceanography* 27(3): 32—43.

［40］NOS (NOAA National Ocean Service). 2013. Tidal harmonics for Chesapeake Bay Bridge Tunnel, VA station ID: 8638863.

［41］Rogers, W. E., A. V. Babanin, and D. W. Wang. 2012. Observation-consistent input and whitecapping-dissipation in a model for wind-generated surface waves: Description and simple calculations. *Journal of Atmospheric Oceanic Technology* 29(9): 1,329—1,346.

［42］Rowley, C., and A. Mask. 2014. Regional and coastal prediction with the Relocatable Ocean Nowcast/Forecast System. *Oceanography* 27(3): 44—55.

［43］Singhal, G., V. G. Panchang, and J. A. Nelson. 2013. Sensitivity assessment of wave heights to surface forcing in Cook Inlet, Alaska. *Continental Shelf Research* 63: S50—S62.

［44］Smith, T. A., S. Chen, T. Campbell, P. Martin, W. E. Rogers, S. Gaberšek, D. Wang, S. Carroll, and R. Allard. 2013. Ocean-wave coupled modeling in COAMPS-TC: A.

［45］Veeramony, J., M. D. Orzech, K. L. Edwards, M. Gilligan, J. Choi, E. Terrill, and T. De Paolo. 2014. Navy nearshore ocean prediction systems. *Oceanography* 27(3): 80—91.

［46］White, J. 2014. Challenges and opportunities: Naval oceanography in 2013. *Sea Technology* 55(1): 16—18.

［47］Allard, R., E. Rogers, P. Martin, T. Jensen, P. Chu, T. Campbell, J. Dykes, T. Smith, J. Choi, and U. Gravois. 2014. The US Navy coupled ocean-wave prediction system. Oceanography 27(3): 92—103.

[48] Bao, J.-W., C. W. Fairall, S. A. Michelson, and L. Bianco. 2011. Parameterizations of sea-spray impact on the air-sea momentum and heat fluxes. Monthly Weather Review 139: 3,781—3,797.

[49] D'Asaro, E., P. Black, L. Centurioni, P. Harr, S. Jayne, I.-I. Lin, C. Lee, J. Morzel, R. Mrvaljevic, P. P. Niiler, and others. 2011. Typhoon-ocean interaction in the western North Pacifc: Part 1. Oceanography 24(4): 24—31.

[50] DeMaria, M., C. R. Sampson, J. A. Knaf, and K. D. Musgrave. 2014. Is tropical cyclone intensity guidance improving? Bulletin of the American Meteorological Society 95: 387—398.

[51] Doyle, J. D., Y. Jin, R. Hodur, S. Chen. H. Jin, J. Moskaitis, A. Reinecke, P. Black, J. Cummings, E. Hendricks, and others. 2011. Real time tropical cyclone prediction using COAMPS-TC. Pp. 15 — 28 in Advances in Geosciences, vol. 28.

[52] Liou, C.-S., and K. D. Sashegyi. 2012. On the initialization of tropical cyclones with a three-dimensional variational analysis. Natural Hazards 63: 1,375—1,391.

[53] Van Roekel, L. P., B. Fox-Kemper, P. P. Sullivan, P. E. Hamlington, and S. R. Haney. 2012. The form and orientation of Langmuir cells for misaligned winds and waves. Journal of Geophysical Research 117, C05001.

[54] Han, J., and H.-L. Pan. 2011. Revision of convection and vertical diffusion schemes in the NCEP Global Forecast System. Weather and Forecasting 26: 520—533.

[55] Smith, S., J. A. Cummings, C. Rowley, P. Chu, J. Shriver, R. Helber, P. Spence, S. Carroll, and O. M. Smedstad. 2011. Validation Test Report for the Navy Coupled Ocean Data Assimilation 3D Variational Analysis (NCODA-VAR) System, Version 3. 43. NRL Report NRL/MR/7320 — 11 — 9363. Naval Research Laboratory, Stennis Space Center, MS.

[56] Sušelj, K., J. Teixeira, and D. Chung. 2013. A unified model for moist convective boundary layers based on a stochastic eddy-diffusivity/mass-flux parameterization. Journal of the Atmospheric Sciences 70: 1,929—1,953.

[57] Sušelj, K., J. Teixeira, and G. Matheou. 2012. Eddy diffusivity/mass flux and shallow cumulus boundary layer: An updraft PDF multiple mass flux scheme. Journal of Atmospheric Sciences 69: 1,513—1,533.

[58] Allard, R., E. Rogers, P. Martin, T. Jensen, P. Chu, T. Campbell, J. Dykes, T. Smith, J. Choi, and U. Gravois. 2014. The US Navy coupled ocean-wave prediction system. Oceanography 27(3): 92—103.

[59] Burnett, W., S. Harper, R. Preller, G. Jacobs, and K. LaCroix. 2014. Overview of operational ocean forecasting in the US Navy: Past, present, and future. Oceanography 27(3): 24—31.

[60] Helber, R. W., T. L. Townsend, C. N. Barron, J. M. Dastugue, and M. R. Carnes. 2013. Validation Test Report for the Improved Synthetic Ocean Profile (ISOP)System: Part 1. Synthetic Profile Methods and Algorithm. NRL MR 7320—13—9364. Naval Research Laboratory, Stennis Space Center, MS, 120 pp.

[61] Hogan, T. F., M. Liu, J. A. Ridout, M. S. Peng, T. R. Whitcomb, B. C. Ruston, C. A. Reynolds, S. D. Eckermann, J. R. Moskaitis, N. L. Baker, and others. 2014. The Navy Global Environmental Model. Oceanography 27(3): 116—125.

[62] Metzger, E. J., O. M. Smedstad, P. G. Thoppil, H. E. Hurlburt, J. A. Cummings, A. J. Wallcraft, L. Zamudio, D. S. Franklin, P. G. Posey, M. W. Phelps, and others. 2014. US Navy operational global ocean and Arctic ice prediction systems. Oceanography 27(3): 32—43.

[63] Rogers, W. E., J. D. Dykes, and P. A. Wittmann. 2014. US Navy global and regional wave modeling. Oceanography 27(3): 56—67.

[64] Rowley, C., and A. Mask. 2014. Regional and coastal prediction with the Relocatable Ocean Nowcast/Forecast System. Oceanography 27(3): 44—55.

[65] Dykes, J. D. and W. E. Rogers, 2013: Implementation of the Multiple Grid System of WAVEWATCH Ⅲ at NAVOCEANO. *NRL Memorandum Report*: *NRL/MR/7320—12—9494*, 19 pp.

[66] Bentamy A, Grodsky SA, Carton JA, Croizé-Fillon D, Chapron B. 2012a. Matching ASCAT and QuikSCAT winds. J Geophys Res. 117: C02011, doi: 10.1029/2011JC007479.

[67] Buck C, Aguirre M, Donlon C, Petrolati D, D'Addio S. 2011. Steps towards the preparation of aWavemill mission. Geoscience and Remote Sensing Symposium(IGARSS), IEEE International. 3959—3962, doi: 10.1109/IGARSS.2011.6050098.

[68] Collard C, Johnsen H, Lotfi A, Chapron B. 2013. Wave mode processing algorithms, product validation and assimilation. In Proceedings of 'SEASAR 2012',

Tromsø, Norway, 18—22 June 2012 ESA SP-709.

[69] Cullen R, Francis R. 2013. The Jason-CS Ocean Surface Topography Mission Payload Design and Development. GODAE OceanView Symposium, Baltimore. Journal of Operational Oceanography s25 Downloaded by [58. 20. 164. 227] at 19:58 08 August 2015.

[70] Dibarboure G, Boy F, Desjonqueres JD, Labroue S, Lasne Y, Picot N, Poisson JC, Thibaut P. 2014. Investigating short wavelength correlated errors on low-resolution mode altimetry. J. Atmos. Ocean Technol. 31(6): 1337—1362.

[71] Donlon C, co-authors. 2012. GMES Sentinel-3 mission. Remote Sens Environ. 120: 37—57, doi:10. 1016/j. rse. 2011. 07. 024.

[72] Falcini F, co-authors. 2012. Linking the historic 2011 Mississippi River flood to coastal wetland sedimentation. Nat Geosci. 5(11): 803—807. Font J, co-authors. 2013. SMOS first data analysis for sea surface salinity determination. Int. J Remote Sens. 34(9—10): 3654—3670.

[73] Geiger EF, Grossi MD, Trembanis AC, Kohut JT, Oliver MJ. 2013. Satellite-derived coastal ocean and estuarine salinity in the Mid-Atlantic. Cont Shelf Res. 63: S235—S242.

[74] Girard-Ardhuin F, Ezraty R. 2012. Enhanced Arctic sea ice drift estimation merging radiometer and scatterometer data. IEEE Trans. Geosci. Remote Sens. 50 (7): 2639—2648. Part I, doi: 10. 1109/TGRS. 2012. 2184124.

[75] Gohin F. 2011. Annual cycles of chlorophyll-a, non-algal suspended particulate matter, and turbidity observed from space and in-situ in coastal waters. Ocean Sci. 7: 705—732, doi: 10. 5194/os—7—705—2011.

[76] Haines K, Johannessen JA, Knudsen P, Lea D, Rio MH, Bertino L, Davidson F, Hernandez F. 2011. An ocean modelling and assimilation guide to using GOCE geoid products. Ocean Sci. 7: 151—164.

[77] Høyer JL, Le Borgne P, Eastwood S. 2014. A bias correction method for Arctic satellite sea surface temperature observations. Remote Sens Environ, 2014ISSN 0034—4257.

[78] IOCCG. 2012. Ocean-Colour Observations from a Geostationary Orbit. Reports of the International Ocean-Colour Coordinating Group, No. 12, IOCCG, Dartmouth, Canada.

[79] Kaleschke L, Tian-Kunze X, Maaβ N, Mäkynen M, Drusch M. 2012. Sea ice thickness retrieval from SMOS brightness temperatures during the Arctic freeze-up

period. Geophys. Res. Lett. doi: 10. 1029/2012GL050916.

[80] Kudryavtsev V, Myasoedov A, Chapron B, Johannessen JA, Collard F. 2012. Imaging mesoscale upper ocean dynamics using synthetic aperture radar and optical data. J. Geophys. Res. 117: C04029, doi: 10. 1029/2011JC007492.

[81] Labroue S, Boy F, Picot N, Urvoy M, Ablain M. 2012. First quality assessment of the Cryosat-2 altimetric system over ocean. Adv Space Res 50(8): 1030 −1045.

[82] Laxon SW, Giles KA, Ridout AL, Wingham DJ, Willatt R, Cullen R, Kwok R, Schweiger A, Zhang J, Haas C, et al. 2013. CryoSat-2 estimates of Arctic sea ice thickness and volume. Geophys. Res. Lett. 40: 732−737.

[83] Le Borgne P, Marsouin A, Orain F, Roquet H. 2012. Operational sea surface temperature bias adjustement using AATSR data. Remote Sens of Environ. 116: 93−106.

[84] Le Traon P-Y. 2013. From satellite altimetry to Argo and operational oceanography: three revolutions in oceanography. Ocean Sci. 9(5): 901−915.

[85] Lin CC, Betto M, Belmonte Rivas M, Stoffelen A, de KloeFig J. 2012. EPS-SG Wind scatterometer concept tradeoffs and wind retrieval performance assessment. IGRS. 50(7).

[86] Ondrusek M, Stengel E, Kinkade CS, Vogel RL, Keegstra P, Hunter C, Kim C. 2012. The development of a new optical total suspended matter algorithm for the Chesapeake Bay. Remote Sens of Environ. 119: 243−254.

[87] Picot N, Lachiver JM, Lambin J, Poisson JC, Legeais JF, Vernier A, Thibaut P, Mingsen L, Yongjun J. 2013. Towards an operational use of HY-2A in SSALTO/DUACS: Evaluation of the altimeter performances using S-IGDR data from NSOAS. Presented at the 2013 Ocean Surface Topography Science Team meeting.

[88] Prigent C, Aires F, Bernado F, Ohrlac JC, Goutoule JM, Roquet R, Donlon C. 2013. Analysis of the potential and limitations of microwave radiometry for the retrieval of sea surface temperature: Definition of MICROWAT, a new mission concept. J Geophys Res. 118: 3074−3086, doi: 10. 1002/jgrc. 20222.

[89] Reul N, Fournier S, Boutin J, Hernandez O, Maes C, Chapron B, Alory G, Quilfen Y, Tenerelli J, Morisset S, Kerr Y, Mecklenburg S, Delwart S. 2014. Sea Surface Salinity Observations from Space with the SMOS Satellite: A new means to monitor the marine branch of the water cycle. Surveys in Geophysics. 35(3): 681 −722, Publisher's official version.

［90］Rio MH, Guinehut S, Larnicol G. 2011. New CNES-CLS09 global mean dynamic topography computed from the combination of GRACE data, altimetry, and in situ measurements. J Geophys Res. 116: C07018, doi: 10.1029/2010JC006505.

［91］Rio MH, Mulet S, Picot N. 2013. New global Mean Dynamic Topography from a GOCE geoid model, altimeter measurements and oceanographic in-situ data. Proceedings of the ESA Living Planet Symposium, Edinburgh, September 9 — 13, 2013.

［92］Schaeffer P, Faugère Y, Legeais JF, Ollivier A, Guinle T, Picot N. 2012. The CNES_CLS11 Global Mean Sea Surface computed from 16 years of satellite altimeter data. Mar Geod. 35(1).

［93］Tapley BD, Flechtner SV, Bettadpur M, Watkins M. 2013. The status and future prospect for GRACE after the first decade. Eos Trans., Fall Meet. Suppl., Abstract G22A—01.

［94］Zakhvatkina NY, Alexandrov VY, Johanessen OM, Sandven S, Frolov IY. 2013. Classification of sea ice type in ENVISAT Synthetic Aperture Radar images. IEEE Trans. Geosci. Remote Sens. 51(5): 2587 — 2600, doi: 10.1109/TGRS. 2012. 2212445.

［95］Cabanes C., A. Grouazel, K. von Schuckmann, M. Hamon, V. Turpin, C. Coatanoan, F. Paris, S. Guinehut, C. Boone, N. Ferry, C. de boyer Montegut, T. Carval, G. Reverdin, S. Pouliquen and P.-Y Le Traon. *The CORA dataset: validation and diagnostics of in-situ ocean temperature and salinity measurements.* Ocean Sci., 9, 1—18, 2013.

［96］Clementi E., P. Oddo, G. Korres, M. Drudi and N. Pinardi. *Coupled waveocean modelling system in the Mediterranean Sea.* Extended abstract to the 13th Int. Workshop on Wave Hindcasting, Banff, Canada, 2013.

［97］De Dominicis M., S. Falchetti, F. Trotta, N. Pinardi, L. Giacomelli, E. Napolitano, L. Fazioli, R. Sorgente, P. J. Haley, P. F. J. Lermusiaux, F. Martins and M. Cocco. *A relocatable ocean model in support of environmental emergencies*, Oc. Dyn., 64: 667—688, 2014.

［98］Dombrowsky E., L. Bertino, J. Chanut, Y. Drillet, V. Huess, A. Misyuk, J. Siddorn and M. Tonani. *NEMO in MyOcean Monitoring and Forecasting Centres(MFCs)*, Mercator Ocean Quarterly Newsletter, n.46, November 2012.

［99］Drévillon M., E. Greiner, D. Paradis, C. Payan, J-M. Lellouche, G. Reffray, E. Durand, S. Law-Chune, S. Cailleau, 2013, *A strategy for producing refined currents in the Equatorial Atlantic in the context of the search of the AF447 wreckage.* Ocean Dynamics 63：63—82，2013. DOI 10.1007/s10236—012—0580—2.

[100] Garraffo, Z., H-C. Kim, A. Mehra, T. Spindler, I. Rivin, H. Tolman, Modeling of 137Cs as a tracer in a regional model for the Western Pacific after the Fukushima Daiichi Nuclear Power Plan accident of March 2011. In press, Weather and Forecasting.

[101] Hallberg R., Using a resolution function to regulate parameterizations of oceanic mesoscale eddy effects, Ocean Modelling, 72, 92—103, 2013.

[102] Helber R. W., T. L. Townsend, C. N. Barron and J. M. Dastugue. Validation Test Report for the Improved Synthetic Ocean Profile(ISOP)System, Part I：Synthetic Profile Methods and Algorithm. NRLMR/7320—13—9364, 2013.

[103] Lima, J. A., R. P. Martins, C. A. S. Tanajura, et al., Design and implementation of the Oceanographic Modeling and Observation Network(REMO)for operational oceanography and ocean forecasting, Rev. Bras. Geofis., 31, 209—228, 2013.

[104] Metzger E. J., O. M. Smedstad, P. G. Thoppil, H. E. Hurlburt, J. A. Cummings, A. J. Wallcraft, L. Zamudio, D. S. Franklin, P. G. Posey, M. W. Phelps, P. J. Hogan, F. L. Bub, and C. J. DeHaan, *US Navy Operational Global Ocean and Arctic Ice Prediction Systems. Oceanography*, 27(3)：32—43, 2014.

[105] Mirouze, I., Lea, D., Martin, M., Shelly, A., Hines, A., and Sykes, P., *The Met Office Weakly-Coupled Atmosphere/Land/Ocean/Sea-Ice Data Assimilation System*, WMO Sixth Symposium on Data Assimilation, 2013.

[106] Simon, E., A. Samuelsen, L. Bertino, D. Dumont, Estimation of positive sumto-one constrained zooplankton grazing preferences with the DEnKF：a twin experiment, Ocean Science(8)s. 587—602, 2012.

[107] Teruzzi a., S. Dobricic, C. Solidoro and G. Cossarini. A 3-D variational assimilation scheme in coupled transport-biogeochemical models：Forecast of Mediterranean biogeochemical properties, JGR, Oceans, Vol. 119—1, 200—217, 2014.

[108] Williams, TD, LG Bennetts, VA Squire, D. Dumont, L. Bertino, Wave-ice interactions in the marginal ice zone. Part 2：Numerical implementation and sensitivity studies along 1D transects of the ocean surface, Ocean Modelling, 71, 92—101, 2013.

[109] Allard R, Rogers E, Martin P, Jensen T, Chu P, Campbell T, Dykes J,

Smith T, Choi J, Gravois U. 2014. The US Navy Coupled Ocean-Wave Prediction System. Oceanography. 27(3): 92—103.

[110] Androulidakis YS, Kourafalou VH. 2013. On the processes that influence the transport and fate of Mississippi waters under flooding outflow conditions. Ocean Dyn. 63(2—3): 143—164.

[111] Bolaños R, Osuna P, Wolf J, Monbaliu J, Sanchez-Arcilla A. 2011. Development of the POLCOMS-WAM current-wave model. Ocean Model. 36(1—2): 102—115.

[112] Breivik Ø, Allen AA, Maisondieu C, Olagnon M. 2013. Advances in Search and Rescue at Sea. Ocean Dyn. 63: 83—88, doi: 10.1007/s10236—012—0581—1.

[113] Brown CW, Hood RR, LongW, Jacobs J, Ramers DL, Wazniak C, Wiggert JD, Wood R, Xu J. 2013. Ecological forecasting in Chesapeake Bay: Using a mechanistic-empirical modelling approach. J Mar Syst. 125: 113—125.

[114] Caldeira R, Tome R. 2013. Wake Response to an Ocean-Feedback Mechanism: Madeira Island Case Study. Bound-Lay Meteorol. 148(2): 419—436.

[115] Chang Y-C, Tseng R-S, Chen G-Y, Chu P C, Shen Y-T. 2013. Ship Routing Utilizing Strong Ocean Currents. The Journal of Navigation 66: 825—835.

[116] Chen C, Shiotani S, Sasa K. 2013. Numerical ship navigation based on weather and ocean simulation. Ocean Eng. 69: 44—53.

[117] Dabrowski T, Lyons K, Berry A, Cusack C, Nolan G D. 2014. An operational biogeochemical model of the North-East Atlantic: Model description and skill assessment. J Mar Syst. 129: 350—367.

[118] De Dominicis M, Pinardi N, Zodiatis G, Archetti R. 2013. MEDSLIK-II, a Lagrangian marine surface oil spill model for short-term forecasting-Part 2: Numerical simulations and validations. Geoscientific Model Developmen 6: 1871—1888, doi: 10.5194/gmd—6—1871—2013.

[119] Debreu L, Marchesiello P, Penven P, Cambon G. 2012. Two-way nesting in split-explicit ocean models: Algorithms, implementation and validation. Ocean Model. 49—50: 1—21.

[120] Donlon CJ, Martin M, Stark JD, Roberts-Jones J, Fiedler E, Wimmer W. 2012. The Operational Sea Surface Temperature and Sea Ice analysis (OSTIA). Remote Sens Environ. doi: 10.1016/j.rse.2010.10.017.

[121] Dusek G, Seim H. 2013. A probabilistic rip current forecast model. J

Coastal Res. 29(4): 909—925.

[122] Dusek G, van der Westhuysen AJ, Gibbs A, King D, Kennedy S, Padilla R, Seim H, Elder D. 2014. Coupling a Rip Current Forecast Model to the Nearshore Wave Prediction System. To appear in Proc. 94rd AMS Annual Meeting, Atlanta, GA.

[123] Edwards P, Barciela R, Butensch M. 2012. Validation of the NEMO-ERSEM operational ecosystem model for the North West European Continental Shelf. Ocean Sci. 8: 983—1000.

[124] Feyen JC, Funakoshi Y, van der Westhuysen AJ, Earle S, Caruso Magee C, Tolman HL, Aikman FIII. 2013. Establishing a Community-Based Extratropical Storm Surge and Tide Model for NOAA's Operational Forecasts for the Atlantic and Gulf Coasts. Proc. 93rd AMS Annual Meeting, Austin, TX.

[125] He Y, Stanev E, Yakushev E, Staneva J. 2012. Black Sea biogeochemistry: Response to decadal atmospheric variability during 1960 — 2000 inferred from numerical modelling. Mar Environ Res. 77: 90—102.

[126] Herzfeld M, Andrewartha J. 2012. A simple, stable and accurate Dirichlet open boundary condition for ocean modelling downscaling. Ocean Model. 43—44: 1—21.

[127] Holt J, Butenschon M, Wakelin SL, Artioli Y, Allen JI. 2012. Oceanic controls on the primary production of the northwest European continental shelf: model experiments under recent past conditions and a potential future scenario. Biogeosci. 9: 97—117, doi: 10.5194/bg—9—97—2012.

[128] Janeiro J, Martins F, Relvas P. 2012. Towards the development of an operational tool for oil spills management in the Algarve coast. J Coast Conserv 16 (4): 449—460.

[129] Kourafalou VH, Androulidakis YS. 2013. Influence of Mississippi induced circulation on the Deepwater Horizon Oil Spill transport. J Geophys Res 118: 1—20, doi: 10.1002/jgrc.20272.

[130] Kourafalou VH, De Mey P, Le Hénaff M, Charria G, Edwards CA, He R, Herzfeld M, Pasqual A, Stanev E, Tintoré J, Usui N, Van Der Westhuysen A, Wilkin J, Zhu X. 2015. Coastal Ocean Forecasting: system integration and validation. J Oper Oceanogr 7(3): (Special).

[131] Kurapov AL, Foley D, Strub PT, Egbert GD, Allen JS. 2011. Variational assimilation of satellite observations in a coastal ocean model off Oregon. J

Geophys Res 116: C05006, doi: 10.1029/2010JC006909.

[132] May P, Doyle J, Pullen J, David L. 2011. Two-way coupled atmosphere-ocean modelling of the PhilEx intensive observational period. Oceanography 24(1): 48—57.

[133] Pullen J, Gordon AL, Sprintall J, Lee CM, Alford MA, Doyle JD, May PW. 2011. Atmospheric and oceanic processes in the vicinity of an island strait. Oceanography 24(1): 112—121.

[134] Stanev EV, He Y, Grayek S, Boetius A. 2013. Oxygen dynamics in the Black Sea as seen by Argo profiling floats. Geophys Res Lett. 40: 3085—3090.

[135] Tandeo P, Autret E, Chapron B, Fablet R, Garello R. 2014. SST spatial anisotropic covariances from METOP-AVHRR data. Remote Sens Environ. 141: 144 —148, doi: 10.1016/j.rse.2013.10.024.

[136] Weisberg RH, Zheng L, Liu Y, Murawski S, Hu C, Paul J. 2014c. Did Deepwater Horizon Hydrocarbons Transit to the West Florida Continental Shelf? Deep-Sea Res Part II, doi: 10.1016/j.dsr2.2014.02.002.

[137] Zhu J, Weisberg RH, Zheng L, Han S. 2014a. Influences of channel deepening and widening on the tidal and non—tidal circulation of Tampa Bay. Estuar Coast doi: 10.1007/s12237—014—9815—4.

[138] Zhu J, Weisberg RH, Zheng L, Han S. 2014b. On the flushing of Tampa Bay. Estuar Coast. doi: 10.1007/s12237—014—9793—6.

附录:参考词汇对照表

一、名词缩写

组织机构类

Air Force Weather Agency（AFWA）	空军气象局
Altimetry Data Fusion Center（ADFC）	测高数据融合中心
Applied Science Associates（ASA）	美国应用科学协会
Atlantic Oceanographic and Meteorological Laboratory from NOAA（AOML）	NOAA 大西洋海洋和气象实验室
Canadian Operational Network of Coupled Environmental Prediction Systems（CONCEPTS）	加拿大耦合环境预报系统业务网
Coastal Ocean and Shelf Seas Task Team （COSS-TT）	近岸海洋和陆架海任务组
Come And Get It Product Service（CAGIPS）	"即来即取"产品服务部
Commander Naval Meteorology and Oceanography Command （CNMOC）	海军气象和海洋指挥部
Committee on Earth Observation Satellites（CEOS）	地球观测卫星委员会
Cooperative Ocean/Atmosphere Research Data Service（COARDS）	海洋/大气合作研究数据服务中心
Customer Service Office（CSO）	用户服务办公室
Deltares	荷兰三角洲研究院
Department of Defense（DoD）	国防部
DoD High Performance Computer Modernization Program（DODHPC）	美国国防部高性能计算现代化计划署
Earth System Research Laboratory from NOAA （ESRL）	NOAA 地球系统研究实验室
European Centre for Medium-Range Weather Forecast（ECMWF）	欧洲中期天气预报中心

Expert Team on Operational Forecasting System (ET-OOF)	业务预报系统专家组
Fleet Numerical Meteorology and Oceanography Center (FNMOC)	海军舰队数值气象海洋中心
Geophysical Fluid Dynamics Laboratory(GFDL)	地球物理流体动力实验室
Global Data Assembly Center(GDAC)	全球数据集合中心
Godae Ocean View Science Team(GOVST)	全球海洋观察科学组
High Performance Computing Modernization Office (HPCMO)	高性能计算现代化办公室
Indian National Centre for Ocean Information Services(INCOIS)	印度国家海洋信息服务中心
Intercomparison and Validation Task Team (IV-TT)	比较和验证工作组
Intergovernmental Oceanographic Commission (IOC)	政府间海洋学委员会
International Hydrographic Office(IHO)	国际水道测量组织
Japan Meteorological Agency(JMA)	日本气象厅
Joint Technical Commission for Oceanography and Marine Meteorology(JCOMM)	海洋学和海事气象学联合技术委员会
Nansen Environmental and Remote Sensing Center (NERSC)	南森环境和遥感中心(挪威)
National Centers for Environmental Prediction (NCEP)	美国国家环境预报中心
National Ice Center(NIC)	国家海冰中心
National Marine Environment Forecasting Center (NMEFC,China)	国家海洋环境预报中心(中国)
National Ocean Service(NOS)	国家海洋局
National Weather Service(NWS)	美国气象局
Naval Oceanographic Office (NOO/NAVOCEANO)	海军海洋学办公室
Naval Research Laboratory(NRL)	海军研究实验室
Office of Naval Research(ONR)	海军研究办公室
Space and Naval Warfare Systems Command (SNWSC)	空间与海上作战系统司令部
Supercomputing Resource Center(DSRC)	超级计算资源中心

the Group for High Resolution SST	高分辨率 SST 组
University Corporation for Atmospheric Research (UCAR)	大气研究大学联合会
US Geological Survey(USGS)	美国地质调查局
US National Oceanic and Atmospheric Administration (NOAA)	美国国家海洋和大气管理局
World Meteorological Organization(WMO)	世界气象组织

模式/系统类

Aircraft Communications Addressing and Reporting System (ACARS)	飞机通信寻址和报告系统
Arctic Cap Nowcast/Forecast System(ACNFS)	北极帽现报/预报系统
Automated Optical Processing System	自动光学处理系统
BlueLink Ocean Data Assimilation System(BODAS)	BlueLink 海洋数据同化系统
California Current System (CCS)	加利福尼亚流系统
Central and Northern California Coastal Ocean Observing System (CeNCOOS)	中北加州近岸海洋观测系统
Coupled Ocean/Atmosphere Mesoscale Prediction System for Tropical Cyclones	海气耦合中尺度热带气旋预报系统
Coupled Ocean/Atmosphere Mesoscale Prediction System(COAMPS)	海洋/大气耦合中尺度预报系统
Decision Support System (DSS)	决策支持系统
Digital Elevation Model	数字高程模型
Earth Observing System (EOS)	地球观测系统
Earth System Modelling Framework (ESMF)	地球系统模拟框架
European Marine Ecosystem Observatory(EMECO)	欧洲海洋生态系统观测站
Finite Volume Coastal Ocean Model (FVCOM)	有限体积近岸海洋模式
Forecasting Ocean Assimilation Model(FOAM)	预报海洋同化模式（来自英国气象局）
Generalized Digital Environmental Model(GDEM)	广义数字环境模式
General Estuarine Transport Model(GETM)	通用河口输运模式
Global Ensemble Forecast System (GEFS)	全球集合预报系统
Global Environmental Multiscale (GEM)	全球环境多尺度（加拿大数值天气预报模式）

Global Ocean Forecasting Systems (GOFS)　　　全球海洋预报系统

GLObal SEAsonal(GLOSEA)　　　全球季节(英国气象局的耦合海洋—大气模式系统)

Hurricane Weather Research and Forecasting (HWRF)　　　飓风天气研究和预报模式

HYbrid Coordinate Ocean Model(HYCOM)　　　混合坐标海洋模式

Indian Ocean Forecasting System(INDOFOS)　　　印度海洋预报系统

Integrated Ocean Observing System(IOOS)　　　综合海洋观测系统

Land Information System (LIS)　　　陆面信息系统

Land Surface Model (LSM)　　　陆面模式

Los Alamos Sea Ice Model(CICE)　　　洛斯阿拉莫斯海冰模式

Louvain-la-Neuve Sea Ice Model(LIM)　　　Louvain-la-Neuve 海冰模式

Mediterranean Forecasting System (MFS)　　　地中海预报系统

Modular Ocean Model(MOM)　　　模块化海洋模式

Navy Aerosol Analysis and Prediction System (NAAPS)　　　海军气溶胶分析和预报系统

Navy Coastal Ocean Model(NCOM)　　　海军近岸海洋模式

Navy Coupled Atmosphere/Ocean Data Assimilation (NCODA)　　　美国海军大气/海洋耦合数据同化系统

NAVy Global Environmental Model(NAVGEM)　　　美国海军全球大气模式

Navy Operational Global Atmospheric Prediction System(NOGAPS)　　　海军业务全球大气预报系统

NCEP's Environmental Modeling System(NEMS)　　　NCEP 的环境模拟系统

Near real-time (NRT) quasi-operational nowcast/forecast system (WCNRT)　　　近实时准业务化现报/预报系统

North American Ensemble Forecast System (NAEFS)　　　北美集合预报系统

North American Mesoscale system(NAM)　　　北美中尺度系统

NRL Atmospheric Variational Data Assimilation System-Accelerated Representer (NAVDAS-AR)　　　NRL 大气变分资料同化系统-AR

Nucleus for European Modelling of the Ocean (NEMO)　　　欧洲核心海洋模式

Numerical Weather Prediction(NWP)　　　数值天气预报

Ocean analysis system 4(Ocean-S4) 海洋分析系统 4

Ocean General Circulation Model(OGCM) 海洋环流模式

OCEAN Model Analysis and Prediction System (BlueLink/ OceanMAPS) 海洋模式分析和预测系统

Ocean Reanalysis System3(ORAS3) 海洋再分析系统 3

Operational global ocean forecasting systems 全球海洋业务化预报系统

Princeton Ocean Model(POM) 普林斯顿海洋模式

Rapid Radiative Transfer Model for General Circulation Models (RRTMG) 通用环流模式的快速辐射传输模式

Real time Ocean Forecast System (from US NCEP/NOAA,RTOFS) 实时海洋预报系统(来自美国 NCEP/NOAA)

Regional Coastal Ocean Observing Systems (RCOOS) 区域近岸海洋观测系统

Regional Ocean Modelling System (ROMS) 区域海洋模式系统

Simulating WAves Nearshore(SWAN) 近岸海浪模式

Tactical Ocean Data System (TODS) 战术海洋数据系统

Toward an Operational Prediction system for the North Atlantic European coastal Zones(TOPAZ) 北大西洋欧洲海岸带业务预报系统

Unified Model (UM) 统一模式

Water Framework Directive and the Marine Strategy Framework Directive (MSFD) 海洋战略框架指令

Wave model (WAM) 海浪模式

West Coast ReAnalysis(WCRA) 西海岸再分析系统

其他缩写词

Aerosol Optical Depth (AOD) 气溶胶光学厚度

Aircraft Meteorological Data Relay (AMDAR) 航空气象数据中继

Altimeter Sea Surface Height Anomaly (SSHA) 高度计海表高度异常

Altimeter Significant Wave Height (SWH) 高度计有效波高

Anomaly correlation (AC) 距平相关

Atlantic Meridional Overturning Circulation (AMOC) 大西洋经圈翻转环流

Atmospheric Motion Vector (AMV) 大气运动向量

Coastal Zone Color Scanner (CZCS) 近岸水色扫描仪

Conductivity Temperature and Depth(CTD) 电导率温深仪

Earth System Modeling Framework from NOAA (ESMF)	NOAA 地球系统模式框架
Earth System Prediction Capability (ESPC)	地球系统预报能力
Elastic-Viscous-Plastic(EVP)	弹性—黏性—塑性
Ensemble Kalman Filter(EnKF)	集合卡尔曼滤波
Estimating the Circulation & Climate of the Ocean(ECCO)	海洋环流和气候评估
eXpandable BathyThermograph(XBT)	抛弃式温深仪
First-Guess at Appropriate Time(FGAT)	适当时间的第一猜值
Floating Point Operation per Second(FLOPS)	每秒浮点操作
Four Dimensional Variational assimilation (4D-Var)	四维变分同化
Global Navigation Satellite Systems Radio Occultation (GNSS-RO)	全球导航卫星系统无线电掩星
Global Ocean Data Assimilation Experiment(GODAE)	全球海洋数据同化试验
Gravity Recovery and Climate Experiment(GRACE)	重力波提取和气候试验
Hamburg Ocean Primitive Equation(HOPE)	汉堡海洋原始方程
Harmful Algal Blooms (HABs)	有害赤潮
Horizontal Diver Visibility (HDV)	水平潜水能见度
Hyperspectral Imager of the Coastal Ocean (HICO)	近海高光谱成像仪
Iberian Biscay Irish sea(IBI)	伊比利亚比斯爱尔兰海域
Improved Synthetic Ocean Profiles(ISOP)	改进的合成海洋剖面
Integrated forecast system(IFS)	综合预报系统
Ionian integrated Marine Observatory (IONIO)	Ionian 综合海洋观测
Jacobian-free Newton-Krylon(JFKN)	自由雅可比的牛顿—Krylon
Maritime Domain Awareness (MDA)	海域意识
Moderate Resolution Imaging Spectroradiometer (MODIS)	中分辨率成像光谱仪
Navigating European Marine Observer (NEMO)	欧洲航海观察员
Navy's Atmospheric Prediction Capabilities	海军大气预测能力
Network Common Data Format(NetCDF)	网络通用数据格式
Observing System Experiments/Observing System Simulation Experiments(OSE/OSSEs)	观测系统实验/观测系统模拟实验

Ocean Colour Radiometry（OCR）	海洋水色辐射测量
Official operational test（OPTEST）	官方业务测试
Open boundary conditions（OBCs）	开边界条件
Operational Sea Surface Temperature and sea Ice Analysis（OSTIA）	海表温度和海冰业务分析
Optimal Interpolation（OI）	最优化插值
Optimum Path Aircraft Routing System（OPARS）	最优路径飞机航线规划
Problem Solving Environment（PSE）	问题求解环境
Root Mean Square Difference（RMSD）	均方根误差
Sea Level Anomaly（SLA）	海平面异常
Sea Surface Height（SSH）	海表面高度
Sea Surface Temperature（SST）	海表面温度
Search and Rescue（SAR）	搜救
Sea-Viewing Wide-Field-of-View Sensor（SeaWiFS）	宽视场海洋观测传感器
Singular Evolutive Extended Kalman Filter（SEEK）	奇异演化扩展卡尔曼滤波
Soil Moisture Ocean Salinity（SMOS）	土壤湿度海洋盐度
Suomi National Polar-orbiting Partnership satellite	芬兰国家极轨合作卫星
Surface Water Ocean Topography（SWOT）	表面海洋地形
Surface Waves Investigation and Monitoring（SWIM）	表面波调查与监测
Three Dimensional Variational assimilation（3D-Var）	三维变分同化
Visible Infrared Imager Radiometer Suite（VIIRS）	可见光红外成像辐射仪
West Florida Coastal Ocean Model surface winds（WFCOM）	西佛罗里达近岸海洋模式表面风

二、专业词汇

Absolute Dynamic Topography	绝对动力地形
Abyssal plain	深海平原
Alongshore currents	沿岸流
Atmospheric flow	气流
Basin geometry	海盆几何形态
Basin-scale	海盆尺度
Bathymetry	水深
Bedforms	海底

Buoyancy-driven circulation	浮力驱动环流
Canopy temperature	冠层温度
Carbon budgets	碳平衡
Circulation overturning	环流翻转
Cold anomaly	冷距平
Cold tongue	冷舌
Directional wave spectrum	海浪方向谱
Driftsonde	漂浮探测仪
East Australian Current	东澳大利亚流
Energy density	能量密度
Ensemble spread	集合离散度
Equatorial currents	赤道流
Error covariance localization	误差协方差局地化
Errors of the day	日误差
External tide	外潮
Floats	漂浮物
Flow-blocking drag	流阻拖曳
Forecast length	预报时长
Forward model	前向模式
Frontal surface currents	锋面流
Halocline	盐跃层
Hindcast	后报
Horizontal shear	水平剪切
Ice concentration	海冰密集度
Ice sheet	冰盖
Ice-tethered	冰基
Incremental Analysis Update	增量分析更新法
Inlets	水湾
Inshore	近岸/沿海
Inter-annual variability	年际变率
Internal tide	内潮
Isobaths	等深线
Isopycnal layer pressure	等密层压

Kalman gain matrices	卡尔曼增益矩阵
Kinetic energy	动能
Marine branch	海洋支流
Marine geoid	海洋水准面
Mass concentration	质量浓度
Mean dynamic topography	平均动力地形
Mesoscale eddies	中尺度涡
Mid-level troughs	中层槽
Momentum fluxes	动量通量
Nearshore	近岸/沿岸
Nondirectional spectra	非定向海浪谱
Ocean colour imager	水色成像仪
Offshore	离岸/近海
Oxygen-rich water	富氧水
Primary swell	一级涌浪（对应二级涌浪）
Probabilistic long term forecast	长期概率预报
Radiation stresses	辐射应力
Recent mean sea surfaces	当前平均海表
Red tide	赤潮
Reef flows	暗礁流
Rip currents	裂流
River front	河流锋
Sea surface height	海面高度
Sea-ice concentration	海冰密集度
Shelf seas	大陆架海域
Significant wave energy	有效波动能量
Slope current	斜坡流
Sounding	探测
Standard global scorecard	标准全球记分卡
Stokes drift current	斯托克斯漂流
Strong western boundary currents	强西边界流
Submesoscale	次中尺度
Suboxic zone	次氧化层

Subsurface thermohaline structure	次表层温盐结构
Subtidal water level	滤潮后的水位
Surf breaking	海浪破碎
Surf zone	碎浪带
Surface geostrophic currents	表面地转流
Surface waves	表面波
Swell attenuation	涌浪衰减
3D baroclinic circulation	三维斜压环流
Terrain-following (sigma) levels	地形跟随层
Terrestrial runoff	地面径流
Thermocline	温跃层
Thermohaline overturning circulation	温盐翻转环流
Tidal constituent	分潮
Tidal water level	潮水位
Underlying heat fluxes	底层热通量
Warm wake effect	暖尾迹效应
Water depth	水深
Water levels	水位
Water points	水源点
Water-leaving radiance	离水辐射
Wave action density	海浪作用谱密度
Wave heights	浪高
Wave radiation stresses	波浪辐射应力
Wave-current interaction	波—流相互作用
Wave-induced currents	波生流
Wave-induced mixing	波致混合
Whitecapping	白冠
Wide swath	宽刈幅
Wind stress	风应力
Wind-generated seas	风生流
Wind-waves	风浪
Zero-crossing wave	跨零波浪

三、疑难词汇

Axed -basis implementation	固定基实现
A reference sensor capacity	参考传感器容量
A two-species extension of the single bulk cloud water variable scheme	单体云水变量方案的双类型扩展
Accuracy breakthrough	精确度突破
Aircraft observations	机载观测
Along-track altimeter sea level anomaly	沿轨高度计海平面距平
Altimeter flow	高度计流
Altimetric sea level anomalies	高度计海平面异常
Altimetry	测高
An altimeter constellation	高度计星座
Assimilative model	可同化模式
Bar formation	沙洲形成
Bathymetries	水深
Beam-c	光束-c
Bootstrapping	自助法
Boundary current regions	边界流区域
Chromophoric dissolved organic matter （CDOM）	有色可溶性有机物
Cloud work function	云功函数
Coastal model geometry	近岸模式几何结构
Coastal runoff	沿岸径流
Coastal/littoral	沿岸/海岸
Cold wakes	冷尾迹
Connectivity	连通性
Convective turbulent velocity scale	对流湍流速度尺度
Covariance inflation	协方差膨胀系数
Current observations	流观测
Cycling analysis-forecast systems	循环分析预报系统
Data assembly infrastructures	资料整合基础架构
Default radiance bias correction method	缺省辐射偏差校正方法
Degree of grid curvature	网格弯曲度
Depth-limited wave breaking	有限深度波破碎

Dew point depression	露点温差
Directional surface wave spectra	表面波方向谱
Discrete computational bins	离散计算采样
Discrete directional	离散方向
Diurnal sampling	日采样
Downscaling the ocean estimation problem	海洋估计降尺度问题
Drifters	漂流物
Drogued drifters	锚系浮标
Enhanced vertical mixing	增强垂直混合
Equatorial refinement	赤道附近细化
Estuarine	河口
Eulerian first-order upstream differencing	欧拉一阶迎风差分
Eutrophication	富营养化
Explicit advection	显式平流
Far-field phenomena	远场现象
Fate of dredging activities	挖沙破坏
Fate of hydrocarbons	烃类的消亡
Fetch and duration	生成和持续时间
First-guess-at-appropriate-time	在近似时刻的初猜场
Geodetic missions	地学使命
Geodetic phase	测地相位
Geostatistical	地理统计
Gliders	滑翔机
Gravimetry	重力测量
High-frequency variability	高频变化
Horizontal decorrelation scales	水平去相关尺度
Indirect representer method	间接表示法
Inflation	膨胀/放大
Inherent optical properties (IOPs)	固有光学性质
In-situ observation	现场观测
K. brevis cell counts	K. brevis 细胞计数
Key core ocean variables	核心海洋变量
Land and ship surface observations	陆基和船基海表观测

Land drainage	陆地排水
Length-scale	长度尺度
Local homogeneity	局部同质性
Localization	局地化
Localization envelope	局地包络
Maritime lows	航海低点
Mass-specific optical complexities	单位质量的光学复杂性/质量特异性光学复杂性
Mean flow	平均流
Meandering currents	弯曲流
Meandering jets	弯曲急流
Mean-squared slope	均方斜率
Microwave mission	微波任务（使命/功能）
Mixing and drift currents	混合漂移流
Moorings	锚系
Multi-altimeter maps	多高度计图
Multi-model ensemble products	多模式集合产品
Multivariate extrapolation	多变量外推法
Nonlinear triad interaction	非线性三元交互
Non-tracer-like terms	非示踪项
Nudging scheme	松弛法
Ocean colour data	海色资料
Ocean community	海洋社区
Ocean current mapping	海流映射
Ocean surface wave	海洋表面波
Optical flux elements(OFEs)	光通量元素
Optical partition	光学划分/分区
Optical pseudo-tracer	光学伪示踪剂
Optical-mass transform	光质量变换
Over-predicted	过高预报
Over-specification error	高设定误差
Pathfinder	探路者
Pattern assimilation	样式同化

Peak wave direction	谱峰波向
Peak wave period	谱峰周期
Performance of persistence	持续性能
Persistence product（PS）	持续性产品
Photoprotective pigments	光保护色素
Physical transport	物理传输
Polarimetry measurements	偏振测量
Posterior cost function	后验代价函数
Potential density	势密度
Prior cost function	先验代价函数
Prior surface forcing	先验表面强迫
Profiling floats	剖面探测浮标
Real time forecasts	实时预报
Realistic long-range correlations	真实长距离相关
Remotely sensed	遥感
Repeat orbit	重复性轨道
Resolution physics	可分辨物理过程
Retrieve	反演
Retrospective forecasts	回顾性预报
River basins	河盆
River inflows	河流流入
Satellite-based heat flux estimates	卫星热通量估计
Sea ice freeboard measurements	海冰出水高度测量
Sea ice rheology	海冰流变学
Sea surface color（optical）data	海色（光学）资料
Seamless integration	无缝整合
Sediment transport models	沉积物输运模式
Service Delivery Point	服务发布点
Shearing of the crest of breaking waves	破碎海浪的顶切变
Shelf break exchanges	陆棚坡折交换
Ship set and drift	船只漂移测流
Significant wave height	有效波高
Spectral histories	谱历史

Spurious long-range correlations	虚假长距离相关
Static placeholder field	静态占位场
Steep slopes	陡坡
Storm surge	风暴潮
Surface elevation	海面高程
Surface forcing	表面强迫
Swells from distant storms	远处风暴引起的涌浪
Synoptic wind maps	天气意义下的风分布图
Synthetic observations	合成观测
Synthetic profiles	合成剖面
Temporal scale	时间尺度
The degrees of freedom of signal analysis	信号分析的自由度
The dynamics in the upper ocean	上层海洋动力过程
The fractional thicknesses	分流厚度
Timeliness	及时性
Total beam attenuation coefficient	总光束衰减系数
Transport constituents	输送成分
Transport-derived	基于传输的
Trident Warrior 2013	"三叉戟勇士 2013"演习
Turbidity plume	悬浮物扩散
Two-stream scattering	双束散射
Unbiased RMS * (or pattern RMS *)	无偏 RMS *（或模式 RMS *）
Underlying model	底层模式
Under-specification error	低设定误差
Unrealistic gravity transients	不真实的重力瞬变
Vector winds	向量风
Vertical density stratification	垂直密度分层
Virtual constellations	虚拟星座
Water availability	水分有效性
Water column	水柱
Water mass	水团/水质量
Wave-driven current	波生流
Wind drag parameterization	风拖曳参数化
Wind-induced oceanic eddy	风生海洋涡旋